普通高等教育"十二五"规划教材

科学实验探索与创新设计

主　编　吴俊林

副主编　华冰鑫　田　密　刘志存

科 学 出 版 社

北 京

内 容 简 介

本书为普通高等教育"十二五"规划教材,是在多年教育教学改革与研究成果的基础上,吸纳了近年来创新创业教育和科学素质教育的主流成果编著而成.本书以创新思维方法、科学现象观察、设计思想构思、实验探索和创新应用为主线,引导学生在多样次化的选择中发现潜能、发展特长、培育创造性,注重将创新精神、实践能力和科学技术素养培育融入实践探索的过程之中,通过实践感悟、构建知识、获取体验、形成技能,最终发展为创新实践能力和科学素养,具有鲜明的特色.

本书可作为地方应用型高等学校创新创业教育和科学素质教育类通识课程教材,适合不同层次的教学需要.

图书在版编目(CIP)数据

科学实验探索与创新设计 / 吴俊林主编. —北京:科学出版社,2017.1
普通高等教育"十二五"规划教材
ISBN 978-7-03-051108-9

Ⅰ. ①科… Ⅱ. ①吴… Ⅲ. ①科学实验–高等学校–教材

Ⅳ. ①O33

中国版本图书馆 CIP 数据核字(2016)第 309742 号

责任编辑:窦京涛 王 刚/责任校对:邹慧卿
责任印制:白 洋/封面设计:迷底书装

斜 学 出 版 社 出版
北京东黄城根北街 16 号
邮政编码:100717
http://www.sciencep.com
石家庄继文印刷有限公司印刷
科学出版社发行 各地新华书店经销
*
2017 年 1 月第 一 版 开本:720×1000 1/16
2021 年 8 月第六次印刷 印张:16 1/4
字数:328 000
定价:41.00 元
(如有印装质量问题,我社负责调换)

前　言

　　"创新是一个民族进步的灵魂,是国家兴旺发达的不竭动力." 可以说,当代经济的竞争,其核心就在于"创新";当代科学技术的竞争,其实质也在于"创新";而当代教育与人才培养的竞争,其目标还在于"创新". 因此,培养具有创新精神、创新创业实践能力和具有厚实科学素养的应用型人才,是时代赋予教育的重任,也是我们实施"科教兴国"战略的出发点. 作为未来服务区域经济社会发展的高素质应用型人才,我们需要了解:何谓"创新",如何"创新",如何在多样化的实践选择中发现潜能、发展特长、培育科学素养.

　　科学技术的发展过程,始终是人类先进生产力的开拓者,科学技术的广泛应用从根本上改变了人类的生产方式、生活方式和人类文明;科学技术的发展历程,又始终是先进文化的创造者,它的无穷魅力始终激励一批科学家,在科学的前沿执着地追求,对人类的思维方式和世界观的进步做出了多方面的重要贡献. 是什么力量推动着科学技术的巨轮在 300 多年来一直滚滚向前?科学技术的发展带给人类的启示:科学与技术的发展不断开辟新的先进生产力,在外是受到社会经济需求的大力牵引;它又是人类先进文化的重要组成部分,在内部一直为人类强烈追求对宇宙运动规律的认识所推动. 这两种动力都不会停止,在 21 世纪将继续推动科学技术向前发展.

　　人类社会进入 20 世纪 70 年代,科学发展已经呈现既高度分化又高度综合的态势. 从技术层面来看,人类进入 20 世纪 70 年代,一大批在现代科学研究成果基础上迅速发展起来的高新技术相继涌现,并最终形成了以电子信息技术为先导,以新材料技术为基础,以新能源技术为支柱,沿微观领域向生物技术开拓,沿宏观领域向海洋技术与空间技术扩展的一大批相互关联、成群成族的高新技术群落,正是一大批高新技术群落的兴起,使人类社会发生了翻天覆地的变化. 科学技术的社会化带来了新观念,我们可以联系改革开放 30 多年来的一些提法,比如,科学技术是第一生产力、可持续发展、信息时代、地球村、生态平衡、科教兴国等.

　　科学技术,这里指科学与技术. 科学的任务是认识自然和社会,运用概念、范畴、定律、原理等思维形式去揭示自然和社会的本质与规律,主要回答自然和社会的事物本身"是什么""为什么"等问题,并不直接解决人类对自然和社会究竟要"做什么"与"怎么做"的问题. 技术的任务则是改造和控制自然与社会. 科学要转化为生产力必须以技术为中介.

　　20 世纪 70 年代以来,高新科技的发展使人类社会的经济结构发生深刻而剧烈的变革. 人类基于 20 世纪科学技术在现代经济生活中的重大作用,对当代经济社发展的新趋势和新经验作出新的概括，提出科学技术是第一生产力，到了 1990年，联合国机构提出"知识经济"的概念. 按照世界经济发展与合作组织（OECD）的说法：当今世界，知识以各种形式在经济发展过程中起着关键的作用. 那些有效地开发和管理他们知识资产的国家发展得更好，拥有更多知识的企业比知识少的企业在整体上运行得更好，具备更多知识的个人得到收人比较丰厚的工作……这就是知识经济. 这里，知识就是对科学技术的理解和掌握. 传统的经济理论仅把劳动力、土地、材料、能源和资本列为生产要素，"知识经济"的提法把知识列为重要的生产要素，这是社会经济发展新时期理论的更新.

"科学技术是第一生产力"以及"知识经济"的提法，本质上就是：智力资源是经济发展的第一要素. 而智力资源归根到底是掌握科学技术知识的人才. 在国家的各种资源中，人才是最宝贵的资源，有了人才，任何问题都好解决.

在教学中如何提升学生的科学技术素养，培养学生的创新意识、创新能力，正是我们应该努力解决的问题，现代教育理论的研究表明：人的创新能力是在实践活动中通过构建知识，获取体验，形成技能，最终发展形成的. 我们认为基于实践过程探索，是引导学生在多样化的实践选择中发现潜能、发展特长、培育创造性、提升自身科学技术素养最为有效的途径. 本书改变了传统教材以知识点为体系的框架，而是以实践探索活动为主线组织编排，以实验探索为载体，最大限度地营造宽松自由或选择空间，通过每个实验探索营造创新文化激励学生的创新意识和潜在创新的原动力，注重兴趣探索和个性化发展，把科学素养、实践能力和创新能力培养渗透到实验探索的全过程，做到创新人才培养和风细雨，润物无声.

全书共 4 章：第 1 章科学创新思维方法概述；第 2 章科学实验探索的思想与设计方法；第 3 章科学与技术实验探索（含实验探索 30 个）；第 4 章创新实验设计与制作（含创新设计与制作 13 个）。本书的编写由吴俊林、华冰鑫、田密、刘志存等共同完成，最后由吴俊林统稿、修改并定稿.

本书在编写过程中，征求了许多兄弟院校老师的意见和建议，参考并汲取了许多兄弟院校的经验：陕西服装工程学院对本书的编写和出版给予了极大的支持和鼓励；科学出版社的有关领导和编辑们为本书的出版作了巨大的贡献. 借此表示衷心的感谢!

我们深知本书编写中可能还有许多不完善和需要改进之处，加上编者水平有限，编写时间仓促，书中难免有疏漏和谬误之处，敬请读者批评指正.

作　者
2017 年 1 月

目　　录

第1章

科学创新思维方法概述

当今世界，科学技术作为第一生产力空前活跃，创新能力已经成为国家经济增长和社会进步的主要力量，它决定着民族的兴衰. 人类刚刚走过 20 世纪，进入了崭新的世纪，在 20 世纪，科学技术发展的一个显著特点是突飞猛进，日新月异，短短几十年内改变了人类，改变了世界，特别是改变了人们的思维方式、学习方式、生活方式和工作方式. 20 世纪科学技术发展的另一个特点是交叉融合，群体突破. 科学和技术的融合成为当今科技发展的重要特征，许多学科之间的边界将变得更加模糊，未来重大创新更多的出现在学科交叉领域，科学技术进入了一个前所未有的创新群体积聚时代. 根据科学技术突飞猛进、交叉融合的发展特征，我们要推进理论创新，发展创新文化，为科技创新提供科学的理论指导、有力的制度保障和良好的文化氛围.

创新是科技的生命. 每当科学技术大发展的时候，总是强烈呼唤理论创新，而每一次大的理论创新，总是带来科学技术的大发展. 理论创新，关键在于新，新是终点上的超越，平衡的打破，动态的延伸，高度的提升. 特别是在科技进步一日千里、社会变化日新月异的今天，要面向未来，与时俱进，时刻关注科技发展变化趋势，不失时机地总结出新的理论. 没有创新，科技就没有进步、没有未来、没有发展、没有生命力. 理论决定思路，思路决定发展；理论创新的空间，决定科技发展的空间；思考问题的高度，决定科技事业发展的程度. 理论要创新，光说道理不行，必须坚持创新行动，并能逐步形成创新理论，促进创新意识的积淀，现代教育理论的研究表明：人的创新能力是在实践活动中通过构建知识，获取体验，形成技能，最终发展形成的. 科学研究追求的目标是学术. 只有学术方向与时俱进，学术平台交叉融合，学术队伍才能出大师名师，学术成果才能有重大影响. 这既是科学技术发展的需要，也是创新文化建设的价值.

科技发展需要创新文化. 文化是人的生存状态以及情感愿望的反映，反过来又对人的生存、发展给予能动的影响. 文化是一种精神，是一种氛围，是一种价值导向. 创新文化就是要大力提倡敢为人先、敢冒风险的精神，大力倡导敢于创新，勇于竞争和宽容失败的精神，鼓励不同学术见解、不同学术流派的研究，尊重一些"孤独的思考者"，宽容一些学术上的"狂妄者". 对真理的追求和认识是科技发展的永恒活力和动力，是一个曲折但又生动鲜活的历史过程. 要容忍失败，即使再伟大的成功者，其失败的次数还是要超过成功的次数. 不少诺贝尔奖获得者都是经历了许多次失败之后才换来了成功. 没有失败就没有创新，越是有突破性的东西，越有创新性的产品，就会经历越多的失败. 创新之所以难，就在于创新并不是都会成功，它肯定会有风险. 美国硅谷的成功，是它允许失败. 而且它对失败的评价跟别的地方不一样. 硅谷的风险家，他去投资一个项目，就会问，你失败过没有？如果说失败过，对你的看法就更好，说明你曾经创新过，说明你更成熟，他就愿意投资. 尤其是原始创新，还应当营造学术自由的宽松环境，自主创新，自行选择学术发展方向，自由确定科研项目.

创新文化还要重视创造个性发展. 没有个性，就没有创造性，没有人才. 个性是教育的灵魂. 头脑不是一个要被填满的容器，而是一把需被点燃的火把. 要按照兴趣、爱好、特长培养人才. 每个人的最大成长空间在于他最擅长的领域. 兴趣是一种强大的精神力量，是科学研究的原动力. 兴趣使科学研究不再成为一种负担，而是一种享受. 兴趣可以调动身心的全部精力，以敏锐的观察力、高度集中的注意力、深刻的思维和丰富的想象投入科研. 因此，教育要保护学生的兴趣与好奇心，充分发挥潜质，学生的个性才能得到健康发展.

在教学中如何培养学生的创新意识、创新能力，正是我们应该努力解决的问题. 现代教育理论的研究表明：人的创新能力是在实践活动中通过构建知识，获取体验，形成技能，最终发展形成的. 我们认为通过实验教学是培养学生创新意识和创新能力的最有效途径. 本书以实验为载体，通过每个实验要素营造创新文化激励学生的创新意识和潜在创新的原动力. 实践必须用理论来指导，通过实验教学培养学生的创新意识和创新能力也应该用创新理论来指导. 但在目前，我国各级各类学校在开展创新教育方面还不够广泛，大学生对正确的科学思维方法和创新理论缺乏较为全面的了解. 学校教育中传统的按部就班的传授知识的教育教学模式仍然是主导，而对认识论和方法论的教育重视不够. 为了弥补这方面的不足，便于学生学习和实验，本书在前面部分简要而系统地介绍了有关的科学思维方法、创新理论和创新技法. 以帮助学生感悟实验教学的创新魅力，激励学生的创新热情.

1.1 创新基本知识

1.1.1 创新及意义

1. 什么是创新

创新是人类为实现一定目的,通过其智慧行为向社会提供具有社会价值和社会意义的创造性成果的活动. 一般情况下,创新都是主动的、有目的的行为,是对旧事物的本质性变革或改进,它对经济发展、社会进步起着直接和间接的推动作用,创新是一个民族进步的灵魂,是国家兴旺发达的不竭动力.

根据创新的涵义不同,可分为发展、发现和发明等:

(1) 发展——相对于原来状态有所前进和提高.

(2) 发现——对客观事物自身的状况及规律的认识有新的突破、新的进展,获得了新的知识.

(3) 发明——人类运用自然法则,按一定的目的去改变和调整客观对象,从而获得新的事物或事物新的状况、结果和方法等.

根据创新成果的新颖程度,又可分为创造、改造和改进:

(1) 创造——其创造成果对于整个人类社会来说是新的、有价值的、独创的.

(2) 改造——在已有创造的基础上进一步改变和更新,或者是将某一领域的创造成果移植于另一新的领域.

(3) 改进———般指相对于改造而言,其创新和进步的程度不如改造.

2. 创新的意义

1) 创造是人类文明的源泉

一部人类历史,就是一部创造的历史,也就是人类在不断地改造客观世界的同时也改造自身,从而不断获得进步和自由的历史.

人类学家认为,有这样一些原始的劳动创造活动对人类的诞生有重要的意义,它们是石器制造,使用工具捕鱼,进行狩猎活动,人工取火,栽培植物从事农业生产,建造固定的房屋等. 这些创造性劳动活动,不仅解决了人的生存需要问题,而且也改造了人本身的素质,使人最终超越了其他生物而进化为人,由此才开始了人类的文明史.

2) 创造是历史前进的动力

人类历史告诉我们,人类文明的每一次进步,都是靠创造活动的辉煌成就来推动的. 当人类掌握了石器技术以后,创造出原始社会的生产力;人类掌握了青铜技术以后,创造出奴隶社会的生产力;人类掌握了铁器技术以后,创造出封建社会的生产力；人类使用机器以后，创造出资本主义社会的生产力. 近几十年来，现代科学技术特别是高新技术已经融合、渗透、扩散到生产力诸要素中，使生产力发生了飞跃，从而推动了社会的进步，使人类进入到历史的新阶段.

3）科学技术是第一生产力

"科学技术是生产力"是马克思主义的一个基本原理. 现代科学技术的发展，使得科技在经济和社会发展中的作用越来越显著. 进入 20 世纪 80 年代，邓小平同志高瞻远瞩，审时度势，进一步做出"科学技术是第一生产力"的论断，为我国 20 世纪 90 年代乃至跨世纪经济和社会的发展提供了强大的驱动力.

20 世纪 80 年代以来，发展高科技及其产业已经成为一股世界性潮流. 现在，参加到高科技及其产业竞争行列的国家越来越多，不仅发达国家，甚至许多发展中国家都十分重视高科技及其产业的发展. 高科技的作用，从经济发展来讲是生产力，从军事角度来看是威慑力，从政治上来说是影响力，从社会发展而论是推动力. 因此，高科技的发展水平已成为影响一个国家综合国力的主要因素，成为衡量一个国家发达与否的重要标志.

科学技术是人类创造活动的结晶. 经济的发展、社会的进步、国家的富强、人民生活水平的提高，都与创造活动息息相关.

4）创新是中国振兴的希望

鸦片战争里哭泣的眼泪伴随着列强的坚船利炮撞开了中国的门户，我们在沦丧的国土上忍受科技落后带来的屈辱. 波斯湾的硝烟、华尔街的股市以及世界上难以计数的实验室，这些都能对中国建设社会主义国家造成很大的冲击. 几十年的斗争史告诉我们一个不变的真理：科技创新是中华民族的唯一出路. 所以我们一定要有卫星，有导弹，有原子弹，有航天技术，一定不能在科技上落后于别国. 落后就要挨打，为了自立于世界强国之林，中国必须坚持科技创新的发展道路，才能有一个更光明、更宽阔的未来. 为了富国强民，为了中华民族的伟大复兴，科技强国，创新迎发展，这是中国的必然选择.

历史提供给当代中国人的，既是一次严峻的挑战，也是一次成功的契机. 中华民族要富强，希望在于中华民族的奋发创新的大无畏精神和创造力的充分展现. 不管人们的主观意愿如何，中华民族已经卷进了世界各国的剧烈竞争之中，在涉及政治、经济、军事、文化、教育乃至体育等各个方面的全面较量中，中国的最大优势是什么呢？显然，我们最大的优势除了社会主义制度外，就是蕴藏在 13 亿人头脑中等待开发的取之不尽、用之不竭的创造力！13 亿人的创造力若能得到充分开发，中华民族必将会立于不败之地.

5）创新是提高企业生产效率和经济效益的有效手段

企业生产效率的提高，不能单靠拼人力、拼设备，提高生产效率的有效途径应当是技术创新，即靠抓管理、抓技术革新、抓新产品开发、抓人员素质的提高. 有效的管理保证了企业的高效正常运转，设备、工艺的革新可极大地提高劳动生产率并降低成本，新产品的不断开发使企业能很好地适应激烈竞争的市场，而广大职工素质的全面提高，特别是创新素质的不断提高给企业生产经营注入了无限活力. 企业的生产效率、管理效率上去了，才能创造出较好的经济效益. 创造，能促进企业开发新产品，提升经济效益；帮助企业加强管理，使企业充满活力. 如果说职工是企业的主人，那么技术创新则可以说是企业的生命.

3. 创新是知识经济的核心

1947 年 12 月 23 日，第一只半导体晶体管诞生在美国新泽西州的贝尔实验室，标志着信息革命在美国的起始. 50 年后的 1997 年 12 月 23 日，《时代》周刊选择英特尔（Intel）公司的时任总裁格罗夫作为当年的风云人物，英特尔公司生产的奔腾 Ⅱ 型微处理器在拇指甲见方的芯片中集成了 750 万只半导体晶体管，它是美国信息革命的一个里程碑.

在美国这个经济机车的拉动下，西欧各国也先后进入信息革命时代，信息革命改变了 20 世纪末的世界，从 21 世纪初开始，世界经济的主体将进入知识经济的时代.

工业革命极大地解放了生产力，工业革命在不到 100 年的时间中创造了超过过去一切时代所创造的全部生产力的总和，在这样的基础上进行信息革命，它的发展规律是什么？

以英特尔公司信息革命的符号作为模型，其过程给出了一条定律：大约每隔 18 个月微处理器的功能（集成度）就会翻一番，同时价格降一半，用数学语言描述：经过 n 个 18 个月后，信息处理的功能为原先的 2^n 倍——以指数率增加，而信息处理的成本则为原先的 2^{-n} 倍——以负指数率减少. 这一规律称为 Moore 定律，是英特尔公司的创始人之一——戈登·摩尔（Gordon Moore，1929～）于 1965 年提出来的. 这一定律揭示了信息技术进步的速度. Moore 定律既是信息倍增定律，也是效率提高定律，它是信息革命的第一定律.

发展是硬道理，在信息革命的时代，各国发展的竞争愈演愈烈，过去讲发展主要是讲速度，而 Moore 定律的一个很重要推论是：发展必须要创新，创新是知识经济的核心.

仍以信息革命的符号——英特尔公司的芯片设计生产能力为例：

设现在的时间为 T_0（是某月），将来某一时间为 T_1. 中国的芯片设计水平和生产能力在 T_0 和 T_1 这两个时间分别为 $C(T_0)$ 和 $C(T_1)$，相应地，英特尔公司的这种水平和能力分别是 $I(T_0)$ 和 $I(T_1)$.

按照 Moore 定律有

$$C(T_1) = C(T_0+18n) = 2^n C(T_0)$$

其中，$T_1 - T_0 = 18n$.

同理可得 $I(T_1) = 2^n I(T_0)$. 设现在中国的芯片业与英特尔公司的差距为 D，则 $D = I(T_0) - C(T_0)$. 于是在将来的 T 时间，这个差距为

$$I(T_1) - C(T_1) = 2^n I(T_0) - 2^n C(T_0) = 2^n D$$

即 n 个 18 个月后的差距比现在的差距放大了 2^n 倍.

Moore 定律和这个推论触目惊心，它在信息革命时代的条件下，在二者具有同样发展速度的前提下，得出了未来的差距按指数倍扩大的结论. 那么以怎样的速度可以追上和超过呢？在这样的情况下，落后者唯有可能赶上和超过先进者，那就是创新. 创新是生命，对信息革命时代的整个国家经济而言，创新处于核心位置.

4. 科技创新

一部人类社会发展史，就是一部破旧立新的创新史. 创新存在于各个领域、各个方面，种类繁多. 本书根据教学的需要主要阐述科学技术方面的创新，即科技创新，其他方面的创新就不再展开. 科技创新主要包括技术创新、知识创新，它和发展高科技一样是增强我国综合国力和科技实力的核心.

1）技术创新

技术创新是指企业应用创新知识和新技术、新工艺，采用新的生产方式和经营管理模式，提高产品质量，开发生产新产品，提供完善的服务，占据市场并实现市场价值. 技术创新中最主要的是开发新产品和实现市场价值，它们分别对应于技术和生产销售两个重要方面. 开发新产品主要通过发明创造来实现，只有掌握发明创造的规律和技巧，才能有所创造. 本书主要是论述这方面的内容，而对技术创新的其他环节则不予讨论.

什么是发明创造？世界知识产权组织曾对发明下过一个定义："发明是发明人的一种思想，这种思想可以在实践中解决技术领域中特有的问题. "我国颁布的《中华人民共和国发明奖励条例》（1978 年 12 月 28 日国务院颁布）中规定："发明是一种重大的科学技术新成就，它必须同时具备下列三个条件：①前人所没有的；②先进的；③经过实践证明可以应用的. "在《中华人民共和国专利法实施细则》（1992 年 12 月 12 日国务院批准修订）中规定："专利法所称发明，是指对产品、方法或者其改进所提出的新的技术方案. "上述定义表明，发明创造是技术领域中的创新，是技术创新中的一个重要方面.

从发明的内容上区分，发明创造一般可分为产品发明和方法发明. 产品发明是指发明人经过创造性构思做成的各种实物样品；而方法发明则是指发明人创造性构思的技术方案，如工艺方法、生物方法、化学方法. 从发明的性质来区分，发明创造一般可分为开创性发明（或原创性发明）和改进性发明. 开创性发明属于技术领域中的重大发明，如发明集成电路、全息照相、激光；改进性发明则是利用高新技术，或已有的知识和经验，运用创新技法，创造出影响较小或在局部领域发

挥作用的新产品、新工艺和新方法.

对发明创造的技术特征的评价,在先进性方面,比较强调技术原理、技术构成和技术效果是否有进步;在实用性方面,除了社会效益外,经济价值和经济指标是一个重要的依据.

技术创新中包含不断提高产品的质量,这相应于技术发明和技术革新.技术革新是在已经发明的技术基础上的改进和完善,是技术发展过程中的完善阶段.技术发明和技术革新既有区别又有联系,发明离不开革新,革新中也孕育发明.

2)知识创新

科学发现是知识创新的基础和前提,往往也是知识创新的组成部分.科学发现是指人们在各种活动中,特别是在科学研究中,揭示自然界和人类社会中的各种现象、客观事物的性质和规律,获得的前所未有的新认识,如若人们不去发现它们,这些事物和现象也是客观存在的,如科学史上的三大发现,它们分别揭示了物质结构、物种起源和能量转化的现象.人们通过对科学发现中大量信息的进一步比较、判断、分析、综合,经过由此及彼、由表及里、由浅入深的改造和升华,形成新的理论,揭示客观事物的本质和变化规律,这就实现了知识创新.对三大发现来说,也就形成了细胞学、进化论和能量守恒定律的创新知识.

发明和科学发现是不同的,发明是借助于一定的科学理论和方法、技术手段,创造出新事物或新方法.我国古代的四大发明(指南针、造纸术、印刷术和火药)就是发明的典型实例.科学发现和发明又是密切相关的,通过科学发现可形成新的知识或理论,产生知识创新,从而研制发明出新产品、新材料、新工艺.如电磁感应现象的发现,为发电机、变压器的研制创造了条件.反过来,新的发明,特别是一些高新技术、高精度仪器的发明,又为科学发现和知识创新创造了条件.如物理化学家艾哈迈德·泽维尔(Ahmed H.ZeWail)就是因利用超短波激光观察到分子水平上的化学变化动态而获得 1999 年诺贝尔化学奖,此后各国科学家在这方面的研究逐渐形成了一门新的学科——飞秒化学($1fs=10^{-15}s$).因此,科学发现和发明创造是相辅相成,互相促进的.

综上所述,科技创新主要表现为技术创新和知识创新.科学发现是知识创新的基础,是知识创新的组成部分.知识创新是技术创新的理论基础,技术创新又为知识创新创造了物质基础.发明创造和技术革新都是实现技术创新部分目的(如开发新产品和提高产品质量)的两种不同层次上的重要创新.

1.1.2　现代科技创新活动的基本特点

1. 世界科技创新发展简要回顾

人类的创新活动,推动了社会进步,反过来,社会进步又加速了人类的创新活动和技术革命.16 世纪以后,这一过程尤为明显,并且不断加速.

17 世纪到 18 世纪以瓦特为代表发明的蒸汽机，促进了纺织业、采矿业、冶金和机器制造业的发展，在人类历史上产生了第一次工业革命.

科学史上的三大发现：细胞学说、达尔文的进化论和能量守恒定律，为医学、生物学和物理学的发展注入了活力.

19 世纪，法拉第在电磁学方面的发现和贡献，促成了电动机、发电机和变压器等一系列重大发明创造的诞生，使生产力获得极大提高，形成了第二次工业革命.

19 世纪末，电磁波理论的建立、电磁波的发现和应用，促进了电话、电报和广播的发展，使人们的工作、生活发生了巨大的变化.

20 世纪初，相对论、量子力学和核物理的诞生，使人们的研究从宏观领域扩展到微观领域，进入了核能应用时代.

20 世纪 40 年代，有机化学和高分子化学基础理论的建立，开拓了人类利用人工合成材料的新时代.

20 世纪中期，随着固体物理理论的建立和半导体技术的发展，第一台电子计算机的成功研制和计算机技术的发展，人类进入了工业生产自动化的新时代.

20 世纪 50 年代发现的遗传物质 DNA（脱氧核糖核酸），为遗传学和生物工程开辟了广阔的前景.

1957 年，苏联成功发射了第一颗人造地球卫星，从此航天事业蓬勃发展，人类进入了探索宇宙的新时代.

20 世纪 60 年代第一台激光器的诞生，使古老的光学重新焕发了青春. 激光器的发展和应用促进了科学技术的进步，特别是加速了光电子时代和信息时代的进程.

2. 现代科技创新发展的特点

纵观世界科技创新发展的进程，可以看出现代科技创新活动有以下基本特点：

1）创新活动领域的广阔性

随着科学技术的发展，人类的创造视野已获得极大的扩张，创造的领域从宏观世界到微观世界无所不包. 在宏观领域，人类在思考 120 亿年前宇宙的起源，探索太阳系外生命的存在；在微观领域，人们研究物质结构已由原子、电子深入到基本粒子，如强子及组成强子的夸克，轻子如中微子等；在遗传领域，我们人类自身的基因组测序工作也已完成.

其他如通信技术、新材料技术、生物技术、航天技术、激光技术、微电子技术与计算机技术等，都是当代科技发展的重要前沿，其各种技术的研究和应用领域，还在不断扩大之中. 创造领域的广阔性，一方面无疑为我们提供了无限的创造对象，但另一方面也对我们提出了人才素质的更高要求.

2）创新手段的先进性

科技发展为创造提供了先进的技术手段、思维方式和创新方法，凭借着这些，人们可以上天入地、纵横驰骋. 利用先进的科技设备进行观察和加工, 从而迅速地使创造的可能性转化成创造的现实性, 获得创造成果. 同时, 先进的科技手段无疑将进一步拓宽人类的创造领域和范围.

3） 创新过程的加速性

现代发明创造的速度, 呈现越来越快的趋势, 一是创造成果的数量剧增; 二是创造周期的缩短.

从发明创造的全过程看, 一项发明第一阶段是发明的诞生; 第二阶段是发明的完善; 第三阶段是发明的工业化或商品化, 这全过程即发明创造的周期. 表 1.1.1 列举了 11 项技术创新的开发周期.

表 1.1.1　11 项技术创新的开发周期

发明项目	纤维人造丝	水泥	内燃机	电话	电动机	电车	汽车	雷达	原子弹	太阳能电池	平面晶体管
开始年代	1655	1756	1794	1820	1829	1835	1868	1925	1939	1953	1955
实现年代	1885	1844	1867	1876	1886	1881	1895	1940	1945	1955	1960
周期/年	230	88	73	56	57	46	27	15	6	2	5

由表 1.1.1 可见, 在 18 世纪末以前, 大部分技术创新的开发周期都在 70 年以上; 而 19 世纪技术创新项目的开发周期在 20 至 70 年; 20 世纪以来, 都在 20 年以下. 技术创新过程的加速性, 使商品琳琅满目, 同时也使商品的市场寿命越来越短, 更新换代的速度越来越快. 最近几年, 电脑更新换代之快更加说明了创新过程的加速性.

技术创新过程的加速性是社会需求、经济发展、科技进步和市场竞争等因素共同作用的结果.

4） 创新发展的综合性

当代科学技术的成果说明, 综合就是创造.

当代科技发展有两种形式: 一是突破; 二是融合. 突破是线性的, 即以研究开发的新一代科技成果取代原有的一代科技成果; 融合是综合已有的科技成果发展成为新技术, 科技成果是非线性的, 它们是互补和合作的, 人们能综合许多原先不同领域的科技, 进而开发出新产品. 现代各种技术融合出一系列新技术, 重大的尖端技术、高新技术都具有多个领域的技术相互融合的性质. 综合现有先进技术进行创新, 这应是技术创新的重心, 是技术创新的主要法则.

5） 创新主体的群体性

人是创造活动的主体, 任何创造成果的获得都离不开人, 而现代创造活动的发展趋势, 带有明显的群体活动的特点. 研究资料表明, 19 世纪以前的技术创新大都以独立的个人发明形式出现，而 20 世纪个人重大发明大为减少. 群体性特点出现的原因是：现代技术创新的起点高，较以前更为复杂、难度更大，同时科学技术相互渗透，有价值的技术创新已不可能由一二种技术就能解决问题，不是少数人所能胜任的，必须有众多的发明家共同参与，各行各业共同配合才能完成. 群体组织的激励作用，更能使组织内的创造者互相激励、互相启发、团结协作、取长补短，因而人们偏重于群体这种创造组织形式. 重大创造活动需要巨额费用，个人往往无力承担. 如人造卫星、宇宙飞船的成功研制就是十分典型的例子.

6）创造成果的风险性

创造成果的风险性体现在两个方面：第一，在创造活动中通过努力，也不一定能取得创造成果，会出现创造失误或失败；第二，所取得的创造成果不一定能转化为现实的生产力，成为闲置的发明.

1.1.3　加强创新教育的迫切性

1. 我国的科技创新明显落后于先进国家

从人类历史发展的进程可以看到，科技创新是发达国家经济腾飞的一个重要因素. 例如，蒸汽机的发明，推动了英国的产业革命，促进了英国经济的发展.《共产党宣言》中指出：资产阶级争得自己的阶级统治地位还不到一百年，它所造成的生产力却比过去世世代代总共造成的生产力还要大、还要多. 德国经济的高速发展是依靠煤化学工业方面的多项重大发明，如染料、杀菌剂、香料，这些成果不但促进了煤化学工业的发展，同时也促进了酸碱工业、纸浆工业、人造丝工业的发展，从而带动整个德国经济的腾飞. 又如美国的发展靠的是电力工业的多项发明：1837 年莫尔斯发明了电报；1875 年贝尔发明了电话；1879 年爱迪生发明了电灯；1906 年德福雷斯特发明了三极管. 其中，小小电灯泡的作用尤为明显，它促进了发电机的应用，促进了整个电力工业的发展，加速了美国的工业化进程. 20 世纪五六十年代，电子计算机和激光的发明，极大地促进了美国信息技术和其他工业的发展，促进了经济长期稳定的发展. 再如，日本的迅速崛起，就是因为走了一条引进、消化、吸收、创新的技术发展道路. 他们在创新上下功夫，特别是采用了组合创新这一行之有效的方法. 在钢铁工业方面，日本吸收了当时世界上最先进的技术：一是奥地利的氧气顶吹炼钢技术；二是法国的高炉吹重油技术；三是美国、苏联的高炉高温高压技术；四是联邦德国的熔钢脱氧技术；五是瑞士的连续铸钢技术；六是美国的带钢轧制技术，综合了这些技术后，创造出了世界一流的炼钢技术，从而促进了钢铁工业的飞速发展. 事实说明，一个国家要兴旺发达，要振兴经济，不大力加强科技创新不行，不大力加强创新教育、培养创新人才更不行.

20 世纪是科学技术迅猛发展的世纪，科技创新将进一步成为 21 世纪经济和社会发展的主导力量. 新的科学发现和技术发明，特别是高新技术的不断创新和产业化，将对全球化的竞争，对世界的发展和人类文明的进步，产生更加深刻而巨大的影响. 对我国来说，在科学技术和高新产业方面与先进国家的差距是明显的. 我国要在激烈的国际竞争和复杂的国际政治斗争中取得主动，要维护国家的独立和安全，要使国民经济健康快速发展，要改善人民生活，提高全民族的科学文化素质，都必须大力发展科技，加强科技创新和创新教育. 特别是我国历史上长期以来的封建文化传统和习惯，在很大程度上阻碍了创新的发展，虽然经过半个世纪的建设，已有巨大改观，但科学技术仍明显落后于先进国家，这正是加强创新教育迫切性的最主要原因.

2. 我国的创新教育起步晚，发展缓慢

美国创造学家奥斯本提出"头脑风暴法"后，在美国形成开发创造力的热潮. 1950 年，美国心理学会主席吉尔福特发表了"论创造力"的演讲，这不但轰动了心理学界，而且促使广大学者把创造学作为一个学术领域来开展研究，极大地推进了创造学的普及和应用. 20 世纪 50 年代以后，美、苏、德、日等国在创造学方面的研究都取得了长足的进步.

我国真正开展创造学研究始于 1980 年，之后在工厂和高校不断普及创造学知识，各省市也相继成立了创造学会，举办全国创造发明展，在普及创新教育和促进科技创新方面取得了不少成绩. 但这一切，还远不能满足科技创新的需要，不能满足我国经济迅速发展的需要，不能适应激烈的国际竞争的需要，这是加强创新教育迫切性的第二层原因.

3. 目前我国大多数青少年缺乏创造力

著名的美籍华人杨振宁近年来曾多次就我国教育方面的问题发表过意见. 有一次他谈到："中国现在的教育方法，同我在西南联大时仍是一样的. 要求学生样样学，而且教得很多很细. 这种方法教出来的学生到美国去考试时一比较. 马上就能让美国学生输得一塌糊涂. 但是这种方法的最大弊病在于：它把一个年轻人维持在小孩子的状态. 教师要他怎么学，他就怎么学."在另一次谈话中，他还说过："中国的学生知识丰富，善于考试，但却不善于想象、发挥和创造."

另一位美籍华人美国柏克莱加州大学校长田长霖也发表过类似的谈话. 他说："可以坦白地讲，中国的留学生到美国来，考试的成绩常常会使我们感到惊异：他们怎么这么厉害！可是到了真正做研究的时候，他们就不一定行了，因为缺乏独立思考能力的训练. 考学位的初试是书本知识的笔试，他们有本领，这主要靠记忆，到写学位论文时就会发现，他们并不像最初想象的那么厉害. 这不能怪他们，他们都是真正的佼佼者，主要是小学、初中、高中、大学的训练，都是以背书为主，而不是以思考为主，也不以动手为主."

还有一位美籍华人，美国耶鲁大学教授蒲慕明说得更为简单明了："美国的教育方法有不少缺点，但有一点我觉得值得借鉴，那就是处处鼓励学生创新."

　　2010年5月2日在南京召开的以"提高大学人才培养质量"为主题的第四届中外大学校长论坛上，中外大学校长围绕创新型人才培养、教学模式创新、质量保障与评价、绿色大学建设、大学与企业合作等议题进行交流研讨. 在谈到中国高校如何培养出杰出人才时，几位世界顶尖级名校校长不约而同地认为：①美国耶鲁大学校长理查德·莱文：中国大学最缺评判性思维的培养. 他认为中国大学和一些一流的欧洲大学及美国大学不同的是，中国的教学法是一种生搬硬套的模式，学生总是被动的倾听者、接受者，他们把注意力放在对于知识要点的掌握上，不去开发独立和评判性思维的能力，这样的一种传统亚洲模式，对于培养一些流水线上的工程师或者是中层的管理干部可能是有用的，但是如果我们要去培养具有领导力和创新精神的人才，那就不行了. 这对于国家的长期经济增长也是不利的. ②牛津大学校长安德鲁·汉密尔顿：中国需要敢挑战权威的学生. 汉密尔顿说，在我的职业生涯当中，作为一个科学家，也有很多来自中国的学生在我的博士生项目里面学习，他们非常优秀. 如果要说到差异，在我看来最大的差异，是中国的学生缺乏自主的思维和创造性的思维，缺乏挑战学术权威的勇气. ③斯坦福大学校长约翰·汉尼斯：现在到了中国大学重视质量建设的时候了. 给中国大学"挑两点刺"，汉尼斯认为：第一是课程设置中，讲座式为主，而小组讨论的方式很少，这样严重影响了学生的收获. 在斯坦福也有不少中国学生，他们刚来的时候，不敢提问不敢质疑，但看到身边的其他同学经常挑战老师，自己也慢慢在改变. 第二点，中国高校让学生选择专业的时间太早了. 学生在18岁的时候，还不了解大学课程，更谈不上感兴趣，这时候就让他们选择专业，并灌输就业的观念，这限制了他们的视野. 在我看来，本科教育不是为了让学生得到第一份工作，而是第二份、第三份工作，让他在未来的20年到30年中，获得整个人生的基础. 当然也有不少以培养学生职业技能为目的的职业学校，这就另当别论了.

　　北京师范大学曾对中国和英国青少年的创造性进行了一项比较调查，发现中国孩子的创造力远低于英国学生. 这项调查对两国孩子进行了7个方面的比较，这7个方面分别是：创造性物体应用能力发展趋势、创造性问题提出能力、创造性产品改进能力、创造性想像能力发展趋势、创造性问题解决能力发展趋势、创造性实验设计能力发展趋势和创造性技术产品开发能力发展趋势. 在这7个方面的抽样调查中，中国学生只有"创造性问题解决能力"一个指标高于英国学生，其他指标均远落在英国学生后面. 究其原因，首先是文化的差异，其次是社会氛围不同，中国学校的三门主课是语文、数学、外语，而物理、化学、生物等科学课程不是主流；最大的差异在于教学方式. 西方教育注重探索，往往设计多种活动，而中国的教育重在"教知识"，这使学生把大量的时间用在记忆上.

　　1999年由中央有关部委组织的一次社会调查表明，我国青少年普遍比较缺乏创造力，只有近15%的青少年具有初步创造力特征. 创造力特征是指3项基本能力：探索能力、与新事物相关的想象力和收集信息的能力. 有关分析认为，过于严谨、思维定式、从众心理、信息饱和是创造性思维的 4 种主要障碍. 这 4 种障碍在多数青少年头脑中普遍存在, 并且随着年龄的增长, 这一倾向将日益增强. 由于中小学长期以来是以"应试教育"为中心, 各科教育互相割裂, 而大学则是承袭苏联时期培养"专才"为目标的教育体系, 高校专业划分过细, 所以培养出来的学生知识结构不合理, 创造力受到很大限制. 学生的现状和教育界存在的问题又成为加强创新教育迫切性的第三层原因. 因此, 从历史到现实, 从国外到国内, 从国家到地方, 从创新成果到创新教育, 各个方面都反映出一个共同的问题, 加强创新教育已是刻不容缓.

　　教育是国家和民族振兴发展的根本事业. 决定中国未来发展的关键在人才, 基础在教育. 大学是培育创新人才的高地, 是新知识新思想新科技诞生的摇篮, 是人类生存与发展的精神家园.

1.2　科学创新思维方法

创新是人的大脑的一个非常复杂的思维活动过程，只有掌握一定的科学思维方法，并用于创新活动，才能保证创新工作沿着正确的方向前进，保证最终获得一定的创新成果. 在创新活动中，创造性思维是获得创造成果最核心、最必要的因素.

创新思维是指人们以新颖独特的方法解决问题的思维方式. 这种思维方式在创造活动中人们称其为创造性思维；在一般的创新构思活动中人们称其为创意或创新思维；在一般社会活动中人们称其为思维智慧.

1.2.1　科学创新思维的基本知识

1. 什么是思维

随着科学技术的发展，人类对思维的本质有了更进一步的认识，对思维的概念也从不同角度进行了概括.

哲学、心理学的观点认为：思维是人脑的机能和产物，是人类在劳动协作和语言交往的社会实践中产生、发展起来的，借助于语言、符号与形象作为载体来间接地概括地反映事物本质和规律性的复杂的生理与心理活动.

思维可解释为理性的认识，即思想；又可解释为人对客观事物理性认识的过程，即人们通过大脑的各种复杂的心理活动，把丰富的感性材料，通过由此及彼、由表及里、去粗取精、去伪存真的加工，揭露出不能直接感知到的客观事物的本质. 思维不但可以能动地反映客观世界，也可以能动地反作用于客观世界. 通俗地讲，思维就是思考. 在日常生活中，大脑通过感觉器官接受各种信息，产生各种问题，结合大脑中已有的知识和经验，经过思考可回答产生的问题. 因此科学思维方法在认识世界和改造世界的过程中起着重要的作用.

2. 什么是创新性思维

创新性思维是指人们以新颖独特的方法解决问题的思维方式，它是相对于再现性思维而言的. 再现性思维则是指人们用已有的知识经验，按现成的方案和思路直接解决问题.

3. 创新思维的品质

创造性思维与一般的思维活动相比较，它不仅能揭示客观事物的本来面目和内在联系，而且能创造出新颖的、前所未有的思维成果，提供新的、具有社会价值和社会意义的事物. 创造性思维表现出下述品质特性.

1）思维的自主性

思维的自主性又称思维的独立性，它就是我们通常所说的独立思考，是指人们在认识和改造世界的过程中，能够依据客观条件和自己的需求、目的、聪明才智来最大限度地发挥主动性、创造性的一种能力和权利.

2）思维的求异性

思维的求异性是指思维素质所具有的探索和创新的特点. 思维的求异性使思维活动中显现出一种怀疑性、批判的态度，而不盲从或轻信.

3）思维的联动性

思维的联动性，即由此及彼的思维想象能力，这是创造性思维带有规律性的现象.

4）思维的多向性

思维的多向性是指从不同角度思考问题，在思维总进程中，由多个思维指向、多个思维起点、多个逻辑规则、多个评价标准、多个思维结论而组成的多维型思维.

5）思维的跨越性

思维的跨越性就是要有较大的思维跨度、较快的思维速度和较高的思维功效. 通常逻辑思维是按"概念-推理-结论"程序推演的，但创造性思维可把注意力迅速集中在事物的本质和结论方面，以最快速度最高效率攻克未知.

思维的跨越性的实质是思维自由度大，想象力强，善于多方面联想与及时转换，能够积极地吸收相关学科的新成果、新方法，因而思维效率高，速度快.

6）思维的顿悟性

思维的顿悟性通常指灵感思维能力，是思维运动中一种超常的突发性飞跃. 灵感作为一种复杂的思维现象，是指在科学研究或艺术创作中经冥思苦想不得其解，遇有偶然触发，却突如其来地使问题得到澄清的顿悟.

灵感的表现形式是顿然醒悟、豁然开朗，而它的产生却是有条件的，这些条件是：思维中存在着一个有待解决的疑难问题，具备解决问题的客观因素，思维主体孜孜不倦地探索答案，并经过了紧张思考之余，遇有偶然事件触发或知识启发，产生了新的联想，打开了新的思路，使显意识与潜意识接通，导致了问题的解决.

7）思维的辩证综合性

思维的辩证综合性，指的是思维辩证综合能力. 任何创造性活动不可能是一种与前人或他人没有任何联系的"全新的"活动，只能是在前人或他人成果基础上做出新的概括，提出新的见解，有新的突破. 因而，综合辩证能力的强弱就成为创造性思维的决定性因素.

1.2.2 创新思维方法

20 世纪中期以来,世界各国加强了对思维科学的研究,特别是对创新理论和方法的研究,在有关著作中提出了各种新观点和新方法,各种思维方法也是众说纷纭,有些至今也没有定论. 在创新活动中,经常把创造性思维称为创新思维. 创造性思维活动可以具有各种不同的思维活动特点. 因此,从思维活动的特点出发,对创造性思维活动形式进行分析,在科学研究和创新工作中发挥了重要作用.

我国著名科学家钱学森非常重视思维科学,把思维科学看成是现代科学技术的一个主要研究领域. 现实生活中,有些人擅长逻辑思维,这种人对符号、词语等抽象的东西比较敏感;而有些人比较擅长形象思维,这种人对直观、形象的东西比较敏感. 其实,无论是逻辑思维还是形象思维,都是科技创新中的主要思维方法,这两种思维方法的综合运用是取得科技成果的重要条件. 科学中逻辑思维相对用得多一些,艺术中形象思维相对用得多一些. 科学和艺术的交融,越来越受到人们的关注,并已成为当前世界科学文化发展的特征之一. 诺贝尔物理学奖获得者李政道博士认为,科学和艺术不可分,他提倡科学和艺术的对话. 这对于促进一个人的科学思维的全面发展,对于培养创新意识和创新思维无疑是很有益的.

不同思维方法各有自己的特点,从不同角度或以不同标准来划分,其分类情况也就有所不同. 本书从以下方面介绍科学创新思维方法:

1. 抽象思维与形象思维

创造性思维是抽象思维与形象思维的有机结合.

抽象思维也称抽象逻辑思维,它是用概念、范畴、规律、假说等元素,进行判断、类比、归纳和演绎的程序,即逻辑化的操作程序. 抽象思维是创造性思维的重要组成部分. 科技发展史上,科学家与发明家运用归纳推理思维方法实现了许多伟大的发现与发明.

形象思维是以形象材料起主要作用的思维活动形式,有具体形象思维、言语形象思维与形象逻辑思维 3 种,形象思维凭借的形式是表象、联想和想象. 表象是单个的,它相当于抽象思维中的概念;联想是两个或两个以上表象的联络;想象是许多表象的融合.

运用形象思维进行创造的过程,不仅是思维反映客观现实的过程,也是思维进行能动性创造的过程.

2. 发散思维与收敛思维

发散思维是指以求解的问题为中心,从不同角度、不同方向、不同层面上尽可能多地提出求解问题设想的思维活动. 不受已知的或现存的方式、方法、规则或范畴的约束. 发散思维是多向的、立体的和开放型的思维. 发散思维亦称扩散思维、辐射思维.

思维要求提出的只是设想，不一定非要成为现实，它只要求具有解决问题的可能性，而不一定有可行性、合理性. 也正因为这一特点，才更容易激起人们思维的火花，为问题的解决展现一片灿烂的前景.

发散思维的特征：

（1）流畅性：指产生大量念头的能力特征.

（2）变通性：指改变思维方向的能力特征.

（3）独特性：指能够产生不同寻常的新念头的能力特征.

发散思维的流畅性反映了数量和速度；变通性反映的是灵活和跨越；独特性反映的是本质，在发散思维中起核心作用.

总之，发散思维可以使人思路活跃、思维敏捷、办法多而新颖，能提出大量可供选择的方案、办法或建议，特别能提出一些别出心裁、完全出乎意料的新鲜见解，使问题奇迹般地得到解决.

我们重视和推崇发散思维，不仅是因为发散思维在创造中往往有举足轻重的作用，而且还因为在我国教育界及人们的思维习惯方面，发散思维常常得不到重视，甚至被曲解.

收敛思维与发散思维相反，收敛思维是指在解决问题的过程中，尽可能利用已有的知识和经验，把众多的信息和解题的可能性逐步引导到条理化的逻辑序列中去，最终得出一个合乎逻辑规范的结论. 收敛思维亦称汇聚思维、聚合思维. 所以收敛思维是一种单一目标的、闭合式的思维.

收敛思维的特征是从已知的前提条件（如方案、设想、思路及知识、经验等）出发，寻找解决问题的最佳答案，或逐步推导出唯一的结果. 众所周知，在严格的科学实验和工程设计等科技活动中，实验结果或设计方案具有唯一性是一个极为重要的要求. 收敛思维能力实质上也就是一种按照逻辑程式思考的能力. 所以，提高收敛思维能力也就是提高分析、综合、抽象、概括、判断、推理的逻辑思维能力.

收敛思维虽然不会产生创新观念，却是直接提供创造性成果的重要思维形式. 如果不具备收敛思维的能力而只是无限制地发散，是难以得出创造的结果的. 当代著名科学史家和哲学家库恩指出：发散思维是自由奔放的思考，收敛思维受一定传统的约束. 前者有助于联想、创新，后者有助于定向稳定发展.

3. 逆向思维与正向思维

逆向思维是一种因果关系颠倒的思维方法，是一种和多数人思考问题思路相反和常规解决问题方法相反的思维方法. 逆向思维，又叫逆反思维，即突破思维定势，从相反的方向去思考问题.

在长期的学习、工作和生活中，人们往往会形成"习惯性思维"，即采用常用的思考问题、处理问题的思路和方法来分析和解决问题. 逆向思维使思路来一个一百八十度大转弯,打破思维定势,从一个全新的角度来看问题、思考问题,这样容易获得解决问题的新方法、新途径.

逆向思维是与正向思维相对而言的. 逆向思维是与一般的正向思维,与传统的、逻辑的或习惯的思维方向相反的一种思维. 它要求在思维活动时,从两个相反的方向去观察和思考,这样可以避免单一正向思维和单向度的认识过程的机械性,克服线性因果律的简单化,从相向视角(如上-下、左-右、前-后、正-反)来看待和认识客体. 这样往往别开生面,独具一格,常常导致独创性的发挥,取得突破性的成果. 历史上的司马光"破缸救人",军事上的"声东击西"、"欲擒故纵"、"空城计",数学上的所谓"反证法"等都与逆向思维有关. 逆向思维常常被视为创造性思维的主要表现之一.

科学上的许多创造发明都离不开逆向思维,如电可以转变成磁,磁能否转变为电?解决这一问题就导致了发电机的诞生. 解决半导体杂质问题的办法是往半导体中添加杂质. 由此可见,逆向思维往往在创造活动中发挥着重要作用,因而也是创造性思维的组成部分. 然而应该看到,逆向思维与正向思维之间存在着互为前提、相互转化的关系. 逆向思维与正向思维是相对的,没有正向思维,也就无所谓逆向思维. 逆向思维的理论根据是:事物间既相互对立,在一定条件下,又相互转化. 逆向思维在科研和创新中往往可出奇制胜,获得解决问题的新突破.

在自然界的许多事物和现象中,往往都具有正反两方面的意义. 因此,认识事物和解决问题的思路与方法也就不应该是单方向的,我们鼓励事业上的执著性,但反对刻板僵化的思想方法. 大量事实说明,从事物的相反方向去思考和寻找方法,常常效果会更好. 欲进则退,相反相成等都是逆向思考的写照. 逆向思维运用的关键是要突破思维定势,这一方面要求我们在思考问题时,有意识地运用这一思维方法;另一方面应注意思维训练,使自己能养成多向思维的习惯.

4. 横向思维与纵向思维

1)横向思维与纵向思维的涵义

根据思维进行的方向可以将思维划分为横向思维和纵向思维两种方式.

所谓纵向思维,是指在一种结构范围中,按照有顺序的、可预测的、程式化的方向进行的思维方式. 这是一种符合事物发展方向和人类认识习惯的思维方式,遵循由低到高、由浅到深、由始到终等线索,因而清晰明了,合乎逻辑. 我们平常的生活、学习中大都采用这种思维方式.

所谓横向思维,是指突破问题的结构范围,从其他领域的事物、事实中得到启示而产生新设想的思维方式,它不一定是有顺序的,同时也不能预测. 横向思维由于改变了解决问题的一般思路,试图从别的方面、方向入手,其广度大大增加,有可能从其他领域中得到解决问题的启示,因此,横向思维常常在创造活动中起着巨大的作用.

人们在进行思考、解决问题时，常常存在着纵向思维的优势想法，这是一些建立在知识经验基础上的得心应手而且根深蒂固的对待问题的方式，它决定并支配着整个思维过程. 显然，优势想法不利于提出新观念、新思想，是创造性思维的一种障碍. 很多事实表明，运用横向思维有助于打破优势想法，冲破旧观念、旧秩序的束缚，产生新观点，推动对问题的解决. 因此，横向思维已成为创造性思维的重要组成部分.

2）如何面对亏损？运用创新思维解决难题（横向思维的运用）

美国洛杉矶市取得了举办 1984 年奥运会的承办权，美国政府经多次研究，认为要举办这样一次规模空前的国际体育盛会，再精打细算，也要亏损 5 亿美元. 历届奥运会都是亏损的，加拿大蒙特利尔市举办的奥运会，亏损了好几亿美元，政府无力负担，只得将亏损转嫁于民，使蒙特利尔市民还奥运会的亏损债就还了 10 年.

前车之鉴，使洛杉矶市政府对承办这届奥运会不免有些寒心. 于是，他们出了一个新招：用招标方式，挑选承包奥运会的最高领导者. 经过考察和测试，他们挑选了一家旅行社的小老板尤伯罗斯. 尤伯罗斯大胆地承包了这届规模空前的国际体育盛会. 为了抓好这次奥运会，尤伯罗斯变卖了旅行社的所有资产，获得了 4 千万美元作保证. 结果，在尤伯罗斯的领导组织下，奥运会开得很成功，而且还盈利了 2 亿美元，尤伯罗斯也顿时成了新闻界追逐的明星. 当有记者问他：您究竟有什么奥妙，竟能扭亏为盈？尤伯罗斯坦然地回答说，我没有什么奥妙，只是用了一种创造技法：水平思考法.

尤伯罗斯所说的"水平思考法"，就是类似于横向思考的方法，即在条件相近的情况下，对相似事物的发展情况进行比较，从中找出差距，发现问题，然后再提出解决问题的办法. 尤伯罗斯一上任，就把历届奥运会的资料找来，逐届进行横向比较，为什么有的亏得多，有的亏得少？造成亏损的原因是什么？这样一比一想，找出差距，发现了问题. 问题找到了，就可对症下药，找出解决问题的办法来. 这样，创造性思维就有了目标，问题也就不难解决了. 可见，一个运用得当的创新思维方法，能为社会创造多大的效益呀！

5. 直觉思维与分析思维的意义

根据所得结论是否经过明确的思考步骤和主体对其思维过程有无清晰的意识，可以将思维划分为直觉思维和分析思维.

直觉思维是指在求解问题时，由已有的知识和经验直接做出判断的一种思维方法. 直觉思维产生于熟能生巧. 它产生的条件是求解的问题和以前处理过的某些问题具有某种程度的相似性. 因此，求解问题之前，也就是直觉产生之前，对要求解的问题就必须"有所相识"，有所接触，有所思考.

分析思维是指遵循严密的逻辑规则，通过逐步推理得到符合逻辑的正确答案或结论的思维方式. 它进行的模式是阶段式的, 一次只前进一步, 步骤明确, 包含着一系列严密、连续的归纳或演绎过程.

分析思维在其进行过程中, 主体能充分地意识到过程所包含的知识与运算, 并能用言语将该过程和得出结论的原因清楚地表述出来. 而直觉思维则是没有经过明显的中间推理过程, 就直接得出结论, 它进行的模式是跳跃式的, 中间步骤省略. 在其进行过程中, 主体不能用言语将该过程和得出结论的原因清楚地表达出来, 大有"知其然, 不知其所以然"之感.

直觉思维在创造活动中起着十分重要的作用. 在创造活动中, 往往不存在一种凝固不变的逻辑通道, 去引导我们按图索骥地解决各种问题, 通常是各种可能性并存. 而借助直觉思维, 则可以在客观现实提供的各种可能性中做出适当的选择, 在纷繁复杂的情况下做出有效的决策, 在事实、证据有限的条件下做出准确的预见, 在问题空间不明确的情形中迅速地寻找到解决问题的一般性原则和中介环节. 显然, 这对于创造、发明、发现的产生至关重要.

直觉思维在创造活动中作用重大, 并不排斥分析思维在创造活动中的作用. 创造活动常常是在直觉思维和分析思维的密切配合、协同活动下进行的. 所以说, 创造性思维是直觉思维和分析思维的最佳结合.

6. 潜意识思维与显意识思维

以弗洛伊德(S.Freud)为首的精神分析学派认为, 人所意识到的仅是人的整个精神活动中位于心理表层的一个很小的部分, 即显意识, 而人的大部分精神活动则存在于心理的深层, 往往意识不到, 属于潜意识范畴. 他们认为, 潜意识包括各种各样的先天的本能和后天长期积累起来的贮存在头脑中的知识经验. 潜意识思维不像显意识思维那样遵循着正常的逻辑轨道, 而是不断地、无规则地流动、跳跃、弥漫、渗透和交融.

现代思维科学的研究表明, 做梦能激发创造, 如凯库勒通过梦进而发现苯的分子结构. 剑桥大学的一份关于各类科学家工作习惯的调查中, 有70%的科学家回答说他们曾在一些梦中得到过帮助. 而梦也是潜意识思维的具体体现, 在睡梦中, 潜意识的信息容易进入显意识中来, 使人梦有所思.

由于潜意识思维的内容是在显意识状态下长期积累而成的, 而且潜意识思维的成果一旦闪现, 即表现为显意识, 并通过显意识思维修正、变形而完善. 因此, 某些创造活动是在潜意识思维与显意识思维的交替作用(往往是反复多次交替作用)下最后达到创造目标的. 从这个意义上, 此时创造性思维可以说是潜意识思维与显意识思维的有机结合.

7. 灵感思维与常规思维的意义

灵感思维是一种创造性思维, 在各种工作中都发挥了重要的作用. 灵感思维能给人提供解决难题的新方法、新思路, 科学家、发明家的大量经验事实都说明了这一点. 古希腊科学家阿基米德接受国王的使命, 判断金匠制成的金皇冠是否掺假. 他虽竭尽全力, 但仍百思不得其解. 有一天, 阿基米德到浴室去洗澡, 当他看到由于自己进入浴缸而水外溢时, 顿时醒悟: 可将金皇冠和与皇冠等重的纯金块, 分别放入盛满水的盆子中, 可由它们溢出水的重量是否相等来判断金皇冠是否掺假. 这一突然的灵感帮助他识别出金皇冠确实是掺了白银, 并由此发现了著名的浮力定律. 又如, 高斯是一个善于创新的德国数学家, 他在数学领域的不少方面都做出过继往开来的贡献. 为了证明一条定理, 他思考酝酿了近两年, 才突然获得成功. 回顾往事时他说: "像闪电一样, 谜一下解决了, 我也不清楚是什么导线把我原先的知识和使我成功的东西连接起来."

常规思维, 即平常的逻辑思维, 是指人们在一般的环境条件下, 根据逻辑的规则, 按部就班地进行的思维方式.

灵感思维是指人们在长期地、专心地求解某一疑难问题的过程中, 突然感到茅塞顿开、豁然开朗地获得了解决问题的思路或方法的一种思维活动过程. 著名诺贝尔物理学奖获得者杨振宁教授曾说过: "'灵感'当然不是凭空而来, 往往是经过一番苦思冥想后出现的'顿悟'现象." 过去人们一直认为灵感是"神灵所赐", 是"伟人专有", 是"不可知"的精神现象. 随着社会的进步、科学的发展, 对灵感思维的产生条件、特点和规律的认识正在不断深入.

在创造过程中, 往往有这样的情况, 人们对某一问题在费了许多的时间精力, 仍百思不得其解, 有时甚至到了"山重水复疑无路"和"踏破铁鞋无觅处"的地步. 但由于一直坚持, 孜孜不倦地追求, 当由于某一事物的偶然启示, 脑海中会突然出现解决问题的新方法、新思想、新形象, 使问题迎刃而解, 出现"柳暗花明又一村"和"得来全不费工夫"的奇迹. 这即我们所说的灵感.

1) 灵感思维的特点

通过对大量灵感思维现象的研究, 灵感的产生虽然不可控制, 但灵感产生所具有的特征却是较为明晰的, 它们是:

到来的突发性: 灵感的发生是突发式的, 是在出其不意的刹那间出现的, 且稍纵即逝, 所谓"来无影, 去无踪". 其降临往往是突如其来, 难以人为寻觅, 无法确切预期. 同时灵感也如闪电一样, 转瞬即逝. 因而必须及时抓住灵感, 使之转化成为有效的创造成果.

问题的疑难性: 灵感的出现, 必须是在求解问题的过程中产生, 而且该问题是属疑难问题, 解决方法也不是常规方法. 灵感的产生必以创造者热烈而顽强地对面临的问题进行创造性的经久不懈的探索为前提, 只有长期研究某个问题, 从事创造性活动, 才能在某种刺激的诱发下豁然开朗.

产生的随机性: 灵感的产生要有一定的诱因, 外因必须通过内因才能起作用, 但外因在一定条件下起重要作用. 一定水平的创造力和思维的积极活动, 只有在适当的诱因下，才能触发灵感．灵感触发的诱因很多，就目前研究结果而言，尚是一种不可预料的因素，因而灵感的产生带有较大的随机性．

思维的应激性：灵感的产生，通常是在乐观积极的精神状态下获得的，且伴随着巨大的精神兴奋状态．乐观积极的精神状态，使人精力充沛、情绪高涨、思维敏锐活跃，易于灵感的产生和捕捉．因而灵感具有在某一外因的激发作用下，使创造者全部最积极心理品质都得以调动的应激性表现．

2）灵感产生的机制

灵感是人脑的一种功能的体现，但不是有意识的逻辑思维的直接结果，而是人脑思维在下意识中活动的结果，其过程是非逻辑性的，其细节不为人的意识所察觉．

大量研究表明，人的大脑中存贮的认识，可以分离为各种基本单元，如概念、方法、事物、思路等．有意识的创造活动，就是把这些不同的认识单元调取出来，加以拼装组合，形成新的思路．大脑中贮存认识单元的区域有两个，即自觉的、清醒的记忆区和潜意识的贮存区．自觉记忆区的容量有限，一般只放入一些常用的、重要的、新鲜的认识单元，它们可以被随时提取．而大量的认识单元，或因其时间久远，而被压抑在潜意识贮存区里，这部分记忆的提取比较困难，并且往往不受意识支配．例如，我们常常苦苦回忆却记不起一个旧友的名字，而在不再去想时，名字又突然从脑海中冒了出来．研究表明用催眠术抑制住人的意识后，常可以调取出许多深层的记忆，说明这些记忆虽然用意识不能调取，却仍存在于脑际．

大脑里各种信息认识单元，犹如一些小球在脑海中浮游，需要某些特定小球的组合，才能形成解决问题的答案．人对于解决问题的急迫感，使整个脑海激荡起来，增加了各种小球互相撞击的机会．但是各种阻碍创造性的意识，犹如在脑海中架设起一道道栅栏屏障，阻滞着小球的碰撞，抑制着思路的真正自由奔放．

如果一个人在苦苦探索中思维活动十分强烈，那么在他暂时停止思考时，各种创造性思维的阻碍也放松了，栅栏被打开，此时整个脑海一时还不能平息，于是，不同的认识单元自由流动，增加了碰撞的机会，有时会形成有意义的新组合．许多人体验到，灵感常常是在紧张思考后暂时的松弛中产生的．

潜意识是一种没有意识感觉的心理活动，如果用意识去直接调动潜意识，潜意识就又变成显意识了，因而灵感的产生是不能有意识控制的，但是由潜意识中闪现出的灵感，一旦被人们捕捉，则成为显意识中的一个感知单元，而且由人们的显意识思维去进行进一步的加工，以完成创造的过程．

3）灵感产生的条件及促使灵感产生

灵感在科学创造中有一定的作用，有时有相当重要的作用．人们在创造活动中确实存在灵感现象，但是并不是所有人都有过灵感体验．从认识的发生看，灵感是一种突发性的创造活动；从认识的过程看，灵感是一种突变性的创造活动；从认识的成果看，灵感是一种突破性的创造活动. 近年来的研究成果表明，可以从灵感无固定程式、不确定的活动过程中，寻找到一些诱发灵感产生的条件，用以增强人们的自觉控制能力.

通过对大量灵感思维现象的研究，人们已经认识到灵感思维产生的主要条件：

饱和思维：灵感突发需要一定的诱因，思维的饱和状态是灵感产生的内因，一定的诱因是灵感产生的外部条件，一定的诱因通过思维的饱和状态才能产生突发性的飞跃. 可以说灵感积之于平日的艰苦劳动. 这就首先需要有对问题孜孜不倦的求索和深刻的思考，在大脑皮层上形成兴奋中心的优势，以致使思维达到饱和极限的激发状态，具有一触即发之势，这时才会产生偶然诱发的机缘而豁然贯通.

有度松弛：创造性思维的成功，除了知识储备、思维方式、机遇等条件外，健康的心理态势在很大程度上影响着它的活力与效率. 过分紧张的心态会使人变得谨小慎微、忧心忡忡，有种压抑感和强迫感，使思维反而愚钝；过分松弛的懒散者则往往浅尝辄止、半途而废，这些都难以产生新奇独特的创造性设想. 为了诱发灵感的产生，必须正确调节思维活动中的紧张与松弛，当对某一问题做了长期的紧张思考又悬而未决时，此时应有意识地去从事其他多种形式的活动，比如散步、闲谈、音乐欣赏等. 在新的环境下，被抑制的潜意识极为活跃，一个新的答案可脱颖而出.

自我调节："西托"是指一个人的身心进入似睡非睡、似醒非醒的朦胧恍惚状态中，脑电图显示出一系列长长的西托波，即脑电波的频率为四周至八周，科学家把这种现象称为"西托". 在西托状态中，大脑接受暗示的能力特别强，常常会迸发出创造的灵感. 因为这时没有生理或心理上的各种抑制，灵感就可以自由地清楚地闪现出来. 怎样进入这种半睡眠状态呢？可以采用自我催眠法来诱发灵感.

开发右脑：右脑是负责形象思维、潜意识思维的，孕育灵感的潜意识主要居于右脑. 以往，人们通常称右脑为"沉默半球"，其实，"沉默半球"并非沉默，众多的创造，无一不与右脑的综合性创造功能有关. 右脑智力开发的理论，目前已走出脑生理学研究室，在儿童教育、企业经营、科学管理等领域得到运用.

跟踪追捕：灵感，来无影去无踪，一旦闪现要紧迫不放，趁热打铁，迅速将思维活动和心理活动推向高潮，并向纵深发展，使灵感闪现发展得以保持，形成完整的构想.

8. 联想思维及其意义

联想是指大脑在对信息进行加工时，从一个事物（或概念）联系到与它相关的另一个事物（或概念）的思维活动. 两个事物之间必须要有一定的相关性，这是联想的基本特点. 这种相关性可表现在功能和结构上的相似，时间和空间上的接近，两个事物之间的因果关系，两个事物对立统一的关系上.

联想的主要特征：一是只在已经存入的记忆表象事物中展开；二是这种表象间的联系、结合、接续可不断发生，形成联想链；三是可诱导、激励、参与创造想象.

联想包括以下几种类型.

接近联想：是指由于时间或空间上的接近而引起的不同事物间的联想.

相似联想：是指由于外形或意义上的相似引起的联想.

对比联想：是指由于事物间完全对立或存在某种差异而引起的联想.

因果联想：是指由于两事物间存在因果关系而引起的联想. 这种联想往往是双向的，既可以由原因想到结果，也可以由结果想到原因.

上述 4 种基本联想类型，在实际的联想活动中，一般并非是单独对创造成果起作用的，而往往是各种类型的联想与推想、想象等交替出现.

9. 想象思维

想象是人脑思维在改造记忆表象基础上创建的未曾直接感知过的新形象和思想情境的心理过程. 想象的本质是新形象的创造，它是对记忆表象加工改造的结果，具有极大的间接性和概括性.

在日常生活中，耳闻目睹经常受到限制，人们就想象出"千里眼"和"顺风耳"来超越现实生活中的不足. 在科技日益发达的今天，人们又想象在月球上建造地球村. 各种各样的想象都和现实有一定关系，但却超越现实，这主要是因为在大脑中进行的理想化构思，是把各种信息进行任意的组合或重建，从而得到比现实更好的结果. 相对说来，科学研究中的想象，往往还是有一定的科学根据的. 例如，牛顿曾想到：如果一个人站在高山之顶，沿水平方向抛掷石块. 抛出的初速度越大，抛掷的距离就越远，当速度足够大时，就会把石块抛到地球边缘之外，这时，石块就会像月亮一样围绕地球旋转. 这一想象正是出自在地球上抛掷石块的事实. 牛顿把地球和石块、地球和月亮之间的关系进行类比后，产生出在速度足够大时，就能把石块变为地球的"月亮"的想象. 这种设想超出当时常规的看法，属科学预言的一种想象.

在科学研究和创造发明中，想象力的重要性正如伟大的物理学家爱因斯坦所说的："想象力比知识更重要，因为知识是有限的，而想象力概括着世界上的一切，推动着进步，并且是知识进化的源泉. 严格地说，想象力是科学研究中的实在因素. "牛顿基于他在力学方面的深厚而又广博的知识，通过非同寻常的想象思维，提出了把石块变成"月亮"——地球卫星的伟大想象，从而启发和激励后人推动人造卫星技术、空间理论的不断发展. 人造地球卫星的重大科技成果同样又证明了爱因斯坦的另外一句名言："提出一个问题往往比解决一个问题更重要. 因为解决一个问题也许仅是一个数学上的或实验上的技巧而已，而提出新的问题、新的可能性，从新的角度去看旧的问题，都需要有创造性的想象力，并且标志着科学的真正进步."

根据想象的作用，可分为积极想象和消极想象. 在积极想象中，按想象的新颖性和创造性，可以划分为再建想象、创造想象、科学幻想和猜想：

（1）消极想象是不自觉的、没有特定目的的想象.

（2）积极想象是一种具有一定目的性和现实性、自觉进行的想象. 它是以完成某种活动任务或创造某种新的东西为目标而引起的主动积极的活动，它是善于随意改变的必要的表象，剔除与目的不相符合的表象而进行的想象.

（3）再建想象：它是指对外界输入的信息（文字、声音、图示等）通过头脑中加工形成同现实事物相应的新形象的心理过程，其特征是以某种现成的图案、说明或描写为依据.

（4）创造想象：创造想象是不依据现成的描述而独立地创造出新形象和思想情境的心理过程. 在科研、创新和各种设计工作中，往往都需要在大脑中事先构思出未知事物或预期事物的内部机理、结构或总体形象. 创造想象一般具有首创性、独立性和新颖性. 贝尔发明电话就是属创造想象. 因为贝尔是在没有先例、没有类似信息的条件下，完全靠自己的出色的想象力，设计和制造出世界上第一台电话机.

（5）科学幻想：科学幻想中的形象源于现实，既反映人们美好愿望，又超越现实指向未来的特殊想象，它们都是现实中没有的事物，是人们虚幻出来的，但这些幻想中都程度不同地投射有人世间的情感和追求，或以人世间现实生活中的喜怒哀乐为其虚构背景. 是暂时不能实现的创造想象. 它能鼓励人们不断努力，推动科学技术不断发展. 如星际旅行就是当代人们的科学幻想.

（6）猜想：猜想往往是和求解问题、寻找答案相联系的一种思维活动. 在科研和创新中，既无逻辑理论可遵循，又无事实材料可证明时，人们往往借助于猜想来寻找问题的答案.

1.3 科学创新技法

人们在科学研究和科技创新活动中所总结的科技发明创新原则、原理、完成创新活动的具体方法和技巧等内容称之为创新技术理论. 用以指导人们有效地开展创新活动并成功完成创新任务.

1.3.1 科学创新技法的原则及其原理

1. 创新技法的原则

科技发明创新技法的原则指人们在科技发明创造活动中选题、构思所依据的法则和验证发明创新所凭借的标准. 主要原则有:

1)科学性原则

科学是反映客观事实和规律的知识体系. 科学性原则是指我们在创造活动中,要遵守科学思想和科学方法.

科技创造活动一方面要满足科学性要求,遵循自然规律和技术规律;另一方面,又要满足社会要求,适应社会需要,符合社会经济规律和社会发展规律. 这两方面的要求,规定了科技创造活动的目标和方向、速度和规模.

2)需要性原则

需要性原则是指创造课题选择和构思要从社会需要出发,体现创造的社会价值和社会意义的要求.

3)创新性原则

发明创造成果,必须是新颖的、独特的、前所未有的,而不能是一种模仿和抄袭. 技术发明较旧事物应有实质性特点和进步. 同时,发明创造设想或成果的技术先进性更有利于推动社会进步.

4)实用性原则

实用性原则是指创造成果能够在产业上制造、使用,也能在生活中应用,并能产生积极效果,即具有实用性.

具有实用性的创新要符合经济规律和生产规律,同时还要满足社会的需求. 然而需要注意的是,对发明创造的实用性,要从发展的角度加以考察,有许多发明创造在刚出现时,由于技术方案还不完善,或者人们还不了解,社会需求不明显;或者有关的经济条件和技术条件还不具备,因而一时显得实用性不强,甚至不被人们理睬,但是随着时光的推移,它们的实用性会日益增长,以至后来成为重大的技术发明.

例如，贝尔在 1880 年创造了一种用光束来传递语言信息的装置——"光话"，但由于当时缺乏强有力的、方向性好的光源，没有显示出它的实用价值，因而被一直搁置在美国斯密逊尼亚研究室里，直到现代，由于发明了激光，研制出了超透明的玻璃光导纤维，做出了先进的微电子电路，才使"光话"——即光纤通信成为具有重大实用价值的技术成果. 近一个半世纪后的 2009 年，华裔科学家"光纤之父"高锟因在"有关光在纤维中的传输以用于光学通信方面"取得了突破性成就，获得了诺贝尔物理学奖.

又如，当年法拉第向人们展示他创造的世界上第一台电动机模型时，有个贵妇人对这结构简单的小装置发出疑问："这个玩意儿有什么用呢？" 法拉第幽默地反问道："夫人，新生的婴儿又有什么用呢？"

因此，我们在技术发明的选题和构思中，既要考虑创造成果的实用性，又要具有远大的目光，能看到创造成果的潜在价值.

5）经济性原则

经济性的要求一方面是指采用较低成本来达到创造课题的要求，另一方面是指创作成果本身能产生较好的经济效益.

2. 科技创新发明的原理

科技发明创造原理是指根据人们在创造活动中思维方法的特点，总结出来并用以指导创造活动的理论，它是创造思维得以产生和发展的理论基础.

1）综合原理

是指把研究对象的各个部分、各个方面和各种因素联系起来加以考虑，从而在整体上把握事物的本质和规律的一种思维方法. 综合不是各部分的机械相加，也不是各种因素的简单堆砌凑合，而是按照对象各部分间的有机联系，从整体上把握事物，它要求综合后的整体具有优化的特点和创新的特征.

综合就是创造，也是现代创造活动发展的基本特点.

2）组合原理

组合原理是将两种或两种以上的事物部分或全部进行有机联接，用以形成新事物的创造原理.

组合与综合的相同之处在于二者都是两种或两种以上事物的有机联系，整体上具有优化的特点和创新特征. 不同之处在于综合具有交叉融合的特点，原有事物可以不再保持其独立特征；而组合后的整体中，原有事物仍可具有其独立特征，只不过各事物为同一目的共同起作用.

组合型创造成果在现代发明创造中占有很大比重. 这已为大量的事实所证明. 晶体管的发明人肖克莱认为："所谓创造就是把以前独立的发明组合起来".

3）移植原理

移植原理的创新机制是一种相似推理思维，它力求从表面上看来仿佛是毫不相关的两个事物或现象之间，发现它们的联系.

移植法就是移植原理的实际运用，它是将已知的原理、技术、方法，拓展和延伸到新的领域，以求获得新的创造成果.

对于移植法则，主要应从两方面进行考虑. 一方面在求解创新课题时，要自觉地寻找技术原型（具有人们所需的功能，经适当修改后，可把其机理或结构应用于创新研究中的事物），以解决创新中的问题；另一方面，当出现某一新的技术时，应及时将它推广到其他领域. 例如，可以把红外传感器系统移植到灯、门、洗手间烘手器的自动控制中.

4）置换原理

置换原理又称换元原理，是指对已有事物的构成要素进行置换，以获得新的创造成果的一种创造原理.

置换原理在实际运用时通常有材料置换、方法置换和结构置换等形式，它们都是用代替原事物中相应要素的方法来获得创造成果.

5）类比原理

类比原理也称类比推理，是根据两个（或两类）对象之间在某些方面的相似或相同而推出它们在其他方面也可能相似或相同的一种逻辑推理.

类比原理的创新机制主要是人类所具有的由此及彼的思维想象能力. 应用类比原理是提出科学假说的一条重要途径.

6）迂回原理

迂回原理是指在创造活动中，由于某些主客观原因，如难点无法突破、主客观条件不具备等，无法使创造课题获得成功，而及时改变课题主攻方向，换成研究相关课题，通过解决侧面问题、外围问题或后继问题，进而达到使原创造课题获得解决的一种创造原理.

7）分析原理

分析原理的实质是运用逻辑推理的方法以获得逻辑增值的效果.

8）逆反原理

逆反原理就是运用逆向思维指导人们去解决问题. 在逆反原理的运用过程中，既需要以正向思维为基础，又需要以逆向思维做参考，二者有不可分割的联系.

9）变化原理

变化原理是指对某一事物进行改造、变化，以达到创新目的的一种法则. 变化原理是指导人们用变化、发展的眼光看待事物. 世界是多姿多彩的，事物也是在不断发展变化之中，没有永远一成不变的事物. 在某些情况下，事物的变化也可成为一种创造成果，因此，我们说变化一步可能是一种进步，变化两步则可能是一种创新.

变化原理在实际运用中，有形状变化、数目变化、尺寸变化、位置变化、运动形式变化等.

10）群体原理

群体原理是指创造主体的群体性，这也是现代创造活动的基本特点之一.

大量事实说明，科学研究和创造发明都需要研究人员的共同商讨、相互启发、相互激励，这样才有利于激发出智慧的火花，燃烧起熊熊的创新之火. 爱因斯坦青年时代就和几个朋友组成奥林匹克科学院，一起探讨各种问题，这为他后来的研究工作奠定了重要的基础. 美国贝尔实验室的布拉顿、巴丁、肖克莱一起合作，发挥各自的特长，寻找失败的原因，终于在 1947 年 12 月制造出世界上第一只晶体管. 20 世纪初闻名于世的、以玻尔为首的青年哥本哈根学派，就是一个科学家合作的群体典范，它为青年科学家的培养和量子力学的创立做出了重要贡献.

1.3.2　创新的基本进程

1. 科学技术创新进程的主要阶段

要从事创新工作，不但要学习创新理论和技巧，也应了解创新的基本路线进程，这样有利于认识不同阶段的主要矛盾，有利于运用相应的思维形式和创新法则、创新技法去解决不同阶段的问题，从而较快地走上创新之路. 根据创新活动的特点和规律，可以把创新过程分成 8 个阶段：

1）发现问题，形成课题设想

创新就是要破旧立新，改造旧事物，创造新事物. 显然创新离不开客观对象，离不开新事物的信息. 因此，发现问题，提出问题，尽快了解和熟悉新事物、新成果是创新的源泉，是创新的一个重要环节. 发现问题，通常有 3 种途径：创新者通过亲身的观察或实践发现周围事物存在的问题；创新者通过调查研究和其他各种信息渠道，间接地发现某一事物存在的问题；创新者用创新技法来解剖某一事物存在的问题. 创新者积极主动地通过上述途径去发现问题，再由问题形成创新设想. 另外，把新技术、新成果推广到其他领域，也会形成很有价值的课题.

2）构思各种技术方案

这一阶段是关系创新课题能否顺利完成的重要环节. 在明确课题的方向后，继续进行有目的、有针对性的调查研究，搜集更多更丰富的相关信息，然后在此基础上提出尽可能多的解决方案. 在这一阶段，发散思维、非逻辑思维起主要作用.

3）验证技术方案的可行性并确定最佳方案

通过上一阶段的工作，我们获得足够多的解决方案，这时我们必须论证方案的可行性并从中选择出最佳的解决方案. 选择的标准主要是价值性、可行性；筛选的方法要运用分析、比较、判断、推理的方法，围绕功能、原理、结构、方法等几个主要方面进行.

4）单元测试、整体合成、实验调试

各单元、各部分测试完成后，还要进行整体合成，这个过程一般不会有太大的问题，但局部的矛盾或意外情况也会时有发生. 整体合成后，通过整体调试，逐步完善，直至达到预定目标.

5）创新成果商品化和专利保护

对初步制成的样品，还需要经过各种性能测试和考核，以达到各项规范的要求，然后才能批量生产. 在市场经济的竞争中，要保护正常的竞争秩序，应通过申请专利对创新成果进行保护.

2. 科学发现进程的主要阶段

科学发现的进程性可分为 4 个阶段：

1）准备阶段

确定课题、准备资料、收集信息、积累和整理知识. 这样做能从更高的高度审视现有的创新课题，对研究的方向和预期的成果将更加清楚和充满自信，便于解决问题时的充分联想和开拓视野.

2）假设阶段

人类为了探索错综复杂的自然现象背后的原因，揭示自然界的发展规律，创立科学的理论，往往要根据已经掌握的科学原理、科学事实，经过一系列思维过程，预先在自己的头脑中做出一些假定性的解释，即我们所说的假说. 假说是自然科学研究中一种被广泛运用的方法.

假说是根据已知的科学原理和科学事实，对未知的自然现象及其规律性所做出的一种假定性的说明，这一阶段是人们走向科学理论的前奏.

科学假说具有两个显著的特点：第一，以一定的科学事实为根据，它是建立在一定的实验材料和经验事实的基础上，并经过了一定的科学论证；第二，有一定的推测性质. 假说一般要经过三个阶段：第一，存在已知科学原理所无法解释的新事实和新关系；第二，依据已知的科学知识和不多的科学材料，通过创造者的思维活动，对这些新事实、新关系产生的原因和发展的规律性做出初步的假定；第三，利用有关的理论和尽可能多的科学材料进行广泛的论证，使这个初步的假定发展为比较完整的科学假说.

科学假说在科学发现中十分重要，恩格斯对假说做了极高的总结性的评价，他说："只要自然科学在思维着，它的发展形式就是假说."

3）验证阶段

科学假说必须接受实践的检验，随着实践的发展而发展，逐步向确实可靠的理论转化. 验证假说已经转化为科学理论这有赖于人类的社会实践，实践不仅是假说形成和发展的源泉和动力，而且是检验假说真理性的唯一标准.

4）科学理论阶段

假说通过实践的检验转化为科学的理论，科学理论具有某些基本特点，如客观真理性、全面性、系统性、逻辑性等.

从理论与实践的关系来看，一个新的理论必须满足以下三个条件才能成立.

第一，新理论一定要能够说明旧理论已经说明的自然现象.

第二，新理论一定要能够说明旧理论所不能说明的新现象.

第三，新理论要能够预见现在还没有观察到，但通过科学实践一定能够观察到的自然现象.

新的科学理论的完成是一项科学发现已获得成功的标志，但人类对自然界的认识，总是在实践的基础上不断地向前发展的，这个过程是永远也不会停止的. 正如列宁所指出的："辩证唯物主义坚决认为，日益发展的人类科学在认识自然上的这一切里程碑都具有暂时的、相对的、近似的性质."

3. 创新探索性的进程

科学发现的进程性过程反映的是创造事物发展变化的过程，而创新探索性的进程主要是指创造者思维和实践的过程，这两种过程不同之处在于从不同系统出发来研究创造过程，但其共同点是揭示了创造活动的运动和发展.

创造的探索性过程已有了许多研究成果，其中较著名的有美国创造学者奥斯本的"三阶段论"，即发现现实、提出创意、寻找解决对策三个阶段. 目前运用较广、影响较大的是英国心理学家沃拉斯在《思考的艺术》一书中提出的"四阶段论"，即创造过程一般都必须经过准备期、酝酿期、明朗期和验证期四个阶段.

1）准备期

在准备期阶段，其主要的工作内容为：提出问题，确定课题，收集必要的实事和资料，积累和整理知识.

2）酝酿期

酝酿期是创造者对创造课题的解决进行思考的阶段. 既然是创造，当然就不存在现成的模式和答案，已有的经验和知识，一方面对创造者的思考起着指导作用；另一方面也可能产生一种思维定势，弱化创造者的创造力.

因此，在酝酿期间，创造者的各种智力因素、情感意志力、创造性思维都参与其中活动，特别是创造性思维对于酝酿期的突破，起着至关重要的作用.

对于一些重大的发明创造，酝酿期往往是一段漫长而艰苦的历程，其间充满焦虑、希望、失败和痛苦. 引导人们的创造活动获得成功的一个重要因素，就是他们所具有的良好的创新个性心理品质，这些个性心理品质，激励他们在失败中奋起，在困难中搏击，在黑暗中看到光明，在失望中不断崛起. 创造学的研究表明，任何重大的创造突破都是在积极的情绪状态下产生的，悲观失望、懒散无聊的状态，既不能产生灵感，也不能获得成功. 因此科学创新学特别强调，创新素质教育要重视培养学生的个性心理品质.

3）明朗期

积极有效的思考，使人脑的思维处于一种饱和状态，大量信息在大脑中通过各种思维方式进行不同的组合、变形、改造、交融，以寻求获得解决问题的最佳途径. 人们将这一思维过程称为创新性思维过程.

在这一过程中，可以有逻辑思维、形象思维、直觉思维、灵感思维等多种思维形式参与. 由于大量信息的积极组合、变形、改造、交融，因而人们在某个时候，可突然获得一种新颖的、独特的解决问题的新方法、新思路、新观念. 大脑仿佛突然开窍，思潮如滚滚泉水，问题获得突破，处于我们常说的一种"顿悟"状态.

4）验证期

验证期阶段主要是对已有的突破进行完善并给予验证，其主要工作有三项.

第一，运用逻辑思维，对获得的突破进行充实、整理和归纳. 如果是科学理论，要注意用适当的方式表达观点，使其具有明确的概念、恰当的判断、正确的推理等严密的逻辑过程.

第二，理论上的验证. 对已获得的创造成果正确与否，应当进行理论上的验证. 对科学理论要能够说明旧理论已经说明的自然现象和能够说明旧理论所不能说明的新现象. 对技术发明要符合已有的科学原理，对性能、结构、原理上的创新突破做出技术分析.

第三，实践的验证. 科学理论要能预见现在还未观察到，但通过科学实践一定能够观察到的自然现象. 技术发明应进行实验论证并弥补其缺陷，在实践中论证是否具有新颖性、创造性、实用性.

创新的主要过程，可借用清末学者王国维的诗文做一形象描述，"古之成大事业大学问者，必须经过三种境界：昨夜西风凋碧树，独上高楼，望尽天涯路，此第一境也；衣带渐宽终不悔，为伊消得人憔悴，此第二境也：众里寻他千百度，蓦然回首，那人却在，灯火阑珊处，此第三境也. "这三个境界分别对应于创新过程中课题的形成、课题的攻关和最后的成功三个阶段.

1.3.3　科学科技创新的主要技法

创新技法是人们进行创新活动时所运用的具体方法和实施技巧，它是依据创造原理具体运用的结果.

创造技法是创造方法、创造经验、创造技巧的总和，它是完成创造活动的强有力武器和必要手段，它来源于创造实践并服务于创造实践. 创造技法的建立和发展，一是依赖于创造原理对创造活动的指导作用；二是依赖于人类社会对创造活动的客观需求；三是依赖于人类对创造活动的经验总结；四是依赖于科学技术对创造活动的推动促进.

　　创造技法的作用，主要体现在以下四个方面：一是有助于人们在发明创造活动中提出新问题；二是有助于人们在发明创造活动中形成新概念；三是有助于人们在发明创造活动中产生新设想；四是有助于人们在发明创造时提高效率.

　　创造技法由于其实用性、指导性较强，因而也是创造学中研究的一个重点. 迄今为止，各种创造技法已有近 400 余种，本教材对常用的几种技法作重点介绍.

　　1. 组合型创新技法

　　在现代科学技术领域内，学科间的交叉组合已是常见的现象，许多发明创造的原理为人所共知，但经巧妙组合却能达到出人意料的结果. 如美国的"阿波罗"登月计划，其科技水平确实非同一般，但其负责人却坦然承认："阿波罗"宇宙飞船包含有大量的现代技术，问题的关键就在于怎样把它们精确无误地组合好，实行系统管理."

　　创造发明中的组合现象到处可见，但组合决不是简单的罗列，机械的叠加，组合型创新技法其实质是人类综合思维和其他创新思维的灵活运用. 人们常说，现代搞发明创造主要有两条：第一条是全新的发现，第二条是把已知其原理的事实进行组合.

　　1）组合型创新技法原理及特点

　　组合型创新技法是指按照一定的技术原理或功能目的，将现有的科学技术原理、方法、现象、物品做适当的组合或重新安排，从而获得具有统一整体功能的新技术、新产品、新形象的创造技法.

　　组合创新技法具有下述特点：

　　A. 组合成果的创造性

　　简单的罗列、机械的叠加都称不上创新的组合，运用组合创新型技法，其创造成果要求带有下述特征：组合后具有整体统一功能，各组合体都为单一的目的共同起作用；组合成果具有新颖性、独创性和实用性；组合成果较各组合体能产生新的效果.

　　B. 组合使用的广泛性

　　组合使用的广泛性体现在两个方面，一是组合范围与形式的多样性，二是组合使用的普及性.

　　C. 发展趋势的时代性

　　在现代技术发展中，组合比以往任何时候都更加重要，组合反映了技术进步和发展的时代潮流,近年来原理突破型成果的比例开始明显降低,而组合型发明变为技术创新的主要方式.组合创造的时代性还表现在组合的思想已作为处理技术问题的思考方式渗透于许多现代设计方法之中.如模块化设计等.总之,组合贯穿于各种科技创新领域和设计之中,提高创新动机,强化组合观念,这是时代的要求.

2)组合的基本类型

(1)各种学科和技术间的组合.例如,计算机就是计算数学、半导体大规模集成电路技术、精密机械技术、电子技术、显示技术等的组合.

(2)技术原理和技术手段的组合.例如,喷气式发动机就是喷气推进原理和燃油汽轮机的组合.

(3)功能组合.

(4)材料组合.材料组合是指将不同性能的材料组合起来,从而获得新材料或达到某种革新的目的.

(5)信息组合.将信息作为事物间联系的基本单元,信息在相互作用中会不断产生新信息.

2. 逆向思考型创新技法

逆向思考型创新技法是用逆向思维的方式来进行创造,是逆反原理的具体应用.

人们在考虑问题时,总是根据常规、常理、常识作为正向思考,无形中在头脑中形成了一种解决问题的思维定势,而且总是在这种思维定势之下寻求解决问题的方法,这很难站到反面去寻求答案.而逆向思维的运用,是要突破这一思维定势,反过来思考问题,不循常规、标新立异、欲进反退、不依常理,这种逆向思维的结果,往往能发现别人看不到的真理和创新.

1)逆向反转思考法

逆向反转思考法是指对事物的功能、结构、因果关系进行反转思考,以获得新的发明或找到解决问题的新途径.

2)缺点逆用思考法

事物不可能十全十美,总是存在这样那样的缺陷和不足,但人们发现了事物的缺点之后,一般思维状态下总是想办法改正缺点,弥补不足,而缺点逆用思考法是要求人们发现了事物的缺点之后,充分利用缺点,变废为宝,化腐朽为神奇,突破传统思维,获得新的创造.

3)背逆常规思考法

背逆常规思考法的关键是要抓住事物的本质,不为表面的现象所迷惑,在突破传统思路力求标新立异方能有所成就.

4)逆反心理利用法

即利用不同于常规常识的普通心理状态来决策处事,使人们在心理调整过程中，或利用人们的逆反心理特征，获得对事物的新看法，使利用常规手段无法解决的问题获得解决.

5）重点转移创造法

重点转移创造法是指人们在创造活动中，对某一问题经多方思考仍不能解决时，应改变问题的思考方向，将问题的重点从一个方面转移到另一个方面，以开辟新的思路，使问题获得解决. 重点转移创造法是迂回原理的实际运用.

3. 设问型创新技法

发现问题和提出问题，是进行创新的必要前提，而一般人往往不善于提出问题. 帮助人们克服不愿提问或不善提问的心理障碍，弄清事情的来龙去脉、前因后果. 同样地，为了寻求创新课题，或者求解创新课题，以自我设问的方式，从不同角度、不同侧面提出各种各样的问题，可以帮助设问者早日实现创新.

设问型创新技法是对拟创新的事物进行分析、展示、综合，以明确问题的性质、程度、范围、目的、理由、场所、责任等项，从而使问题具体化，以缩小需要探索和创新的范围，其特点是：以提问的方式寻找发明的途径；从多角度、多方面设问检查，思维变换灵活；本技法使用检核表等工具，可以使创造者尽快地集中精力朝提示的目标和方向思考.

下面介绍几种目前世界上广为流行的设问法：

1）奥斯本检核表法

这是以美国创造学家 A·F·奥斯本命名的创造技法，该方法又称对照表法、分项检查法等. 奥斯本检核表法对创造发明活动很有影响，有人称之为"创造技法之母". 设问法可以促使人们的思维向着创新的目标展开. 其易学易做，对小发明、小创造很有效，对于大的课题只要将其分解为小课题后再应用，也能收到较好的效果.

奥斯本检核表法的技法原理：

检核提示型创造技法能帮助人们克服不愿提问或不善提问的心理障碍，使用时可准备一张提问的单子，针对所需解决的问题，逐项对照检查，以期从各个角度较为系统周密地进行思考，探求较好的创新方案. 奥斯本检核表法的内容包括以下 9 个方面的提问.

（1）有无其他用途：能否将现有的发明或稍加改进后应用到其他领域？

（2）能否借鉴：现有的发明能否借鉴别的方案、移植别的发明？有无与其他相似的东西？能否模仿其他事物？

创造发明是新型未知的事物，通过借鉴移植可从已知的事物上得到启发，触类旁通、移花接木、无师自通，现实世界就是最好的老师. 如人们大量借鉴动植物的构造、特点来获得创造.

（3）能否改变：现有的发明能否作适当的变化，如改变颜色、味道、声响、形状、式样等.

（4）能否扩大：现有的发明能否扩大，增加一些东西？如时间、频率、长度、次数、强度、速度、价值、数量、高度、厚度等.

奥斯本指出：在自我发问的技巧中，研究"再多些"与"再少些"这类有关联的成分，能给想象提供大量的构思线索，巧妙地运用加法和乘法，便可极大地拓宽探索的领域.

（5）能否缩小：现有的发明能否缩小？取消某些方面后能否微型化、简单化或再低些、再短些、再轻些？

集成电路的诞生：缩小技法的典型运用伴随着 1958 年 7 月世界上第一块"集成"固体电路的诞生，在不超过 4 mm^2 的面积上，大约集成了 20 余个元件. 美国学者基尔比也因此被誉为"第一块集成电路的发明家"，获得 2000 年诺贝尔物理奖.

（6）能否代用：现有的发明有无代用品，可否用别的原理、别的能源、别的材料、别的元件、别的工艺、别的动力、别的方法、别的符号、别的声音、别的场所等来代替.

（7）能否重新调整：能否使用其他设计方案？能否调整程序？能否调整速度、温度、压力呢？

（8）能否颠倒过来：现有的发明可否颠倒应用，如正反颠倒、里外颠倒、上下左右颠倒、主次颠倒、前后颠倒等.

（9）能否组合：现有的几种发明是否可以组合在一起？如材料组合、元部件组合、形状组合、功能组合、方法组合、方案组合、目的组合等.

综观上述 9 个问题，它们都促使人们运用创新思维和创新法则，围绕创新目标和求解创新内容进行广泛地思考，因此不但具有普遍的意义，也能帮助人们早日走上创新之路，取得创新成果.

2）5W1H 提问法

5W1H 法共有 6 个自我设问的问题，其中 5 个问题的关键词的第一个字母是 W，1 个问题的关键词的第一个字母是 H，因此把这种自我设问法称为 5W1H 法，此法源于美国. 这 6 个问题是：

（1）何人（who）？如：谁来办合适？谁能做？谁不宜加入？谁是顾客？谁支持？谁来决策？忽略了谁？

（2）何时（when）？如：何时完成？何时安装？何时销售？何时产量最高？何时最合时宜？需要几天为合适？

（3）何地（where）？如：何地最适宜种植？何处做才最经济？从何处去买？卖到什么地方？安装在何处最好？何地有资源？何地最节约时间且最方便？何地政策最宽松？

（4）何故（why）？ 如：为什么发光？为什么使用这种颜色？为什么做成这个形状？为什么使用这种名称？为什么不用机械代替人力？为什么要这么多环节？为什么要这样做？为什么这样贵？

（5）做什么（what）？ 如：条件是什么？目的是什么？重点是什么？功能是什么？规范是什么？要素是什么？

（6）怎样（how）？ 如：怎样做最省力？怎样做最快？怎样效率最高？怎样改进？怎样避免失败？怎样求发展？怎样扩大销路？怎样改善外观？怎样方便使用？

5W1H 法使用时，关键要注意针对不同的问题，设问检查的角度也不尽相同，这涉及使用者对问题本身的熟悉程度及自身的知识和经验. 对同一问题，可以从不同角度去设问.

3）七步设问法

七步设问法是奥斯本总结出来的一套设问方法，适用于产品和设备的革新，现简介如下：

（1）确定革新的目标和方针.

（2）收集有关资料数据.

（3）分析收集到的资料数据.

（4）通过各种创造思维方法，提出各种革新的方案.

（5）提出实现方案的种种措施.

（6）综合分析所有的资料数据.

（7）筛选出切实可行的革新方案和措施，并加以实施.

该方法的实质是一种调查、分析、判断、联想、解决问题的过程，因较简单，故可作为我们日常工作中的一种思考方式.

4）普及性方法

普及性方法又称为十二聪明法，上海在普及创造发明教育方面曾取得很好的成果，在中小学中已广泛开展创新活动，并且取得了许多宝贵的经验. 如上海和田路小学的师生就把创新技法简明化、口语化地总结成：

（1）减一减：减轻、减少、省略不必要的等.

（2）扩一扩：扩大功能、用途、使用领域等.

（3）改一改：针对现有事物、做法，找毛病，提意见，提建议等.

（4）变一变：从方式、手段、颜色、程序、味道等方面改变.

（5）缩一缩：压缩、缩小、降低等.

（6）联一联：看看事物之间有什么联系，可以加以利用.

（7）学一学：就是吸收、综合、借鉴等.

（8）代一代：用别的方法、工具、材料来代替.

（9）搬一搬：根据需要进行转移、移植等.

（10）反一反：将上和下、前和后或左和右颠倒，说不定效果会更好.

（11）定一定：将界限、标准规定明确. 如明确工作制度、行为规范和标准、职责范围、市场范围.

（12）加一加：把不同的技术、手段、事物等进行组合.

4. 演绎推理创新技法

1）演绎技法原理

演绎，是用一般原理、知识和观点认识个别事物的思维方法.

在科学研究中，人们往往从某些公理、定理、法则、理论或是学说出发，运用逻辑推理（包括数学计算），得出一批结论，然后又根据这些结论及原来的公理等，再运用逻辑推理又得出一批结论，如此下去，层层推理，往往可以得到许多比较深刻的结论.

演绎推理是做出科学预见的一种手段. 把一般原理（理论）运用于具体方面做出的正确推论就是科学预见，由于科学理论是已被实践检验过的真理，由此做出的推论就是有科学根据的，它对实践有指导作用. 在科学技术发展史上，用演绎推理思维等抽象逻辑思维形式实现了许多伟大的发现与发明.

2）推理形式

演绎推理的形式较多，下面介绍一种三段论推理.

例如，人们根据物质是无限可分的这一观点推知基本粒子也是可分的，就是一个演绎推理，其中：

大前提：自然中一切物质都是可分的；

小前提：基本粒子是自然界中的一种物质；

结论：基本粒子是可分的.

又如，大前提：任何物体之间都有引力；

小前提：太阳和地球是物体；

推论：太阳和地球之间有引力.

由上面的例子可知，演绎推理一般可分为三个部分，第一部分是反映一般规律的大前提；第二部分是在大前提范围内的个别事物；最后一部分是由前面两个前提得出的结论，即把一般的规律推广到个别事物的结论.

例如，古希腊著名的哲学家、科学家亚里士多德曾经断言"重物体比轻物体坠落得快". 这一观点人们一直深信不疑，整整维系了 1800 余年，直到伽利略落体实验的演绎推理才将它纠正.

5. 归纳推理创新技法

1）归纳推理技法原理

归纳是指把一些个别的经验事实和感性材料进行概括和总结，从中抽象出一般结论、原理或规律的推理方法，归纳推理法是从个别事实中概括出一般原理的一种推理方法.

归纳法的客观基础是个性和共性的对立统一，个性中包含着共性，通过个性可以认识共性，个性中有些现象反映本质，有些则不反映本质，有些属性为全体所共有，有些属性则只存在于部分中. 这就决定了从个性中概括出来的结论不一定是事物的共性，也不一定抓住了事物的本质. 归纳法的客观基础决定了这种推理的逻辑特点：它虽然是一种扩大知识、发现真理的方法，但往往是一种不严密的，或然性的推理.

2）归纳推理法的作用

A. 经验定理和经验公式的获得

从大量观察、实验得来的材料中发现自然规律，总结出科学定理或原理，这是科学工作中最基本的工作. 生物学家达尔文曾经说过："科学就是整理事实，以便从中得出普遍的规律或结论". 归纳法正是从经验事实中找出普遍特征的认识方法.

科学史表明，自然科学中的经验定律和经验公式大都是运用归纳法总结出来的.

B. 预测未来，提出假说

从已知推出未知，从过去预测未来，提出假说和猜想，这是归纳法的精华所在，也是归纳法成为开拓新的知识领域、创造新境界的有力工具的原因. 究其内核，全在于归纳法推论的结果、范围大过前提，它可以突破前提的藩篱，而不像演绎法的推论总是被前提所束缚. 著名的哥德巴赫猜想就是用归纳法提出来的.

C. 为合理安排实验提供了逻辑工具

在科学实验中，人们为了寻找因果联系，把实验安排得有效而合理，必须参照判明因果联系的归纳法安排一些重复性实验，以便考察实验条件与研究对象之间是否有同一关系（同时出现）；在人为地改变某一条件下进行对照实验，以便考察实验条件与结果是否有差异关系、共变关系等. 只有这样，才能使实验以简明、确定的方式表现出事物的因果联系，为我们提供可靠的经验材料.

3）归纳推理方法应用

科学归纳法是指根据对某类事物中部分对象的本质属性和因果关系的研究，判明事物间的内部联系，也就是从事物的因果关系中揭示出研究对象的规律性，从而作出这类事物一般性结论的归纳法. 因为因果关系是反映客观事物内部所固有的必然联系，所以科学归纳法具有必然性. 根据判明因果关系的不同方式，科学归纳法又可分为求同法、求异法、同异并用法、剩余法和共变法 5 种，这 5 种方法及公式表述如下：

A. 求同法

求同法是指有关因素与被考察对象具有正相关关系，总是同时出现，由此可判断有关因素与被考察对象具有因果联系.

例如，维生素 B1 的发现是 1893 年，一个年轻的荷兰医生艾克曼被派到脚气病流行的爪哇岛工作，在研究治疗脚气病的过程中发现了维生素 B1，这是一个十分典型的归纳推理求同法的运用．艾克曼对维生素的发现做出了贡献，于 1929 年获诺贝尔医学奖．

B. 差异法

差异法是指有关因素与被考察对象具有负相关关系，总是不同时出现，由此可以判断有关因素与被考察对象具有因果联系．

C. 求同差异共用法

求同差异共用法的实质就是运用求同法和差异法同时研究与被考察对象之间的因果联系．这一方法，较单独使用其中一项更具可靠性．

例如，光量子假说的建立．著名物理学家赫兹和勒纳德发现，用光照射金属表面会有电逸出，被称为光电效应．

其实验结果如下：对某种金属，用不同颜色的光照射其表面，实验结果不同．

弱红光照射 —— 无电子逸出；

强红光照射 —— 无电子逸出；

弱绿光照射 —— 少量电子逸出，速度为 v；

强绿光照射 —— 大量电子逸出，速度为 v；

紫光照射 —— 少量电子逸出，速度大于 v；

紫光照射 —— 大量电子逸出，速度大于 v．

当时已知的电磁理论，虽能很好地解释光的折射、反射和干涉现象的光的波动学说，但对此实验结果进行解释却无能为力．因此，人们将这一现象称之为"紫外灾难"，是一朵笼罩在物理学上空的"乌云"．

这朵"乌云"，预示着一场风暴的来临，预示着物理学面临着新的突破．

年仅 26 岁的爱因斯坦对这一问题进行了深入研究．人们早已知道，光的颜色不同是因为光的频率不同，上述实验表明，光的速度即能量，与光的强度无关，只与光的频率有关，二者成因果关系．因此，爱因斯坦大胆突破了当时的权威理论"电磁辐射的能量是连续的"，提出了"光量子假说"，说明"能量是以微小份额的形式由光线携带的"．比较亮的光线表明有更多的量子，所以能从金属中打出更多的电子；频率比较高的光意味着更大的量子，所以逃逸出来的电子会具更大的速度．这一假说较好地解释了光电效应的实验结果．

爱因斯坦的光量子学说，后经许多科学家的实验证明是正确的，这一理论奠定了现代量子力学理论的基础．爱因斯坦开辟了现代物理学的一个新天地，并于 1921 年因光电效应的研究而获诺贝尔物理学奖．

D. 共变法

共变法是指随着有关因素的变化，被考察对象也跟着一起成比例地发生变化，由此可判断有关因素与被考察对象之间存在因果联系．

例如，欧姆定律 $U = I \cdot R$，当电阻 R 不变时，电流强度 I 与电压 u 成正比.

E. 剩余法

剩余法用于被研究的某一复杂现象是另一复杂现象的原因，把其中已判明因果联系的部分减去，那么剩余部分还有因果联系，由此可寻找到较复杂的因果关系.

6. 类比推理创新技法

1）类比推理技法原理

类比推理创造是一种极富创造性的发明方法，其基本思路是通过两个不同事物之间的相互比较，一旦发现它们存在某些相似之处，便大胆地运用某一事物的原理、结构和方法去解决另一事物的技术问题，从而产生或实现新的发明成果.

类比推理创造法是将陌生的事物同熟悉的事物相比较，将未知的事物同已知的事物相比较，在对比中启发思路、捕捉线索. 因此类比推理创造法可以激发出新的发明设想，尤其在科学技术的前沿领域，因为探索性强，缺少资料，更需要发挥类比的探索和预测作用.

2）类比推理基本方法应用

A. 直接类比

从自然界或者已有成果中寻找与创造对象相类似的东西，即直接类比.

直接类比的目的是寻求原型启发，或激发灵感的产生. 利用这种方法的关键是要善于观察和判断，要保持开放的和有准备的头脑，不放过任何机遇，从事物的诸属性中获取新设想的基石.

B. 因果类比

因果类比的原理是根据两个事物各自属性之间可能存在着相同的因果关系，因此可以由一种事物的因果关系，推测出另一种事物可能存在的因果关系，进行发明创新.

C. 对称类比

根据某些事物存在对称性质进行类比推理而获得发明创造的思路，即对称类比推理创造法.

自然界的许多事物存在着对称关系，如正电荷与负电荷，人的左手与右手，磁场的南极与北极等，运用这种对称类比的思路，可以启迪我们有所发现.

D. 综合类比

根据一个对象要素间的多种关系与另一对象综合相似而进行的类比推理叫综合类比.

综合类比用于复杂事物间的类比，因为有许多事物，人们不可能一下子全部认识其中的原理结构，于是采用这种综合类比的办法，以达到解决问题的目的.

总之，类比的目的及其突出特点就是借鉴，人们进行的发明创造，总是与原有的知识、经验、成果相联系，因而借鉴是一种十分必要的发明手段. 正如康德所说："每当理智缺乏可靠论证的思路时，类比这个方法往往能指引我们前进". 对于所借鉴的事物，人们应有充分的联想思维，具有较广阔的视野，因为在解决问题之前，人们并不清楚什么是该借鉴的对象，在类比中缺乏联想思维，既难以抓住问题的要害，更难以找到创造性解决问题的借鉴对象.

研究指出：选作类比的对象与原问题的差异越大越好，这样获得的创造性设想才更富新颖性.

7. 移植创新技法

1）移植创新技法原理

所谓移植法是将某个领域的原理、技术、方法，引用或渗透到其他领域，用以改造或创造新的事物.

移植法从思维角度看，可说是一种相似推理思维，它通过相似联想、相似类比，力求从表面上看来仿佛是毫不相关的两个事物或现象之间，发现它们的联系.

英国剑桥大学教授贝弗里奇说："移植是科学发展的一种主要方法. 大多数的发现都可应用于所在领域以外的领域，而应用于新领域时，往往有助于促成进一步的发现. 重大的科学成果有时来自移植. "实际上，许多创造活动都可借助于移植.

2）移植创新基本方法应用

A. 原理移植

无论是理论还是技术，尽管领域不同，但常可发现一些共同的基本原理，因此，可根据不同的要求和目的进行移植创造.

B. 方法移植

方法移植是将某一领域的研制方法及产品的制造工艺应用于其他领域的研制工作或产品的制造.

C. 结构移植

结构移植是将某产品的结构移用到待发明的产品上，从而实现新的使用功能和使用价值.

D. 功能移植

功能移植是指将已有事物的功能移植到另一事物上去，使已有事物的功能发挥新作用，从而产生出新的产品或新的技术.

研究表明，移植方法的思想丰富，如移植法还有环境移植、材料移植等，但不管哪一种移植方式，它们基本上遵循两条思考途径：

一是技术发散型移植：即将已有技术和方法，尽可能向其他领域拓展和延伸，从而发现新方法，产生新技术.

例如，随着计算机技术与自动控制技术日新月异的发展，我们可以将这些技术向机械、测量、运输、环保等领域进行渗透，从而获得创造成果.

二是问题针对型移植：这是从现有的问题出发，针对问题的实质和关键，运用联想、类比等手段，找到可用于解决问题的移植对象.

现代科学技术迅速发展，各学科之间互相渗透和交叉的趋势已越来越明显，因而我们在思考和解决问题时，万不可老局限在一个较小的专业领域中打圈子，而应该勇敢地向前跨一步，走入到自己不熟悉的专业领域中，这样才能扩大视野、活跃思维、创新前进. 在这里，我们需要突破一种心理障碍，即不要害怕陌生的专业领域深奥难懂，有时外行可以比内行创造更大的奇迹.

8. 列举分析型创新技法

列举分析是人们思维活动的表现形式之一，通过列举事物各方面的属性，可掌握一定数量的信息，有助于产生新的概念，同时可以从所列举出来的事物的性质、特征中归纳出更一般的概念. 列举法有助于克服心理障碍，改善思维方式，在创造发明活动中有重要作用.

1）列举法的基本特点

列举法是指通过列举有关项目来促进全面考虑问题，防止遗漏，从而形成多种构想方案的方法. 列举法具有下述基本特点：

（1）分析的强制性. 列举法基本上是一种分析方法. 分析就是把整体分解为部分，把复杂的事物分解为简单要素，分别加以研究的一种思维方法. 和一般分析方法不同的是，列举法带有一种强制性，必须分析罗列所有的因素.

（2）一览表式的展开. 人们常用一览表帮助记忆、安排工作，为了寻找创新的设想，也可借助于列举的方式将问题展开，以一览表的形式帮助思考.

2）列举分析基本方法应用

A. 特性列举法

特性列举法认为每个事物都是从另外的事物中产生发展而来的，一般的改造都是旧物改造的结果，所改造的主要方面是事物的特性. 因此，特性列举法就是通过对需要革新改进的对象作观察分析，尽量列举该事物的各种不同的特征或特性，然后确定应加改善的方向及实施的方案.

B. 缺点列举法

缺点列举法是有意识地列举现有事物的缺点，以确定发明目标的创造技法. 即有意识的挑现有事物的"毛病"，往往会获得创新的思想或能否将缺点进行逆用，化弊为利.

C. 希望点列举法

希望点列举法是通过提出各种希望，经过归纳，确定发明目标的创造技法.

上面介绍的几种列举法，有的比较规范，如特性列举法；有的比较简单，如缺点列举法；有的形式多样，可灵活使用，如希望点列举法. 学习列举法，要从克服心理障碍的角度去理解此法的精髓，改善自己的思维方式，提高解决问题的能力；还要积极实践，从小问题着手，由简单的构思起步，循序渐进，逐步掌握这种创造技法的规律.

9. 智力激励型创新技法

智力激励型创新技法又称头脑风暴法、畅谈会法，它是美国创造学者 A·F·奥斯本所总结创新，并在世界上最早付诸实践的创造技法，它适用范围广，易于普及.

1）奥斯本智力激励法

奥斯本在研究人的创造力开发时发现，每个人都有创造潜力，开发创造潜力，可以通过人们相互激励的方式来实现，于是奥斯本设计了一种与传统会议不同的开会方式，力图更有效地激发人们的创造性思维.

奥斯本智力激励会基本原则：

A. 自由思考原则

这一原则是要求与会者尽可能地解放思想，不受任何已知条件、熟知的常识和规律的束缚，善于从多种角度或反面去考虑问题，要坚持开放性的独立思考，畅所欲言，敢于提出似乎是荒唐可笑的看法.

B. 延迟评判原则

这是一条十分重要的原则，即禁止在讨论问题的过程中，过早地进行评判.

C. 以量求质原则

奥斯本认为，在设想问题时，越是增加设想的数量，就越有可能获得有价值的创造. 因此，奥斯本智力激励法强调与会者要在规定的时间内加快思维的流畅性、灵活性和求异性，尽可能多而广地提出有一定水平的新设想，以大量的设想来保证质量较高的设想能出现.

D. 综合改善原则

综合就是创造，奥斯本曾经提出："最有意思的组合大概是设想的组合". 奥斯本智力激励会要求与会者要仔细倾听他人的发言，注意在他人启发下及时修正自己不完善的设想，或将自己的想法与他人的想法加以综合，再提出更完善的创意或方案. 因此，综合改善也是智力激励不可缺少的一条基本原则.

2）默写式智力激励法

奥斯本智力激励法问世后，20 世纪 50 年代便在美国得到推广应用，随后传入世界各国. 智力激励法的精髓是通过群体内各成员间的相互激励，达到积极思考、启发联想，进而形成大量创造性想象或设想的目的，为问题的解决提供有创造价值的方案. 各国创造学者吸取了奥斯本智力激励法的精髓，并结合本国的情况，对这一方法进行了适当改进，形成适应本国国情的激励法.

德国创造学者鲁尔巴赫根据德意志民族喜欢沉思的性格特点，提出一种以笔代言的默写式智力激励法.

3）三菱式智力激励法

奥斯本智力激励法可以产生大量的设想，但由于它禁止评论，因而在对设想进行有效的判断和集中方面，存在着一定的局限，因此，日本三菱树脂公司在这个基础上作了一些改进，创造了一种新的智力激励法，即三菱式智力激励法. 本方法与奥斯本智力激励法相比较，可在会上相互质询，故有利于方案的综合与完善，有利于在质询中产生新的设想，这是三菱式智力激励法独有的特色.

10. 信息启发型创造技法

1）专利信息利用法

专利文献是人类的知识宝库，专利文献记录了大量科技发明的成果，善于有效地利用科技专利文献，是创造发明诞生的重要源泉.

2）仿生创造法

仿生创造法是指人们受生物的结构或功能原理启示而导致发明创造的方法. 它是类比创造原理的具体运用，仿生创造法可归类于类比推理创造法之中.

自然界的许多现象常常能启迪人们创造发明的灵感. 由于亿万年的漫长进化，物竞天择，生物自身所具有的结构和本能，在许多方面是人类所发明的科技装备仍难以企及的，因此，从生物以至人类本身得到启示而进行创新，成为了一种重要的创造方法. 运用这一方法主要有下列途径.

A. 信息仿生

主要是通过研究、模拟生物的感觉（包括视觉、听觉、嗅觉、触觉）能力以及信息贮存、提取、传输等方面的机理，构思和研制新的信息系统.

例如，科学家将响尾蛇的眼、耳都蒙起来，但响尾蛇依然能非常灵敏地发现目标，为什么？通过研究，原来在响尾蛇的头部，有一个非同寻常的热敏源，它能迅速精确地感知到外界温度的细微差别，很快找到应攻击的目标. 根据这一原理，美国军方马上组织了一批科技人员，研制成了一种具有热寻功能的导弹，导弹可以根据对方飞机发动机和尾气发出的热流，自动调整弹道攻击目标，这就是人们所熟知的响尾蛇导弹.

B. 控制仿生

主要是通过研究模拟生物的控制机能来构思和研制新型的控制系统和设备.

例如，人类对苍蝇的仿生研究获得了巨大的成功. 科学家根据苍蝇复眼的结构与功能，研究设计成功一种新型照相机——蝇眼照相机，这种照相机的镜头由 1320 块小透镜粘合而成，一次就可拍摄 1320 张照片，分辨率高达 4000 条线/英寸，可用于复制电子计算机精细的显微电路；通过对苍蝇翅膀的研究，发现苍蝇的翅膀是自然界中最完善的飞行器之一，受这一启示，近年来国外研制出一种新型的陀螺导航仪——音叉陀螺仪，又叫振动陀螺仪，目前已经广泛应用于高速飞行的飞机和火箭上；通过对苍蝇嗅觉研究，发现苍蝇的两根触角上长有嗅觉感受器，能老远嗅到极其微弱的气味，于是，人们又模仿这种感受器，制成一种高灵敏度的气体分析仪，安装在宇宙飞船、潜水艇和矿井等处，用来检测气体成分；苍蝇能倒立在光滑的天花板上休息，能在更光滑的玻璃上和光亮的木器家具上疾走、奔跑. 为什么不会跌下来呢？原来它每只足上长着两个勾子，能勾住人眼看不出来的粗糙处. 由此人们得到启示，研制出了能爬上垂直平面的机械，用它来进行一些高空作业.

C. 力学仿生

主要是通过模拟生物的结构力学和流体力学原理，构思和研制新的设备、装置、结构等.

D. 化学仿生

主要是通过研究模拟生物酶的催化作用、生物的化学合成、选择性膜和能量转换等来构思和创造高效催化剂等化学产品、化学工艺以及新材料、新能源等.

E. 技术和原理仿生

即通过研究被模拟生物的运动原理和技术特征，构思和发明新的装置和技术.

1.4　创新人才培养

1.4.1　创新人才培养意义

当今世界，科学技术作为第一生产力空前活跃，创新能力已经成为国家经济增长和社会进步的核心灵魂力量，它决定着民族的兴衰. 在人类社会经历了农业社会和工业社会，步入 21 世纪美好未来之时，它又面临着另一种社会经济形态——知识经济. 这种经济是以不断创新的知识为主要基础发展起来的，它依靠新的发现、发明、研究和创新，是一种知识密集型和智慧型的经济，其核心在于创新. 它强调劳动者创新素质是经济发展的主要增长因素，认为创新发明、创造性理念以及理论学说等以创造智慧为特征的因素，能够带来经济的可持续和稳定的发展，并带来巨大的物质财富. 当前，是创新能力在知识经济初见端倪的时代，已日益显露其独特的地位和价值. 可以说，没有创新，知识经济主体便失去了竞争力和生命力.

不搞创新，国家就不能振兴，中华民族就不能屹立于世界民族之林，创新的责任已落在每个人身上，特别是年青一代. 我国教育家陶行知先生曾说过："处处是创造之地，天天是创造之时，人人是创造之人."这句话很深刻，无论是在历史上，还是在今天，很多发明创造都是出于普通人之手，其实人人都可以成为创新者. 创造力的大小确实因人而异，但每个人都有一定的创造力，创造力很强或很弱的人都很少，大多数人都具有中等的创造力. 一个人的创造力是一种综合才能，它和智力既有联系，也有不同. 智商高的人，不一定就有很好的创造力，只要有中等程度的智商，都可以通过学习和训练，通过不断的创新实践来提高自己的创造力.

崭新的时代已将创造中华民族辉煌历史的重任落在了当代每个人身上，特别是青年一代更应该挺起民族脊梁. 对于年青一代来说，一定要增强责任意识，破除畏难情绪，应具有"振兴国家，匹夫有责"的强烈责任感，勇于面对困难，迎接挑战，"立下创新志，偏向困难行". 努力学习和掌握辩证法，打破思维定势，激发创新热情，走创新之路. 加强自信心，破除无所作为的思想，只有敢于创新，才能有所发现、有所发明. 只要有信心，勤于思考，勇于实践，不断努力，每一个人都可以根据自身的条件和特点，取得创新成果.

总之，新时代的青年一代要以高度的责任感和使命感积极投入创新学习和创新工作中，以自己的聪明才智和创造力为中华民族的崛起而努力.

1.4.2　创新能力的培养

历史上很多成功发明家的事例说明，创造能力（即创新能力）主要是指发现问题和解决问题的能力. 有的表述为观察能力、思维能力和实际操作能力; 有的表述为发现问题的能力、获取信息的能力、分析判断的能力、实际操作的能力和组织管理的能力等. 这些能力表面上看, 多数属于实际活动的范畴, 但本质上起主要作用的是以知识和经验为基础、智力因素和非智力因素优秀品质的综合体现. 智力因素主要包括观察力、记忆力、想象力、思维能力、实践能力和知识获取努力等.

创新能力不是天赋, 它和其他能力一样, 通过学习和训练也是可以培养的, 每个人的创新潜能都可以通过培养而释放出来. 创新能力应侧重于敏锐观察力的培养、丰富想象力的培养、思维能力的培养、实践能力的培养和信息获取能力的培养.

创新能力培养、开发的实质就是对构成创新各要素品质的提高及综合运用, 以促进创新能力整体水平的提高.

1. 观察能力的培养

所谓观察是人脑通过感觉器官对外界事物的感知过程, 是获取感性认识的最基本的实践. 它是指一种有目的、有计划、有组织的, 比较持久的知觉, 是与积极思维相联系的, 对现实感性认识的一种主动形式, 是高度发展的有意知觉.

1) 什么是观察能力

观察能力也称观察力, 是指对事物全面和细致的分析能力, 主要是指直接的知觉能力, 它决定一个人的感知水平和深度. 观察力强的人可以观察到别人所未注意的事项, 发现别人易忽略的事实.

2) 观察在创造活动中的作用

观察是人们认识世界, 进行各种创造劳动的基础. 在创造活动中, 观察是十分必要的, 观察方法是人们为了认识事物的本质和规律性, 有目的、有计划地搜集、记载和描述有关事物感性材料的方法, 它也是科学研究过程中最常用的、最基本的方法. 观察能力是创造活动成功的重要因素之一.

培根说过: "科学家的研究是从记录他的观察开始的, 如果这些观察正确, 它们就会导致同等正确的关于自然的判断和概括." 观察能力是科学工作者搜集科学事实, 获得感性认识的基本能力.

3) 观察能力的培养

作为一种思维素质因素, 一个人观察能力的提高, 更需后天的学习、训练和实践. 通过培养良好的观察习惯、观察兴趣以及良好的心理品质、正确的观察方法并提高感知能力, 使自己有 "独具慧眼"、"见微知著" 的洞察力并练就一双明察秋毫的 "火眼金睛". 观察能力是十分重要的, 任何事物中都有未被发现的东西, 任何事物中都包含有待改进的成分, 因此俄国著名的生理学家巴甫洛夫向我们反复告诫: 观察、观察、再观察. 在创新过程中我们以此作为座右铭.

2. 记忆能力的培养

1）什么是记忆能力

记忆是人脑贮存和重现过去经验知识的能力. 人在感知过程中, 形成对客观事物的反映, 当事物不再作用于感觉器官时, 在人脑中并不随之消失, 而是留下痕迹, 在一定条件下还能重现出来, 记忆是人脑对过去经验中发生过的事物的反映.

人的记忆能力包括识记、保持、再认和回忆等基本过程, 识记是识别和记住事物, 是大脑不断积累与存贮知识信息, 增加主体感觉能力和思维能力的过程; 保持是巩固已获得知识信息的过程; 再认是过去经历过的事物再次出现在面前时, 能确认是以前经历过的; 回忆是以前经历过的事物不在眼前时, 也能想起它来.

2）记忆在创造活动中的作用

前人的经验是发明创造的基础, 记忆力在科学创造过程中的作用不可忽视. 没有记忆, 任何学习都是不可能的, 只有博学多识, 才能在前人研究工作的基础上确定自己的创造方向, 快速地吸取科学的营养, 保证科学创造的成功.

人们在创造活动中运用创造性思维, 不管其形式如何, 都需要依靠头脑中原有的丰富信息, 这些信息的调取与再加工, 如果没有记忆的参与, 则根本不可能做到. 记忆能力强的人, 在创造活动中能及时准确地调取所需的各种有用信息, 能在更广阔的领域中伸展想象的触角, 能更精确地进行信息综合工作, 能快速有效地向创造目标前进.

3）记忆能力的培养

人们记忆能力的强弱虽然与其天资有关, 但更重要的还是得益于后天的锻炼和培养, 要使自己记忆力增强, 则应该加强记忆能力训练, 如注意力集中、记忆目标明确、多渠道信息刺激、重复等; 讲求记忆卫生, 如最佳记忆时间、劳逸结合、愉快的情绪等; 掌握记忆技巧, 如多渠道协同记忆法、分段记忆法、趣味记忆法和联想记忆法等.

3. 想象能力的培养

想象是大脑思维在改造记忆表象基础上创建的未曾直接感知过的新形象和思想情境的心理过程. 根据生理学的研究, 想象的生理机制是大脑皮层上已有的暂时神经联系的重新组合或搭配. 即过去已形成的各种暂时神经联系在新的系统、顺序的基础上所组成的一种新的联系. 想象过程所依据的主要是表象的运动, 而不是概念的运动; 想象的结果主要是创造新形象, 而不是创造新原理.

1）什么是想象能力

想象能力也称想象力, 是一种在感知材料的基础上, 改造、变形、组合记忆表象而创造出新形象的能力, 想象力始终伴随着明显的情感活动.

按照想象时有无目的意图, 可以划分为积极想象和消极想象. 积极想象是一种具有一定目的性和现实性, 自觉地进行的想象, 在积极想象中, 按想象的新颖性、独立性和创造性, 又可以划分为再建想象、创造想象和幻想.

创造想象是一种不依据现成的描述, 而独立地创造出新形象的心理过程. 由于这是一种有目的的对已有的记忆表象加工、改造、重组的思维活动, 所以, 它能充分体现创造主体的能动性及创造性, 创造性的想象形象, 具有独创性和新颖性, 所以创造想象是一种很重要的创造性思维形式.

2) 想象能力在创造活动中的作用

想象是创造的先导: 想象是创造的先导, 没有想象就没有创造的意向, 任何创造性活动、技术发明、科学发现、文艺创作、音乐美术都可借助于想象的翅膀, 在创造的天地中自由翱翔. 在想象思维活动中, 特别是在创造想象思维活动中, 许多前所未有而在人类实践活动中有价值的新形象被独立创造出来, 创造活动也就向前跨进了一步.

想象产生假说: 科学史上许许多多新发现都起源于假说, 每个科学假说都包含着大胆的想象, 正如德国物理学家普朗克所说: "每一种假说都是想象力发挥作用的产物, 科学家在探索事物的规律, 预先在头脑中作出假定性解释提出假说". 无数的科学事实证明, 科学家们在观测和实践的基础上, 借助于想象的阶梯, 摘取了新的智慧之果.

想象激励创造: 想象力所以重要, 不仅在于引导我们发现新的事实, 同时想象激励人们在科学活动中从事艰苦的工作, 因为它使我们看到了有可能得到的成功, 把科学创造进行到底. 即使是幻想, 如大量的科学幻想小说, 许多流传远久的神话、童话, 由于其具有对人们现实生活的变形、夸大、理想化的成分, 所以可以凭借想象引导人们根据对现有事实的常规认识和要求, 有意识地从更高更新的角度去看待事物, 从幻想中产生对事物进行改进和更新的愿望.

想象能力是人类智力发展的重要内容: 想象是在人类实践活动中产生和发展起来的. 人的一切心理过程, 如认识、意志、情感等, 都离不开想象, 想象能力的发展是人的智力发展的重要内容.

3) 想象能力的培养

积累丰富的知识和经验: 创造想象是一种不依据现成的描述而独立地创造出新形象的心理过程, 其本质特征是创造性的想象形象, 是以大脑有关记忆表象为材料进行选择、加工和改组而产生可以作为创造性活动"蓝图"的新形象的思维活动, 因而, 丰富的记忆表象是产生创造想象必不可少的基石.

发展好奇心, 激发想象: 好奇心是创造想象的起点, 在强烈好奇心的驱使下, 能够激发人的想象力. 好奇心强烈的人, 会自觉、主动地去思考问题, 其想象的闸门时刻打开, 想象思维很容易一泻千里, 直达目标.

创造者积极的思维状态: 想象作为人的一种形象思维能力, 其活跃的程度受到人情绪的影响. 因而, 人们在创造活动中, 保持积极的思维状态、良好的心态和饱满的激情, 都有助于想象力的进发和提高.

培养捕捉灵感的本领: 创造性想象灵感, 如同火花一样, 稍纵即逝. 因此, 我们在发现问题或者在解决问题的过程中, 就可能出现突如其来的新想法、新观念, 对这些创造性想象的灵感火花, 我们应及时紧紧抓住, 作好记录, 并及时进行思维加工或进行实验检验, 可能获得很有价值的成果.

学生想象能力的培养: 提高人的想象力不可能一日速成, 因而在学生阶段如何培养他们的想象力是极为重要的, 其主要方面有: 培养崇高的理想; 扩大学生的知识; 丰富学生的表象; 丰富学生的语言; 发展学生的思维能力; 指导学生阅读文艺作品, 充分发挥文艺作品的鲜明形象性特征在培养学生想象力中所起的特殊作用.

4. 实践能力的培养

1) 实践能力

实践能力, 在一般情况下多指动手能力. 主要是指对基本实验技能和方法的综合运用能力. 究其实质, 是指人们对头脑中被激活的信息进行实验操作水平上的综合加工能力.

如实际比较、操作演算、动作尝试、行为探索能力等. 这种能力通常是借助于一定的外在实物和行为来进行. 现代社会的发展, 创造活动的多样性, 需要人们具有较高的实践操作能力.

2) 实践能力在创造活动中的作用

实践能力对思维的发展有积极促进作用: 实践过程可以促进思维的发展, 从人类进化的整个历史中我们可以看到, 由于劳动和直立行走, 促进了大脑的进化和思维的发展.

在实践过程中, 人们的情感意志力也可以获得培养、锻炼和提高, 严肃认真的工作态度, 艰苦奋斗的工作作风可以在不断的操作实践过程中获得提高, 好奇心、兴趣、观察力也可在实践中得到巩固和发展.

人们的实际操作, 有利于加强对知识的理解, 有利于手脑身心的协调发展, 有利于人们智能和创新能力的提高.

3) 实践能力的培养

人们在社会实践中, 不仅需要认识世界, 而且更重要的是改造世界, 并在改造客观世界的同时改造人类自己, 这就要求人们具有实际操作能力. 培养操作能力, 主要是培养动手做事的能力, 并培养有关的智力和情感意志力.

培养动手能力应从少儿时代就开始, 在学校和家庭生活中, 应提供给他们动手操作的机会, 增强他们的操作意识, 如儿童从小爱玩玩具, 有些儿童特别是男孩子爱拆卸玩具, 对此有些家长予以制止, 认为是不珍惜玩具, 实际上这是儿童强烈的好奇心的表现. 此时家长应当予以正确引导,耐心陪同孩子一起拆装并进行讲解,这样既培养了孩子的好奇心和兴趣,同时又增强了他们的动手能力.

5. 信息获取能力的培养

信息获取能力本质就是自学能力,其实质是人们依靠自身努力去获取知识,提高创造能力的一种基本素质. 自学能力差的人,势必在创造中步履艰难,难成气候.

1) 获取信息能力的重要性

在现代社会,科学日新月异,进步神速,信息量剧增,因而人们所学的知识老化速度也越来越快,要想跟上时代的步伐,甚至走在时代的前面,就需要不断更新自己的知识,掌握最新的科技发展动态和收集有用的创造信息,因而也就要求有较高的自学能力来更新已有知识,有较强的收集、分析各种信息的能力. 上一次大学管用一辈子的时代已经一去不复返了. 因而,积极主动的获取信息是可持续发展和成才的必由之路.

翻开世界科技创造史,我们可以看到许多伟人奋力自学的事例:马克思在大学期间学的是法律学,可是后来他创立科学共产主义涉及政治经济学等多种学科知识,他用了 12 年时间在大英博物馆中废寝忘食地自学;恩格斯中学没有毕业,他的成才全靠自学,他掌握了哲学、政治学、经济学、文学和军事学,对自然科学、自然辩证法、科学史等也很精通,他还懂二十几种外语,马克思称他为“百科全书”. 华罗庚教授曾说过:“在人的一生中,进学校靠别人传授知识的时间,毕竟是短暂的,犹如妈妈扶着走,在一生中是极短的时间一样. 学习也是绝大部分时间要靠自己坚持不懈地刻苦努力,才能不断地积累知识,一切发明创造,都不是靠别人教会的,而是靠自己想象,自己做,不断取得进步. ”

2) 怎样培养自主获取信息的能力

要有正确的自学动机、培养自学的信心、掌握自学方法、坚持独立思考.

自主获取信息能力是通过复杂的心理活动进行的,在学习过程中,需要敏锐的感知、牢固的记忆、丰富的想象、灵活的思维、热烈的情绪和坚韧的意志力等,才能取得良好的学习效果.

自主学习的动机是对自学起推动作用的心理因素,它是推动人们自学的内部力量,它能把人们的全部精力集中起来进行有效的学习.

自主学习的目标、坚强信心和意志力对自主获取信息能力的培养有很大影响,崇高的目标将激发人们奋发学习,克服各种困难,充分发挥智力因素和非智力因素的效能,从而提高自主获取信息的能力.

在自主学习获取信息的过程中大胆实践,树立正确的学习动机、培养自主学习的信心、掌握自主学习获取信息科学方法、坚持独立思考,积极探索促进自己自主获取信息能力的提高.

　　总之, 提高人们的各种创新素质、创新能力, 培养和提高创新观念和创新意识. 使人们在改造客观世界的同时也改造自己的主观世界, 敦促自己走上自觉创新之路.

1.4.3　创新品质的塑造

1. 品质在创新活动中的作用

　　如何能更好地开展创造活动呢? 如何能成为创造性的人才呢? 这是许多人在研究的一个课题. 我国开展的创新素质教育已明确提出了要全面培养学生的知识、能力和素质. 创造需要强烈的创新意识和创新品质. 人的个性心理品质是在社会实践过程中, 在改造客观世界的同时也改造自己的过程中逐步形成的. 在某种需要的基础上, 会产生各种各样的情感、兴趣、信仰和理想, 并形成较稳定的行为特征和对现实的态度以及与之相适应的习惯化的行为方式. 所以, 个性心理品质是非智力因素, 在创造活动中, 崇高的理想、坚定的信念、强烈的好奇心、优良的社会环境, 无疑会极大地激发人们的创造热情, 鼓舞人们投身创造事业和坚定创造的信心, 并获得更多的创造成果.

　　每个人的个性心理品质不同, 它往往对一个人的工作、成就的大小影响很大. 对历史上众多发明家、科学家的研究表明: 在发明创造中知识、智力因素往往不是决定性因素, 非智力的心理品质, 包括动机、兴趣、情感、意志和性格等是激发创新热情、促进智力发挥和创新思维的心理动力, 在一定条件下, 个性心理品质对智力发挥起决定性作用. 而消极的心理品质往往影响智力的正常活动, 抑制创造力的发挥, 甚至导致创新工作半途而废. 有关资料表明: 一个人成就的取得, 智力因素只占 25%, 而优良性格等非智力因素却占 75%. 在论述创造力时, 往往把智力作为核心因素, 非智力的心理品质作为保证条件, "创造动力"作为基础, 这说明了非智力的心理品质在创新中的重要性. 例如, 许多创造者能对某一事物坚持长期的、艰苦的研究, 甚至数十年如一日, 除了他们所具有的创造理想和社会责任感之外, 创造的兴趣也是一个很主要的原因. 丹麦著名天文学家弟谷·布拉赫, 进行天文观测近 30 年, 他的观测结果比前人准确 50 倍, 几乎达到肉眼观测精度的极限, 直到逝世前一直未放松天文观测事业. 如果没有对天文观测事业的强烈热爱和兴趣, 是很难如此长期坚持的, 弟谷的观测资料后来成为开普勒发现行星运动三大定律的计算依据, 为人类历史发展做出了有益贡献.

2. 创新品格的塑造

1) 树立崇高的理想和信念, 追求强烈的事业心和社会责任感

A. 理想及其培养

理想是人们在实践中形成的对美好未来的向往和追求. 它是人的主观世界的

重要组成部分，是人生观的核心，又是人的精神力量的源泉之一.

树立崇高的创造理想，才能在创造活动中获得前进的动力，鼓励我们克服困难走向胜利，但创造理想的树立不是一时的心血来潮，而是需要我们平时有意识地去培养：

一要树立起正确的创造观念. 为什么要进行创新？这是培养创造理想首先要解决的问题，我们只有将个人奋斗目标和国家的前途及社会长远利益相结合，才能树立起正确的创造观念. 现在是我国社会主义现代化建设非常关键的时期，整个国家和民族的发展面临着严峻的挑战，我们只有怀着对祖国、对人民深切的爱，才能点燃创造发明的思想火花，并永远投身于创造事业中.

二要培养创造的才能. 知识和才能对实现创造理想无疑是必不可少的，同时，知识和才能对树立创造理想也是必不可少的. 随着人们知识的不断积累，能力的不断提高，人的思想境界和奋斗目标也会达到更高一层的水平，使人们有信心去实现自己的向往和追求.

三要加强意志的锻炼. 从事创造活动，需要有理想、有勇气、有献身精神，马克思曾把"科学的入口处"比喻为"地狱的入口处"，十分深刻而形象地道出了这个道理.

创造者在创造活动中不但要经受艰苦条件的考验，更需要经受失败的打击，因此，培养坚强的意志是十分重要的.

四要从小事做起. 人们树立了远大的理想，希望攀上科学的高峰，但理想的实现需要一步一个脚印，扎扎实实地往前走. 从小事做起，从基础做起. 一方面理想高于现实、超越现实，但另一方面，理想又源于现实，不能脱离现实.

B. 信念及其在创造中的作用

所谓信念是指激励人们按照自己所确信的观点、理论和原则去行动的个性倾向. 信念的确立必须对某一事物具有坚信感，创造者不仅要认识到自己所从事的创造工作的意义，而且要确信这一创造活动能有所成就，才能树立起对创造事业的坚信感，而这一坚信感只有化为积极开展创造活动的动力时，才能产生信念. 创造者的信念形成后，便会在实际工作中坚持自己的观点和控制自己的行为. 正确的信念能使创造者的个性稳定而明确，在投身促使祖国兴旺发达的创造活动中始终表现出主动积极的创新精神和求实态度. 追求强烈的事业心和社会责任感.

2）具有旺盛的兴趣、强烈好奇心和进取心是创新的原动力

A. 兴趣及其培养

兴趣是指人们力求认识和趋向某种事物并与肯定情绪相联系的个性倾向.

兴趣的特点：一是兴趣的指向性特点. 任何一种兴趣总是针对一定的事件，为实现某种目的而产生的，人们对他感兴趣的事物总是特别关注，并渴望去研究它和获得它；二是兴趣的情绪性特点. 生活实践也表明，人在从事他所感兴趣的活动时，总是处在愉快、满意的心理状态；三是兴趣的动力性特点. 对从事的活动起支

持、推动和促进作用.

兴趣使人在工作时保持一种积极向上的情绪，这种情绪，有助于创造者思路活跃、思维流畅、想象丰富、反应敏捷，因而创造的兴趣对创造活动是十分有益的.

创造兴趣的培养. 兴趣是发明创造活动的动力，强烈的求知欲和求知兴趣，能使人们获得广泛的知识. 对学习与工作拥有兴趣，就能观察敏锐、精力集中、思维深刻、想象丰富，有助于学习和工作效率的提高. 兴趣是成才的起点，也是创造的起点，把兴趣、理想和事业融会在一起，就可以取得辉煌的成就. 但是，兴趣不是先天就有的，是在一定条件下形成和发展起来的. 我们必须通过掌握知识和技能，积极的参加相应的社会活动和实践活动，更多地接触客观事物，才对事物产生感情，培养兴趣.

B. 好奇心理及其培养

好奇心是指外界环境作用于人们的感官，所引起感官的异常兴奋的反应和大脑的新鲜感觉（或警觉），并由此能动地引导和驱使人们为之产生一系列的探索性行为.

在创造活动中，好奇心常常是发现创造目标的导火线，因此爱因斯坦说："我们思想的发展在某种意义上常常来源于好奇心." 好奇心促使人们去研究新事物，并抓住一些偶然的机遇而有所发现，引发人们对新问题的研究兴趣，探究未知事物，能极大地激发人们的创造想象.

人们为什么会产生好奇心呢？认知心理学的研究认为：当个体原有的认知结构与来自外界环境中的新奇对象之间有适度的不一致时，个体就会出现"惊讶"、"疑问"、"迷惑"和"矛盾"，从而激发个体去探究. 因而，好奇心是人所具有的一种天性，有的心理学家将好奇心理列为人的原始性动机.

好奇心是每一个正常人都具有的天赋，在儿童身上表现得十分强烈，应有意识地引导和激发好奇心. 好奇心是在无意中产生的，经常性地参观科技展览，听取科技讲座报告，阅读科幻文章，研讨科技问题，了解科技奥秘等，都能引发人们对新事物的兴趣，激发出对科技创造的好奇心，同时也增强了产生好奇心的敏感能力. 解脱思维习惯的心理压力，保持好奇心在创造中是十分必要的.

C. 进取心及其激励

进取心理是人类为求得自身的生存和发展所具有的征服自然、改造社会的一种积极的心理状态，是人们自我实现、自我激励的情感需要，是人所特有的能动性、自觉性的表现，也是创造活动中促使人们积极向上的重要精神动力.

进取心理是人类天性中最本质的体现. 人类的历史就是一部开创和奋斗的历史，人类从石器时代学会用火，直到人类物质文明和精神文明发展到今天这样惊人的程度，无一不是人类追求进取的结果. 因此说，人类的进取精神是历史的必然，人类的创造活动如果缺乏进取精神，也是不可能实现的.

人类的进取精神，也是人类自觉性和主动精神的产物. 谁也不愿虚度一生，谁都希望自己的生命富有意义，人的生命价值并不是自然的凝结，人是社会关系的总和，人的社会属性决定了人的价值在于对社会所做的贡献. 因此，不断地奋斗进取，不断地创造奉献，是实现人生价值的必然道路. 从这一意义上，我们也可以把进取心理看做是人的本能使然. 强烈的进取心理是坚持创造活动的强有力的精神支柱.

进取心理是推动我们进行创造的强大动力，因此，树立雄心大志、明确远大的目标和必胜的信心，激励我们不断进取. 保持和激励这种优秀心理品质，让它伴随着我们终生奋斗，对我们获得创造成果，实现创造理想，攀登创造高峰，将会是十分有益的.

3）意志及其培养

意志是人们为了达到一定目的，自觉地组织自己的行动，以克服困难的心理过程.

人们在行动之前，总是抱着一定的目的，而一个人的行动就是把这种目的付诸实践的过程，因此，意志过程是一种内部意志转化为外部行动的过程. 意志过程的外部表现就是行动，意志和行动密不可分，人们通常将之统称为意志行动.

坚强的意志，使人坚信自己事业的正确性，不屈服于外界的压力和前进中的困难，不断努力奋斗，在创造过程中，能始终保持旺盛的精力、必胜的信心，不害怕失败，不害怕挑战，一步一步坚持走向胜利.

树立崇高的目标，培养坚强的意志. 优良的意志品质是在克服困难的实践活动中形成和发展起来的，实践活动是锻炼意志的基本途径，勇于实践，有意识地培养自己的意志品质. 意志可以调节、控制人的情感，而高尚的情感，也可以成为意志的推动力，情感对意志具有放大的作用. 高尚的情感，使人的精神境界获得升华，对自己的事业有更自觉的了解，因而能使人意志无比坚强.

4）培养健全的人格

A. 什么是人格

在心理学上，将与社会行为有关的、较稳定的心理特性的总和称为人格，也称为个性. 它一般指情感、动机、态度、兴趣、需要、性格、气质、价值观、人际关系等.

平时人们所谈的健全人格，也指有许多优秀品质. 在各项活动中既能遵循社会关系和发展的一般原则，又能充分表现自身独立的心理状态和行为倾向，并能不断调节自己.

B. 健全人格的几种表现

人们在社会活动中，表现出自己独特的行为模式、思维方式和情绪反应，一般说来，如果个体能与社会相适应，就具有正常的人格，就是人格健全. 健全人格在行为交往方面的表现：健全人格表现之一，意味着能够坦然地承认并接受现实；

健全人格表现之二,意味着正常的集体协作精神;健全人格表现之三,意味着对同志的基本态度是爱与同情,而不是恨与冷漠;健全人格表现之四,意味着能够顺畅地与他人交流感情与思想;健全人格表现之五,意味着内心充满自信,善于调节自己的情绪和行为.

在创新素质教育中,我们鼓励学生努力培养自己健全的人格.如果一个学生人格健全、成绩优秀、智力发达,无疑他将成为一个出类拔萃的人才.如果一个学生成绩平平、智力一般,只要人格健全,他也会成为一个对社会做出贡献的优秀人物,这是因为:第一,他学习虽不擅长,但很有可能在社会经验的积累方面能力突出,他可能取得人们意想不到的成就;第二,社会的大海有许多层面,由于人格健全,他一定能找到使自己自由驰骋的那个层面,他会拥有自己的幸福与成功.

C. 健全人格的培养

健全人格的培养,涉及较多的因素:人格形成既有先天的因素,又有个人从小到老的人生经历影响;人格组成也涉及较多的非智力因素;人格障碍更是心理学研究的重点.在创造学中,人们一般重点研究动机、兴趣、情感、意志、性格 5 种基本因素.

5)情感和性格

A. 情感及其创新

情感是人对事物所持态度的体验.人们在认识和改造社会与自然的过程中,对接触过的事物总是抱有这样或那样的态度,态度人们是可以直接体验到的.

根据情感发生的强度和持续的时间,可分为心境、激情和应激 3 种.心境是一种平静而持续时间较长的情感状态;激情是一种强烈的、时间短促的情感状态;应激是一种紧急情况所引起的急速而高度紧张的情感状态.

积极的情感促使人们热爱创造事业,由于对创造的意义和作用有较深的理解,体验到了青年一代所肩负的历史重任,因此人们热爱创造事业,投身创造事业.优良的情感品质使人们能够保持长久、有效的对事业的追求,不易受到其他外界因素的诱惑和影响,也不会因困难和挫折而中途偃旗息鼓、悄然告退.热烈的情感给创造注入活力,使人们在创造活动中精力充沛、情绪激昂、思维活跃、观察敏锐,能超常发挥自己的智能水平,并能促使潜意识思维的积极参与,使人以获得创新灵感.

B. 性格及其创新

性格是人对现实的稳固的态度及其相适应的习惯了的行为方式,它是个性中最重要的心理特征,是区别一个人与众不同的、主要的、明显的差别.对性格的探讨无疑会有助于我们更好地进行创造活动.

一个人的性格不是指他的哪项心理特征,而是反映其整体的基本的心理特征,即各种心理活动的特殊作用相互影响,并在态度体系和行为方式中得到体现.因此,每个人都具有自己的独特性格.性格是十分复杂的心理构成物,它有多个侧面,包含着多种多样的特征,这些特征集中表现在人对现实的态度、意志、情感、理智4个方面.

性格的塑造和培养是一个长期的过程,其中既有外界环境的影响,也涉及人的主观努力.一般可通过学校、家庭、社会的正面影响,树立榜样,加强自我修养和知识、文化的熏陶,优化自己的性格特征,加强对情感的调控能力等.

1.4.4　创新人才培养与物理实验

当今世界,科学技术作为第一生产力空前活跃,创新能力已经成为国家经济增长和社会进步的主要力量,它决定着民族的兴衰.创新型人才培养的关键在于教育,创新教育的核心是培养创新型人才.现代教育理论的研究表明:人的创新能力是在实践活动中通过构建知识,获取体验,形成技能,最终发展形成的.因而,对高等教育而言,实践类教学在学生创新能力和创新人才培养方面起着不可取代的重要作用.

创新教育的提出,一方面是时代的需要,另一方面更由教育的本质决定.教育固然应使受教育者接受和继承现存的答案和知识,但是更重要的是让学生学会自己去获取知识,学会学习、思考、发现、发明,学会创造.创新意识和创新能力的培养应该是教育的本义与灵魂,是今天素质教育的核心内容.

创新教育的内容主要包括4个方面:①创新意识的培养;②创新思维的培养;③创新技能的培养;④创新情感和创新人格的培养.创新教育的核心就是创新能力的培养.

创新教育的第一方面内容是创新意识的培养,也就是推崇创新、追求创新、以创新为荣的观念和意识.只有在强烈的创新意识引导下,人们才可能产生强烈的创新动机,树立创新目标,充分发挥创新潜力和聪明才智.创新是产生于强烈动机下的自觉思维,是由热爱、追求、奋斗和奉献所产生的精神境界高度集中的自觉思维,也可以认为是事业心与开拓精神.

创新教育的第二方面内容是创新思维的培养.它是指发明或发现一种新颖独特的方式用以处理事情或某种事物的思维过程,它要求重新组织观念,以便产生某种新的思想、思路或新的产品.这种创新性思维保证学生顺利解决对于他们来说是新的问题,有利于他们深刻地、高水平地掌握知识,并有将这些知识广泛迁移到学习新知识的过程中,使学习活动顺利.可以说,创新性思维是整个创新活动的智能结构的关键,是创新力的核心,创新教育必须着力培养这种优秀的思维品质.

创新教育的第三方面内容是创新技能的培养.它反映创新主体行为技巧的动作能力,是在创新智能的控制和约束下形成的,属于创新性活动的工作机构.创新性技能主要包括信息加工能力、一般的工作能力、动手能力或操作能力以及熟练掌握和运用创新技法的能力、创新成果的表达能力和表现能力及物化能力等. 创新技能同样也居于创新教育的核心地位, 必须加强以实验基本技能为中心的科学能力和科学方法的训练.

创新教育的第四方面内容是创新情感和创新人格的培养. 创新过程并不仅是纯粹的智力活动过程, 它还需要以创新情感为动力, 如远大的理想、坚强的信念、诚挚的热情以及强烈的创新激情等. 在智力和创新情感双重因素的作用下, 人们的创新才能才可能获得综合效应的能量. 除创新情感外, 个性在创新力的形成和创新活动中也有着重要的作用, 个性特点的差异在一定程度上也决定着创新成就的不同. 创新个性一般来说主要包括勇敢、富有幽默感、独立性强、有恒心以及一丝不苟等良好的人格特征. 可以说, 教育对象具有优越创新情感和良好的个性特征是形成和发挥创新能力的底蕴.

物理实验教学是现代大学开设的一门实践性很强的基础课, 它在学生创新意识、创新思维以及高素质创新人才培养方面具有不可替代的重要作用. 特别是随着近年来物理实验教学改革与研究, 出现了大量的综合提高性物理实验, 并将它与研究创新性实验并列称为综合性、研究创新性实验, 这类实验是从教学指导思想、教学内容、教学方法上都和传统教学方式完全不同的一种新的教学模式, 为学生创造了良好的学习环境, 营造了宽松和谐的学习氛围, 教学注重以学生自主探索式学习、构建知识、独立评判、提问质疑和解决实际问题能力培养的教学理念和教学指导思想为主. 教材是体现教学内容、教学理念和教学要求的知识载体, 研究编写符合新理念处处透射创新气息的物理实验教材. 学生的学习方式为研究性学习, 实验过程充分调动学生的学习积极性和主动性, 激发学生的创造才能. 实验报告以论文形式完成, 培养学生的科研能力及书面、口头表述能力, 使实验教学的全过程都融合渗透创新人才培养的文化气息.

物理实验研究融入创新教育的核心思想和主要内容, 把学生创新思维、自主探索、构建获取新知识、提问质疑并独立评判、提出新颖独特解决问题思路或解决实际问题能力的培养渗透在实践教学的各个环节. 真正发挥物理实验在高素质创新人才培养过程中的不可取代作用. 物理实验也从 4 个方面的训练, 来达到创新教育的目的.

（1）在物理实验研究的选题、立项过程中, 培养创新意识. 在教师的指导和启发下, 学生通过广泛调查、研究, 提出自己感兴趣的实验题目或小发明、小制作、问题研究、方案设计等, 涉及范围涵盖科学实验与技术、经济、社会问题、日常生活以及军事等, 始终要有推崇创新、追求创新的观念和意识, 立项要有创意, 要有强烈的创新动机.

（2）在物理实验研究过程中, 培养创新思维. 在指导教师的适当帮助下, 学生自己去发明创造, 去发现、处理、解决出现的一切这样和那样的问题, 学生要独立思考, 突破旧框框, 去学习、掌握、运用知识, 尤其是新知识, 创造出自己新颖独特的方法、技巧、方案和模型.

（3）在物理实验研究过程中，培养创新能力和技能. 创新实验需要相当的综合素质和综合能力，这些素质和能力包括调查研究能力、信息采集和综合运用能力、独立思考和解决问题能力、动手能力、学习和掌握新知识、新技术能力等，通过创新实验培养学生的综合能力和科学研究素质.

（4）在物理实验研究过程中，培养创新情感和创新人格，通过创新实验，包括最后的结题和答辩，培养学生的坚强信念、创新激情、强烈的事业心和责任感，以及不怕困难和失败的良好心理素质，在智力和创新情感双重因素的作用下，学生的综合才能和创新才能得以充分发挥，培养学生良好的个人品质、素质和科学作风.

积极开展创新性物理实验和综合提高物理实验的研究，促进创新人才培养. 当今教育强调素质教育，创新教育是一个非常重要的方面，而一般的实验课程强调的是实验技术、方法、原理和技能等内容，研究创新性物理实验则强调创新能力和其他综合素质培养，它涉及的领域和范围远超出了一般实验课程所能达到的水平和目的. 学生创新能力的培养和发展，固然离不开知识和经验的积累，但如果不向他们提供创新机遇和创新实践，创新能力和实践能力得不到应有的培养、锻炼和提高，会逐渐减弱甚至消失，研究创新性物理实验就提供了这样的机会和实践，大大提高了创新能力和实践能力.

在当今知识经济的社会里，知识飞速增长，新的知识不断涌现，知识的学习不再是唯一的目的，而是手段，是认识科学本质、训练思维能力、掌握学习方法的手段，知识的学习应当强调"发现"知识和运用知识的过程，而不是简单地获得结果和答案，仅死记硬背. 强调的是创造性解决问题的方法和形成探索研究的精神. 研究创新性物理实验为学习新知识，掌握和运用新知识，提供了一个强有力的实践平台，在这个平台上，根据所需，去采集、整理、加工和综合运用知识，并创造性地得出自己的新颖独特的解决问题思路，在实践中去检验、改进和完善.

当今世界中，个人的能力和素质是综合性的，仅精通一门学科的专能专才，很难取得成就. 美国曾对一千多名科学家的论文、成果等各方面进行了分析调查，发现这些人才大多数是以博取胜，很少是一门专才. 而研究创新性物理实验的教学过程，就需要一定的创造力、动手能力、独立思考和解决问题的综合能力、信息处理能力等，需要具备良好的个人品质、坚定的信念、顽强的创新精神、良好的心理素质等，使学生的综合能力和综合素质得到充分地培养和锻炼. 在物理实验教学的全过程营造创新人才成长文化氛围，并使其成为高素质创新人才培养的高地.

第 2 章

科学实验探索的思想与设计方法

2.1 科学实验探索的思想与方法

在新时代到来的时候，科学技术作为第一生产力空前活跃，创新能力已经成为国家经济增长和社会进步的主要力量，它决定着民族的兴衰. 科学和技术的发展对于人类生活与社会进步文明起着越来越重要的作用. 20 世纪中叶电视和通信的发展无不影响人们的日常生活，而计算机技术的发展已开始将社会带入信息时代. 20 世纪 50 年代 DNA 双螺旋结构的发现使生物科学发展到分子水平，迅速发展的基因工程对于农业和医学产生了巨大的影响. 新兴的生物工程已经开始，生命科学时代即将到来. 科学和技术已成为当今社会最重要的时代特征，科学研究成为人类社会生活中最受关注的部分之一.

科学和科技实践活动的核心灵魂在于创新，而创新离不开科学思想、科学方法. 科学思想是科学活动中所形成和运用的思想观念，它来源于科学实践，又反过来指导科学实践，是创新的灵魂；科学方法是人们揭示客观世界奥秘，获得新知识和探索真理的工具，是创新的武器.

科学家在科学研究的实践中之所以取得突出的创新成果，与他们在科研工作中建立起来的科学思想和科学方法密切相关. 如中国科学院前院长卢嘉锡院士在总结自己科研工作经验时认为"毛估方法"非常重要，即在立题之初，科研人员就应该重视对最终结果进行"毛估"，以便从总体上把握研究方向的正确性，避免走弯路甚或南辕北辙. 事实表明，卢嘉锡的创新工作得益于这种科学方法. 中国科学院院士邹承鲁先生曾在结晶牛胰岛素的人工全合成这项重要科研中做出贡献. 他在谈到科研选题创新时，提出要遵循"重要性、可能性、现实性"三原则. 这也是他在长期科研活动中归纳出的对待选题创新的科学思想. 由上述例子可以看出，我们的科学大家都有着自己独到的科学思想和科学方法，他们运用这些思想方法指导科学研究工作，做出了创新贡献. 同时，这些科学思想、科学方法也是一笔宝贵财富，应该为青年科技人员留下启示.

我国的一些科学大家非常重视自己在科学思想和科学方法上的训练和提高.

科学大家在科研实践中之所以取得突出的创新成果，与他们在科研工作中建立起来的科学思想和科学方法密切相关. 如中国科学院前院长卢嘉锡院士在总结自己科研工作经验时认为"毛估方法"非常重要，即在立题之初，科研人员就应该重视对最终结果进行"毛估"，以便从总体上把握研究方向的正确性，避免走弯路甚或南辕北辙. 事实表明，卢嘉锡的创新工作得益于这种科学方法. 中国科学院院士邹承鲁先生曾在结晶牛胰岛素的人工全合成这项重要科研中做出贡献. 他在谈到科研选题创新时，提出要遵循"重要性、可能性、现实性"三原则. 这也是他在长期科研活动中归纳出对待选题创新的科学思想. 由上述例子可以看出，我们的科学大家都有着自己独到的科学思想和科学方法，他们运用这些思想方法指导自己的科研工作，做出了创新贡献. 而创新离不开科学精神、科学思想、科学方法，总结归纳科学思想和科学方法，使青年科技工作者和当代大学生从中汲取营养，从而指导、激励青年科技工作者加快创新步伐，促进产生创新成果、实现科技跨越发展和民族崛起.

高素质创新人才的培养是大学教育的灵魂，学校应该使学生充分认识到科学研究的重要性，引导他们在大学的学习生活中亲自参加科学研究的实践，学会进行科学研究的方法. 对于理科的大学生，在学校里进行科学研究素质的教育和训练则尤为重要. 科学家对科学研究的思想和方法有深入的研究和探讨，在此仅对于同学在开始从事科研小课题研究或通过研究创新性物理实验进行感悟知识、获取体验和独立解决实际问题时需要重视和认识的研究思想及方法进行讨论. 希望他们通过参加一些小课题实验研究得到科研工作的锻炼，意在打破重知识轻创新的教学传统，培养学生独立思考和跨学科研究的能力. 为今后参加科学研究工作打下坚实基础.

1. 科学实验探索中的创新意识

创新是科学发展的前提. 创新常常会改变科学和技术发展的进程. 比如计算机的发展以硬件为基础，计算机使用的器件由电子管、晶体管、集成电路到大规模集成电路等，使得计算机的性能越来越好. 但是软件技术的发展，使得可以用软件代替硬件的某些功能. 20 世纪 80 年代至 90 年代软件视窗技术的应用不但极大地推广了计算机的普及，也在功能和应用上有许多新突破.

从事科研课题的研究最重要的也是创新. 首先必须有一个好的想法，它不应该是陈旧的或者是重复别人的思想，而是需要自己创新的意念. 这样的研究工作才能有所发现，有所创造. 做科学研究真正需要的东西是好奇心、想象力、还有勇气和毅力. 你没有勇气和毅力根本就不敢挑战，抓不住新颖的研究课题.

2. 科学研究需要知识的积累和严谨的科学作风

科学研究的创新性并不意味着排斥知识的积累，创新的基础是知识的继承和积累，新的科学发现也是在前人工作的积累下发展起来的. 现在科学和技术的发展更加复杂和深化，研究工作者更需要有广博和深厚的知识基础.

从事科学研究还必须有严谨的科学作风，研究工作要一丝不苟、实事求是. 科学实验常常要做大量重复的工作. 居里夫人发现放射性镭就是经过 4 年历程，从几吨铀沥青矿中提炼出 1/10 克的纯镭，可以想像当时的艰辛. 科学实验和记录必须真实，不能主观臆测，更不能虚假，获取数据后要通过科学分析去伪存真，得到正确的结果.

3. 科学研究探索的分析法和综合法

几百年来自然科学发展进步的一个重要原因是科学研究使用的分析方法. 科学研究分析法是指将研究的对象分隔，逐步深化进行研究，比如医学研究的解剖学，物理学研究由宏观到微观. 分析法对科学的深化研究有很大的推动作用. 但是近二三十年来，科学研究的综合方法更趋向主流. 这是由于研究的对象更加复杂，互相关联，局部的研究不能解决复杂系统的问题. 比如生物学中脑功能的研究，物理学中宏观和微观间的介观物理领域的研究等，必须用综合方法做整体考虑. 从事科学研究必须领略研究方法的重要性.

4. 科学研究中的学科交叉和合作精神

科学研究的复杂性要求更多的学科交叉和科学家的合作完成科学研究的课题. 比如同步辐射应用研究，仅建设同步辐射加速器光源本身就需要有物理、机械、控制、测量等多方面的科学和技术专家的合作. 而建成的同步辐射光源则更是一个大的科学集体，在它上面可同时开展有关生物、材料、医学、化学、物理以及工业技术等各方面的科学研究. 科学家在这里分别研究各自的课题，也有交流和讨论，研究工作相互渗透，交叉学科的研究也在此产生. 如果说 19 世纪末 20 世纪初科学家的个体科研活动还是主要方式，那么当今科学研究的复杂性则需要很多人的合作才能产生重要的研究成果. 高能加速器研究实验中，数 10 名人员署名的文章已屡见不鲜. 学会合作共事是从事科研工作需要培养的重要品质. 所以真正学到科学研究的方法，完全是在科学交流的交锋中学到的，在各学科对话的交锋中寻找创新的生长点和发展.

2.2　科学实验研究与设计

2.2.1　科学实验研究与设计概述

高等教育要以培养学生的创新能力为核心. 在科学实验教学中如何培养学生的科学实验素质和创新意识，如何把创新教育贯穿在科学实验教学中，如何在大学物理实验教学中培养与提高学生的研究能力和创新能力是物理实验教学改革的灵魂主线. 对此我们进行了长期的探索和实践，综合提高物理实验或研究创新性物理实验涉及的物理基础理论知识范围较宽，仪器调节更加精细，有着代表性的实验技术和实验方法，更有助于较全面地培养学生的学习能力、实验动手能力和创新能力.

在科学实验研究与设计的过程中学生首先要研究实验的物理思想、物理模型和实验方法，进而需要独立进行实验方案的设计、实验仪器的选配、实验结果的分析和对实验问题的进一步研究. 通过这些综合提高物理实验系列训练，学生要学会如何分析物理实验现象，如何建立物理实验模型，如何挖掘实验隐含的条件，如何寻找最佳实验方案及多种实验途径，通过数据处理、研究分析和归纳总结撰写论文式实验报告，最后通过讨论式论文报告会独立评判实验研究结论. 把学生置身于一种富有以兴趣探索和创造性的宽松和谐的学习环境中，使其感受到一种类似于专业科研人员的训练，在这一过程中使自己获得一种"升华".

通过对综合提高物理实验的研究与设计，对学生进行介于教学实验与实际科学实验之间的、具有对科学实验全过程进行初步训练特点的教学实验. 它的目的在于为学生营造一个自主学习、自行设计和自由发挥的研究性训练氛围，尽可能地开发学生的潜能，强化培养学生的创新意识和提高学生的研究实践能力. 这类实验课题一般由实验室提出，其内容具有综合性、典型性、探索性和可行性，要求学生根据题目的要求，自行查阅资料，确定实验方案和测量方法，选择测量仪器和测量条件，拟定实验步骤，进行实验，最后写出论文式实验报告.

2.2.2　科学实验研究探索的基本过程

科学实验研究与设计是介于基础的教学实验与科学实验之间的一种模拟性的研究小课题实验. 课题中涉及的问题与大学物理实验所学的原理和方法是相关的，因而可以给学生提供一种尝试，使其能综合运用所学到实验测量的原理和方法，分析和解决具有一定难度和综合性的实际问题，从不同的层次上培养学生独立科学实验和创新能力.

科学研究工作是一项开创性的工作. 正是由于科研工作本身独特的性质，所以很难归纳为一个一成不变的常规过程，即自然科学研究方法无一定格式．虽然如此，仍可从前人大量成功和失败的经验教训中归纳出科研工作的一般规律，给同学们引导或启迪．

科学研究工作关键在于"实践"，科学研究的训练主要是自我训练，而科研工作的主要工具是头脑及必要的实践条件．只有在创造性的实践中不断地积累和总结经验，才能不断地武装自己的头脑，使自己的知识及实践能力不断增强．

这里首先介绍科学研究实验工作的一般程序，即：研究课题的选择、查阅文献资料、实验方案的设计、实验实施、实验数据的分析与处理、最终写出报告这 6 个方面．

1. 研究课题的选择

研究课题的选择即是科学研究的开始，即研究的内容和研究所要达到的目标，一般来说可按照以下几条原则来进行：

1）需要性原则

这是选择研究问题的一条首要的基本原则．科学研究是一种目的性很强的探索活动，选题的需要性原则正体现了这种目的性．因此，选题必须面向实际，按需要选择．在多数情况下，小课题选题不可范围过大，不要包罗万象．它可以是对解决某一实际问题有一点点贡献，或对某一理论问题只有一点突破．

2）科学性原则

科学无禁区，但选题要有约束．科学实践一再证明，行不通的课题就不宜去选，否则科研课题就是不科学的了．但是，在科学与非科学之间是一个很广大的空间，并不是由一条鸿沟截然分割开来的，有时还很难区分．因此，有的课题看来荒谬绝伦，毫无意义，但在事实材料和理论根据还不足以断定是错误时，就不要轻易的加以否定．

3）创新性原则

创新性原则是指选择的研究问题要有独创性和突破性，创新性是科学研究的灵魂．创新性原则体现了科学研究的价值意义，能使所选的问题在科学理论上有所发展、有所突破或在应用上有所改进、有所创新，从而保证预期的研究成果具有一定的学术意义和应用价值．选题的创造性并不在于问题本身如何古老，也不在于前人在这个问题上做了多少重复性工作，而在于研究者是否把握了课题的本质内容，找到问题的症结所在，如何做出创造性的突破．选择前人未做过的问题当然有创造性，但古老问题也可以做出创造性的成果．要善于把继承和创新结合起来．科学研究总是在前人已经做出的科学发现的基础上进行探索的，站在前人已经达到的科学高峰上向更高的科学高峰攀登，不继承前人的成果和思想，就谈不上创造．如到不同学派激烈争论的领域去选题，到研究的空白区去选题，到学科交叉的边缘地带去选题，到实践提出了迫切需要的方面去选题.

4）可能性原则

指要根据实际具备的和经过努力可以具备的条件来选择研究问题，对预期完成问题的主观、客观条件尽可能充分地估计. 科学需要幻想，但幻想并不就是科学. 要把幻想变成科学，就要满足现实可能性的原则. 如果没有现实的可能性条件，问题尽管合乎需要性、科学性、创造性原则，也无法进行.

总之，选题在科研工作中有举足轻重的位置，选题不好就容易走入歧途，多年工作下来只有失败的教训. 要是找到了可以预见、具有巨大发展前途的好课题，这就等于研究工作已完成了一大半. 小课题实验是在物理实验室进行的，因此选题不可避免地受到实验仪器条件的限制.

发现问题通常有两种途径："发现从不满意开始"，通过亲身的观察或实践发现周围事物存在的问题；通过调查研究和其他各种信息渠道，间接地获得某一事物存在的问题.

2. 获取信息及查阅文献资料

根据课题要求查找、搜集、整理、分析各种信息及文献资料，掌握相关研究的进展情况. 科学就其本身特点来讲，是一个在前人建筑的大厦顶层添砖加瓦，使其不断增长的建筑结构. 对过去的东西一无所知，在科研上是做不出成就的. 研究前，必须对与课题有关的情况做一个全面了解，无论是过去的、现在的，还是国内的、国外的，各种信息都要掌握. 知己知彼，才能既不重复别人的工作，又能扩大视野，活跃思维，吸取别人成果的精华. 在科学实验中，还要经常了解与课题有关的科技发展动态和信息，以便不断调整课题内容和进度. 在现代社会中，"时间就是金钱，信息就是财富"这话一点也不假. 在科学研究中，信息同样具有重要的作用.

现代社会是一个信息社会，大量信息每天如潮水般涌来，因此要学会用先进的手段来获取有用的信息. 最简捷的方法，是到有关专门情报检索中心，申请联机检索，这样，国内外的各种信息都可很快获得，或者是由个人电脑上网，查阅有关信息，或从图书馆、资料室查阅有关期刊或教科书、专著.

对年轻的科学工作者，特别是大学生来说，遇到的最大问题是阅读他人文章会限制思考，常使读者用作者同一方法去思考问题，从而使寻找新的方法更加困难. 所以一个新的科学领域的开创，常常由外行提出，可能就是这个问题所引起. 解决这类问题的最好办法是批判地阅读，力求保持自己独立地思考，避免因循守旧. 所以在阅读资料的过程中应寻找自己的知识空白和不一致的地方，逐渐形成自己的想法，应注意不同作者报告的差别和矛盾，去寻找创新的线索.

3. 制定科学实验研究方案和技术路线

制定实验研究方案主要包括理论依据、物理模型、实验方法以及仪器设备的技术指标等. 当科学研究课题选定，并查阅了大量文献资料后，通过对资料的归纳、分析，加上自己以往的经验和训练在头脑中形成联想确定自己的假说，在一定范围研讨后，即可确定实验研究方案．方案形成的过程是充分发挥研究者科学的想像力和创造力的过程，有丰富创造经验的人，其方案可能就有创造性．在物理实验中应注意灵活地应用物理规律，并善于借鉴别学科的成果．

4. 科学实验装置与仪器设备的选择与准备

实验方案确定后要根据实验的主导思想和实验精度的要求，充分考虑仪器设备条件，要了解仪器的性能、精度，实验方案和测量方法，择测量条件与配套仪器以及测量数据的合理处理等，特别应设法解决难测量的测量难点．经过精密设计才能成为一个可实施的实验方案．设计方案时应对自己的实验结果有所预测．

5. 科学实验探索，获取实验测量结果和观察记录

严格操作、仔细观察、积极思维、实事求是、分析处理．实验的主要工作是测量和观察，特别是物理实验，现代精密的测量仪器可提供精确的测量结果．仪器设备越来越先进，在测量中越要注意测量误差的影响，特别是系统误差，因为搞不好将造成错误的结果．

实验的第二项任务是观察．不要把观察仅看成是客观的描述过程，实际上它包含着思维过程．因观察包含着选择、选择观察特定量的变化；观察又导致描述，这种描述包含主观和客观的描述．在物理实验中由于仪器的现代化，不少观察都有量化的记录，大大减少了人为主观因素．观察应注重思考，特别应注意一些反常现象，这中间包含着发现．

6. 科学分析和处理实验结果，作出判断和结论

从积累的大量数据结果中，综合分析，作出判断．实验数据处理是分析实验结果的必要手段，随着测量仪器越来越现代化，数据处理的手段也越来越重要．

7. 撰写科学实验报告或论文式实验报告

论文报告主要包括课题研究的任务、实验方法、仪器设备、理论依据、实验结果、分析讨论及结果评价和参考文献等．实验报告是科研工作的总结，把自己的工作用文字形式表达出来，出版交流，促进科学的发展．论文实验报告应使别人看了以后能了解你的工作成果和达到的水平．

从以上的科学研究步骤中可以看出，创新在科学研究过程中是十分重要的．前面说过，科研工作的主要工具是头脑，而创新则是人大脑的一个非常复杂的思维活动过程，只要掌握一定的科学思维方法，并应用于创新活动，才能保证创新工作沿着正确的方向前进．

由以上科学实验的全过程可以看到，创新在科学研究过程中是十分重要的．前面说过，科研工作的主要工具是头脑，而创新则是人大脑的一个非常复杂的思维活动过程，只要掌握一定的科学思维方法，并应用于创新活动，才能保证创新工作沿着正确的方向前进. 优秀的科研成果往往是以杰出的物理构思和研究方案为前提的, 因而从对学生科学实验能力更深层次的培养目的出发, 科学实验研究与设计是十分必要和有益的.

2.2.3 科学实验研究与设计过程

科学实验研究与设计的核心是设计和选择实验方案, 并在实验中检验方案的正确性与合理性. 根据实验精度的要求及提供的主要仪器, 选择实验测量仪器及测量方法, 确定测量条件等. 其次, 科学实验研究与设计具有综合性、探索性和密切结合科研应用实际的特点. 在解决问题的过程中往往需综合运用力学、热学、电磁学和光学等实验中所学的基本实验原理和实验方法. 需自行拟定实验的原理和方法, 在现有的实验条件下对实验方案和各种情况进行综合评价和考虑, 以选择最佳的可行方案, 并要在实践中进行反复的试验和改进. 可见, 科学实验研究与设计过程更有助于培养学生全面独立的科学实验能力和创新能力, 有利于避免实验过程的程序化. 而其密切结合科研应用实际的特点则有利于提高学生的实验兴趣, 提高理论应用于实践并在实践中解决问题的能力.

在科学实验教学过程中所遇到的实验方法, 大多是前人创造和总结出来的科学方法. 我们学习应用这些方法, 一方面是学习它、掌握它、运用它, 但更主要的是积累前人正确的创新思维方法, 从中吸取规律性的认识, 并在未来的工作中去创造和开拓. 这就是进行物理实验研究与设计的主要目的. 例如, 迈克耳孙实验古老的物理思想仍然应用于现代科技前沿.

实验方案如何确定, 很难概括与总结出一套普遍适用的方法. 下面通过一些实例, 比较原则性地介绍有关制定实验方案所必须具备的基本知识, 以启迪实验者的探索精神.

1. 实验方法的选择

根据课题所要研究的目的, 查阅有关资料, 收集各种实验方法, 即根据一定的物理原理, 确立在被测量与可测量之间建立关系的各种可能形式. 然后分析各种方法的适用条件, 比较各种方法的局限性与可能达到的实验精确度等因素, 并考虑方案实施的可能性, 最后选出最佳的实验方法.

例 1 测量电阻的常用方法及测量范围, 如表 2.2.1 所示.

表 2.2.1 测量电阻的常用方法及测量范围

实验方法	欧姆表	伏安法	单电桥	电位差计
测量范围/Ω	$10^{-2} \sim 10^{6}$	$10^{-3} \sim 10^{6}$	$10 \sim 10^{6}$	$10^{-2} \sim 10^{6}$
误差范围/%	$5 \sim 0.5$	$1 \sim 0.2$	$1 \sim 0.01$	$0.1 \sim 0.005$

例 2　实验要求测量一个电源的输出电压,使测量结果的相对不确定度为 0.05%. 可选用的仪器有:电压表（0.5 级）、电压表（2.5 级）、电位差计（0.1 级）、标准可变电源（0.01%）.

按给定条件,至少可以设计 3 种方法进行测试:

（1）用电压表直接测量待测电压源的电压,即所谓直接比较法.但在给定的两个电压表中,最高精确度为 0.5%,故该方法不能达到实验所要求的测量精度.

（2）用电位差计直接测量待测电压源的输出电压,即利用补偿法.同样由于电位差计达不到测量精度不宜采用.

（3）将待测电压与标准电压的正极和正极相接,调节标准电源电压,当其输出电压 U_s 与被测电压 U_x 非常接近时,它们有一个非常微小的电压差 δU,用一般的小量程电压表对 δU 进行测量.差值 δU 越小,测量差值的误差带给结果的影响越小.

利用该方法只要求微差指示器（电压表）的误差不超过 4.9%（这是一般电压表均可达到）,就可以使最终的测量误差达到 0.05%的水平.即便用 2.5 级电压表采用第二种微差法也是最佳实验方法.

2. 测量方法的选择

在实验方案实施中,当实验方法选定后,还需要确定具体的测量方法.因为测量某一物理量时,往往有好几种测量方法可以采用.例如,用单摆测定重力加速度的实验中,需要测定单摆的周期值,可以采用累积放大法用秒表计时,也可以采用光电计时法用数字毫秒计计时等.这就需要对测量方法进行精度分析,以确定该方法是否能够满足对测量所提出的要求.

测量方法的精度分析,常采用分项误差分析综合法,就是对所设计的测量方法、测量器具的各个方面可能产生的误差来源及各种影响因素以及它们造成的分项误差值加以逐项分析,然后选择出其中的主要项目,经过分析,按照误差的不同类型和规律综合成测量的不确定度.它能反映出各个原始误差的来源及其对测量的影响程度,及它们在测量不确定度中所占的比重.通过分项误差的分析,可以为人们减小测量误差,提高测量精确度而采取的必要措施提供依据.但是,在进行逐项分析时,往往需要简化一些具体条件,或者进行了某些假设,使得与实际情况有些偏离,所以,这种方法所能得到的只是大致的精确度,是一种估算分析.

在测量仪器确定的情况下,对某一量的测量,如果有几种方法可以选择,则应选取测量不确定度最小的那种方法,或者说测量结果误差最小的那种方法,因为在实际计算不确定度时,往往对误差因素考虑的不是很全面.

例 3　如图 2.2.1 所示,要测量单摆的摆长 l,所用仪器

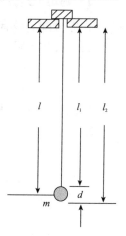

图 2.2.1

为毫米刻度的米尺和分度值为 0.1 mm 的游标卡尺，试选择测量方法.

解 可以用下面 3 种方法测量：

（1）
$$l = \frac{1}{2}(l_1 + l_2)$$

（2）
$$l = l_1 + \frac{d}{2}$$

（3）
$$l = l_2 - \frac{d}{2}$$

如果用米尺测得 $l_1 = (100.1 \pm 0.2)\,\text{cm}$；$l_2 = (102.5 \pm 0.2)\,\text{cm}$；

用卡尺测得 $d = (2.40 \pm 0.01)\,\text{cm}$；

三种方法测量 l 的不确定度 ∇_l，分别为

（1）
$$\nabla_l = \sqrt{\left(\frac{\Delta_{l_1}}{2}\right)^2 + \left(\frac{\Delta_{l_2}}{2}\right)^2} = \sqrt{\frac{1}{4}\times(0.2)^2 + \frac{1}{4}\times(0.2)^2} \approx 0.14\,\text{cm}$$

（2）和（3）
$$\nabla_l = \sqrt{\Delta_{l_1}^2 + \left(\frac{\Delta_d}{2}\right)^2} = \sqrt{(0.2)^2 + \frac{1}{4}\times(0.01)^2} \approx 0.2\,\text{cm}$$

可见，采用第一种方法精确度较高. 但有时基于对其他误差因素的考虑或教学目的需要，也采用方法（2）或方法（3）.

3. 测量仪器的选配

在实际工作中，常常会遇到这样的问题，就是在测量之前，对间接测量的精确度提出了一定的要求，如何根据此要求来确定各直接测量的精确度要求，从而选择和配套合适的仪器进行测量. 也就是说要进行误差分配，即在总误差一定的情况下，各个分误差应如何分配.

1）确定误差分配方案

误差分配一般有以下两个步骤：

（1）按相等影响原则分配误差，若

$$N = f(x_1, x_2, \cdots, x_m) \tag{2.2.1}$$

测量的不确定度 Δ_N 或 E_N 根据任务要求已经确定，则按照 m 个分项对 Δ_N 或 E_N 的影响相同而进行分配. 此也称为"误差等作用原则"，即有

$$\Delta_N = \sqrt{\left(\frac{\partial f}{\partial x_1}\right)^2 \Delta_{x_1}^2 + \left(\frac{\partial f}{\partial x_2}\right)^2 \Delta_{x_2}^2 + \cdots + \left(\frac{\partial f}{\partial x_m}\right)^2 \Delta_{x_m}^2} \tag{2.2.2}$$

$$E_N = \frac{\Delta_N}{N} = \sqrt{\left(\frac{\partial \ln f}{\partial x_1}\right)^2 \Delta_{x_1}^2 + \left(\frac{\partial \ln f}{\partial x_2}\right)^2 \Delta_{x_2}^2 + \cdots + \left(\frac{\partial \ln f}{\partial x_m}\right)^2 \Delta_{x_m}^2} \tag{2.2.3}$$

$$\sqrt{m\left(\frac{\partial f}{\partial x_i}\right)^2 \Delta_{x_i}^2} \leqslant \Delta_N \quad (i=1,2,\cdots,m) \tag{2.2.4}$$

$$\sqrt{m\left(\frac{\partial \ln f}{\partial x_i}\right)^2 \Delta_{x_i}^2} \leqslant U_N \quad (i=1,2,\cdots,m) \tag{2.2.5}$$

即

$$\left|\frac{\partial f}{\partial x_i}\right|\Delta_{x_i} \leqslant \Delta_N/\sqrt{m} \quad (i=1,2,\cdots,m) \tag{2.2.6}$$

$$\left|\frac{\partial \ln f}{\partial x_i}\right|\Delta_{x_i} \leqslant E_N/\sqrt{m} \quad (i=1,2,\cdots,m) \tag{2.2.7}$$

式（2.2.6）和式（2.2.7）是实际中常用的公式.

（2）按实际条件进行适当调整.

由于测量的技术水平和经济条件的限制，按相等影响原则分配到每个分项的份额，有的难以完成，有的则过于容易. 这时需要根据实际情况给予调整. 对于难以完成的，应适当放宽些；对于过于容易的，应适当提高要求.

2）测量器具的选择

当误差分配方案确定后在测量器具选择时，除了考虑实用性和器具价格之外，一般主要考虑仪器的分辨率（或灵敏阈）和精确度. 仪器的分辨率指仪器能够有意义地区分最邻近所示量值能力的定量表示. 仪器的精确度指测量仪器给出接近于被测量真值的示值能力. 测量器具选择的原则，应是所选用的测量器具的误差不大于被测量的要求误差限.

例 4　已知圆柱体的直径 $D \approx 20\,\mathrm{mm}$，高 $H \approx 50\,\mathrm{mm}$，要求测量体积 V 的 $E_V \leqslant 0.2\%$，问应选择什么器具来进行测量？

解　体积 $V = \frac{1}{4}\pi D^2 H$ 为积商形式函数，应先化为线性方程

$$\ln V = \ln\frac{\pi}{4} + 2\ln D + \ln H$$

$$E_V = \frac{\Delta_V}{V} = \sqrt{\left(\frac{2}{D}\right)^2 \Delta_D^2 + \left(\frac{1}{H}\right)^2 \Delta_H^2}$$

$$\frac{2\Delta_D}{D} \leqslant E_V/\sqrt{2}$$

$$\frac{\Delta_H}{H} = E_V / \sqrt{2}$$

代入得

$$\Delta_D \leqslant E_V D / 2\sqrt{2} = 0.014 \, \text{mm}$$

$$\Delta_H \leqslant E_V H / \sqrt{2} = 0.071 \, \text{mm}$$

由说明书可查得分度值为 0.01 mm 的螺旋测微计和 0.05 mm 游标卡尺的仪器误差分别为 0.004 mm 和 0.05 mm, 故可选分度值为 0.01 mm 的螺旋测微计测量 D, 选分度值为 0.05 mm 的游标卡尺测量 H.

3）不确定度的绝对值合成法

在实验设计, 不确定度的粗略估算及测量仪器和量条件的选择时, 有时采用不确定度的绝对值合成的方法, 即

$$\Delta_N = \left|\frac{\partial f}{\partial x_1}\right| \Delta x_1 + \left|\frac{\partial f}{\partial x_2}\right| \Delta x_2 + \cdots + \left|\frac{\partial f}{\partial x_m}\right| \Delta x_m \qquad (2.2.8)$$

$$E_N = \frac{\Delta_N}{N} = \left|\frac{\partial \ln f}{\partial x_1}\right| \Delta_{x_1} + \left|\frac{\partial \ln f}{\partial x_2}\right| \Delta_{x_2} + \cdots + \left|\frac{\partial \ln f}{\partial x_m}\right| \Delta_{x_m} \qquad (2.2.9)$$

用这种方法合成的结果一般偏大, 当对实验的精度要求一定后, 选配测量仪器时对仪器的要求更高. 但因方法比较简单, 在有些情况下运用比较方便. 根据误差等作用原则, 有

$$\left|\frac{\partial f}{\partial x_i}\right| \Delta x_i \leqslant \Delta_N / m \qquad (i = 1, 2, \cdots, m) \qquad (2.2.10)$$

$$\left|\frac{\partial \ln f}{\partial x_i}\right| \Delta x_i \leqslant E_N / m \qquad (i = 1, 2, \cdots, m) \qquad (2.2.11)$$

也可根据式(2.2.10)和式(2.2.11)的估算值来选配仪器.

例 5　用单摆测某地的重力加速度 g, 要求 $E_g \leqslant 0.5\%$. 已知摆长 $l \approx 100 \, \text{cm}$. 周期 $T \approx 2 \, \text{s}$, 试选配测量周期 T 和摆长 l 的仪器.

解　由不确定度的绝对值合成公式有

$$E_g = \frac{\Delta_g}{g} = \frac{\Delta_l}{l} + 2\frac{\Delta_T}{T}$$

由式（2.2.11）有

$$\frac{\Delta_l}{l} \leqslant E_g / 2$$

$$2\frac{\Delta T}{T} \leqslant E_g / 2$$

代入得

$$\Delta_l \leqslant E_g l / 2 = 0.25 \text{ cm}$$

$$\Delta_T \leqslant E_g T / 4 = 0.0025 \text{ s}$$

摆长和周期的测量,应各挑选一种仪器误差不大于计算结果的仪器. 摆长测量可选择最小分度为毫米的米尺. 周期若测一个摆动周期的时间,则应选数字毫秒计与之配套. 但是可采用累积放大法测量,即连续测量 n 个周期的时间 t, $t = nT$, $\Delta_t = n\Delta_T$, $\Delta_T = \Delta_t / n$, 这样可以提高测量的精确度,或者说可以降低对仪器的要求. 假如本题中取 $n = 50$,则有 $\Delta_T = \Delta_t / 50 \leqslant 0.0025 \text{ s}$,即 $\Delta_t \leqslant 0.125 \text{ s}$,这时使用最小分度值为 0.1 s 的秒表测量就可以满足要求了.

值得注意的是,在仪器精度满足要求的情况下,应尽量使用精度低的仪器. 因为仪器精度越高,一般在操作、环境条件等方面的要求也越高,如使用不当,反而不一定能得到理想的结果. 另外,精度低的仪器能满足要求而非要用精度高的仪器,这也是一种物质和时间的浪费,有时也往往是条件不允许的.

4. 测量条件的选择

在确定实验仪器之后,还需要按照"使测量的不确定度最小的原则"选择测量条件. 确定最有利的测量条件,即确定在什么条件下进行测量引起结果的误差最小. 从理论上讲,可由误差函数对自变量(被测量)求偏导,并令其一阶偏导数为 0 而得到. 对于只有一个被测量的函数,可将一阶导数为 0 的结果代入二阶导数式,若其结果大于 0,则该一阶导数的结果即为最有利的条件. 一般分析时多从相对不确定度入手.

5. 数据处理方法的选择

在考虑实验方法时,经常还需要利用数据处理的一些技巧,来解决某些不能或不易被直接测量的物理量的测量问题.

例 6 用简谐振动的方法测量弹簧振子的弹性系数 k.

已知弹簧振子的振动周期与弹性系数 k 及弹簧振子的等效质量 m 间的关系为

$$T = 2\pi\sqrt{\frac{m}{k}} \tag{2.2.12}$$

式中

$$m = m_0 + m_s \tag{2.2.13}$$

式中，m_0 为振动物体的质量；m_s 为弹簧的等效质量. 由于 m_s 不易确定，因此 m 也就无法确定. 这样由式（2.2.13）直接求 k 就很困难. 若将式（2.2.13）改写为

$$T^2 = 4\pi^2 \frac{m_0 + m_s}{k} \tag{2.2.14}$$

则可以测量不同 m_0 下的周期 T，作 T^2-m 图线，由其斜率，就可以得到弹簧的弹性系数 k. 这样就绕过了不易测量的物理量 m_s，使问题得以解决.

　　由于科学实验的内容十分广泛，可利用的实验方法和测量手段也很多，实验结果要受到误差等各种因素的相互影响. 因此，不可能给出一种制定实验方案的普遍适用的法则，以上所述只是给出了一些原则性的建议. 在具体的实验中还应根据具体情况，因地制宜，制定出切实可行的实验方案. 希望同学们通过本章设计性实验的实践、积累和总结，逐步培养和提高科学实验的能力和素质.

第 **3** 章

科学与技术实验探索

实验探索3.1　3D打印技术

【发展过程与前沿应用概述】

3D打印思想起源于19世纪末的美国,并在20世纪80年代得以发展和推广.3D打印是科技融合体模型中最新的高"维度"的体现之一,中国物联网校企联盟把它称作"上上个世纪的思想,上个世纪的技术,这个世纪的市场".

19世纪末,美国研究出了的照相雕塑和地貌成形技术,随后产生了打印技术的3D打印核心制造思想.

20世纪80年代以前,三维打印机数量很少,大多集中在"科学怪人"和电子产品爱好者手中.主要用来打印像珠宝、玩具、工具、厨房用品之类的东西.甚至有汽车专家打印出了汽车零部件,然后根据塑料模型去订制真正市面上买到的零部件.

到20世纪80年代后期,美国科学家发明了一种可打印出三维效果的打印机,并已将其成功推向市场,3D打印技术发展成熟并被广泛应用.普通打印机能打印一些报告等平面纸张资料.而这种最新发明的打印机,它不仅使立体物品的造价降低,而且激发了人们的想象力.未来3D打印机的应用将会更加广泛.

1995年,麻省理工创造了"三维打印"一词,当时该校的两位毕业生修改了喷墨打印机方案,变为把约束溶剂挤压到粉末状的解决方案,而不是把墨水挤压在纸张上的方案.

2003年以来三维打印机的销售逐渐扩大,价格也开始下降.

3D打印将三维实体变为若干个二维平面,通过对材料处理并逐层叠加进行生产,极大地降低了制造的复杂度.3D打印机的应用领域:

教育领域.3D打印机能够把学生的各种抽象构思转变为他们可以捧在手中的立体真实模型,令教学更为生动,还可为学生的竞赛、试验快速制作众多的非标零件,弥补传统加工的不足.

建筑领域. 3D打印机能够快速制作各种异形曲面及复杂镂空结构的建筑模型，实现传统加工方式无法达到的工艺.

工业生产领域. 3D 打印机可以为汽车制造、消费类电子等众多工业生产领域直接打印设计的概念模型，加快各种部件的定型开模，进而推进新产品的上市速度.

玩具动漫领域. 3D 打印机可以快速制作出最新设计的玩具或动漫卡通人物，将虚拟的三维模型变成真实的玩偶.

文物考古领域. 结合三维逆向软件，可以快速打印文物缺失部分，从而得到完整的复原文物.

医疗应用领域. 借助先进的医疗扫描软件，可以为病人快速打印制作牙模、手术导板、人工耳蜗等.

【实验研究原理简述】

实验采用的 3D 打印机是由美国 Makerbot 公司生产的 MakerBot Replicator 2，这是一款采用 FDM（热熔堆积）成型技术的 3D 打印机，其基本原理是将丝状的热熔性材料加热融化，同时打印喷头在计算机的控制下，根据截面轮廓信息，将材料选择性地涂敷在工作台上，快速冷却后形成一层截面. 一层成型完成后，机器工作台下降一个高度（即分层厚度）再成型下一层，直至形成整个实体造型. 其成型材料种类多，成型件强度高、精度高，主要适用于成型小塑料件.

【实验设计与观察探索】

MakerBot Replicator 2 使用 1.75 mm 直径的 PLA 耗材来制作 3D 打印物体. 在将 MakerBot PLA 耗材料盘装载到 MakerBot Replicator 背面的耗材抽屉后，所要做的就是将料盘上耗材的活动端装载到 MakerBot Replicator 2 智能喷头中.

（1）按控制面板转盘；

（2）智能喷头完全预热后，抓住喷头组件的顶部并将耗材的活动端穿入智能喷头顶部的装料管中. 不断推送耗材，直至感觉到智能喷头，然后再将耗材拉入（图 3.1.1）；

（3）等待，直到看到塑料从喷头喷嘴

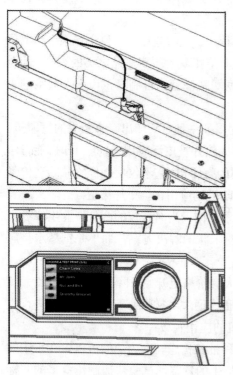

图 3.1.1

中涌出. 然后按控制面板转盘停止挤出；

（4）等待智能喷头塑料冷却，然后将其从智能喷头中拉出. 不要触摸喷嘴，它可能仍然很热. 由于已经调平了打印托盘并将耗材装载到了喷头中，现在可以随时打印物体了. LCD 面板将会显示一些已加载到 3D 打印机内部存储的打印文件；

（5）使用转盘突出显示其中一个打印文件；

（6）按转盘以选择您所选的打印件. 将会显示文件信息页；

（7）选择 Print（打印）. MakerBot Replicator 将会打印您选择的文件. 打印完成后，让其冷却，然后再从打印托盘中取出.

【技术应用拓展】

有人预测 3D 打印将会引发新的工业革命，结合自身专业，并且通过图书馆以及网络查阅相关资料，谈谈你对 3D 打印的认识.

实验探索3.2　激光监听

【发展过程与前沿应用概述】

世界上最早的窃听器是中国在两千年前发明的. 战国时代的《墨子》一书就记载了一种"听瓮". 这种"听瓮"是用陶制成的, 大肚小口, 把它埋在地下, 并在瓮口蒙上一层薄薄的皮革, 人伏在上面就可以倾听到城外方圆数十里的动静. 到了唐代, 又出现了一种"地听"器. 它是用精瓷烧制而成, 形状犹如一个空心的葫芦枕头, 人睡卧休息时, 侧头贴耳枕在上面, 就能清晰地听到 30 里外的马蹄声. 北宋大科学家沈括在他著名的《梦溪笔谈》一书中介绍了一种用牛皮做的"箭囊听枕". 他还科学地指出, 这种"箭囊听枕"之所以能够听到"数里内外的人马声", 是因为"虚能纳声", 而大地又好像是一根"专线", 连接着彼此两个地点, 是一种传递声音信号的介质. 在江南一带, 还有一种常用的"竹管窃听器". 它是用一根根凿穿内节的毛竹连接在一起的, 敷设在地下、水下或隐蔽在地上, 建筑物内, 进行较短距离的窃听.

自从 1876 年英国青年亚·贝尔发明有线电话以后, 这些使用了几千年的原始窃听器, 才渐渐退隐出了间谍舞台.

1981 年 8 月, 苏联太平洋舰队在远东堪察加作业区的指挥系统发生了一起看似平常的意外事件: 一条通信电缆线路中断. 但意想不到的情况发生了, 在一段电缆上发现了一个形状像"大虫茧"的莫名其妙的东西. 这个包住电缆的"大虫茧"是美国的一个窃听装置. 它可以录下通过电缆传送的几周或几个月的通话内容, 然后再取回来.

窃听技术经过多年的发展, 已经发展了各种各样的窃听器. 大致可分为以下几种: 微型话筒窃听器、无线电波窃听器、线路载波窃听器、电话窃听器以及激光窃听器等. 在战争中, 最早的窃听就是将传感器接入敌人的通话线路或者无线电波中进行窃听. 在公安机关破案过程中, 也会采用类似的方法窃听到犯罪分子的通话内容, 掌握他们的犯罪证据.

激光窃听器是随着激光技术的发展和逐步成熟而得到研制和开发的, 并在近几年开始走向应用的.

【实验研究原理简述】

若要听到周围戒备森严而人不可能接近的房间里讲话声, 可以用一束看不见的红外激光打到该房间的玻璃窗上, 由于讲话声引起玻璃窗的微小振动, 使激光在玻璃窗上的入射点和入射角都发生变化, 因而接收到激光光点的位置发生变化

（变化情况和讲话信号基本一致），然后用光电池把接收到激光信号转换成电信号，经过放大器放大并去除噪声，通过扬声器还原成声音.

在实验室时，我们用可见的半导体激光模拟这种激光窃听的方法，取一个装有玻璃窗的箱，箱内放置扬声器，在玻璃外贴一块小镜子，使激光照射在镜子上，收音机播音时，机箱玻璃振动，使激光反射光的光斑发生移动，照射在硅光电池上光点面积发生变化. 调节硅光电池的位置，使光斑移动时照射在硅光电池上的光点面积发生相应的变化，从而引起硅光电池输出电压的变化，把这个电压变化经放大器放大，通过扬声器就能听见声音.

【实验设计与观察探索】

（1）把小镜子贴在监听机箱玻璃上. 激光器接上电源.（方盒插 AC220V，输出插入激光器后面专用插座中，激光器发出可见激光图 3.2.1）.

（2）调节激光器高度和射向被监听机箱上镜面的角度，让激光照在小镜子上，经反射后照在硅光电池，硅光电池距被监听机箱的距离为 4 m 以上，激光光斑可调节激光器发光处的直纹螺母，使光斑为最小，微调光路也可调节水平调节旋钮.

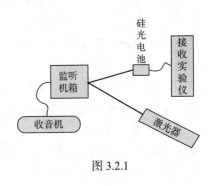

图 3.2.1

（3）连接硅光电池和接收实验仪，然后敲击塑料箱，在光通信接收实验仪的扬声器上应能听到敲击声.

（4）仔细调节激光器射向被监听机箱上镜面的角度，使接收实验仪的扬声器中能听到收音机播放的声音为最清晰.

（5）仔细调节光斑在硅光电池上的位置，直到接收实验仪的扬声器中能听到收音机播放的声音为最清晰.

（6）适当减小收音机音量，拉开机箱和硅光电池的距离，直到听不到声音为止，测量出距离.

（7）重复以上实验，可改变一个量后研究其他因素的影响.

【技术应用拓展】

说到窃听，必然也会提到反窃听这个词. 目前，防止信息被窃听的最有效方法是进行加密，中国在量子通信领域已经走在世界前列，并在潜艇上先行先试，深海保密通信取得了成功，对"反窃听"意义重大. 基于你对激光窃听的理解，想想有什么方法可以应对激光窃听.

实验探索3.3　共振锯条演示

【发展过程与前沿应用概述】

实际上,中国人对于声音共振的运用,可以追溯到很久远的年代.

宋代的科学家沈括就曾巧妙地利用共振原理设计出了在琴弦上跳舞的小人:先把琴或瑟的各弦按平常演奏需要调好,然后剪一些小小的纸人夹在各弦上.当弹动不夹纸人的某一弦线时,凡是和它共振的弦线上的纸人就会随着音乐跳跃舞动.这个发明比西方同类发明要早几个世纪.

据史籍记载,我国晋代就有人对声音共振现象作出了正确的解释,并已经能够完全认识到,防止共振的最好的方法是改变物体的固有频率,使之与外来作用力的频率相差越大越好.

古时还有一个有趣的故事,讲述人们如何巧妙地消除共振.唐朝时候,洛阳某寺一僧人房中挂着的一件乐器,经常莫名其妙地自动鸣响,僧人因此惊恐成疾,四处求治无效.他有一个朋友是朝中管音乐的官员,闻讯特去看望他.这时正好听见寺里敲钟声,那件乐器又随之作响.于是朋友说:你的病我可以治好,因为我找到你的病根了.只见朋友找到一把铁锉,在乐器上锉磨几下,乐器便再也不会自动作响了.朋友解释说这件乐器与寺院里的钟声的共振频率相合,于是敲钟时乐器也就会相应地鸣响,把乐器稍微锉去一点,也就改变了它的固有振动频率,它就不再能和寺里的钟声共鸣了.僧人恍然大悟,病也就随着痊愈了.

到了现代,随着科技的发展和对共振研究的更加深入,共振在社会和生活中"震荡"得更为频繁和紧密了.

弦乐器中的共鸣箱、无线电中的电谐振等,就是使系统固有频率与驱动力的频率相同,发生共振.电台通过天线发射出短波／长波信号,收音机通过将天线频率调至和电台电波信号相同频率来引起共振.将电台信号放大,以接受电台的信号.电波信号通过天线向空中发射信号,短波通过云层发射,长波通过直接向地球表面发射.收音机的天线将共振磁环的频率调节至和电台电波信号相同时就会产生共振,电波信号将被放大,然后天线将放大后的信号经过过滤后传至喇叭发声.

在建筑工地经常可以看到,建筑工人在浇灌混凝土的墙壁或地板时,为了提高质量,总是一面灌混凝土,一面用振荡器进行震荡,使混凝土之间由于振荡的作用而变得更紧密、更结实.此外,粉碎机、测振仪、电振泵、测速仪等,也都是利用共振现象进行工作的.

进入 20 世纪以后,微波技术得到长足的发展,使人类的生活进入了一个全新的、更加神奇的领域.而微波技术正是一种把共振运用得非常精妙的技术.微波技术不仅广泛应用在电视、广播和通信等方面，而且"登堂入室"，与人们的日常生活越来越密切相关，微波炉便是家庭应用共振技术的一个最好体现.

具有 2500 Hz 左右频率的电磁波称为"微波". 食物中水分子的振动频率与微波大致相同，微波炉加热食品时，炉内产生很强的振荡电磁场，使食物中的水分子作受迫振动，发生共振，将电磁辐射能转化为热能，从而使食物的温度迅速升高. 微波加热技术是对物体内部的整体加热技术，完全不同于以往的从外部对物体进行加热的方式，是一种极大地提高了加热效率、极为有利于环保的先进技术.

【实验研究原理简述】

任何物体产生振动后，由于其本身的构成、大小、形状等物理特征，原先以多种频率开始的振动，渐渐会固定在某一频率上振动，这个频率叫做该物体的固有频率. 当人们从外界给这个物体加上一个振动（称为驱动）时，这时物体的振动频率等于驱动力的频率，而与物体的固有频率无关，这时称之为强迫振动. 但是如果驱动力的频率与该物体的固有频率正好相同，物体振动的振幅达到最大，这种现象叫共振.

【实验设计与观察探索】

（1）关闭电源，关小振幅输出电位器再打开电源，缓慢调节频率输出从 10 Hz 开始，可观察 A、B、C、D、E、F 锯条片的振动.

（2）精细调节振动频率，可见振幅最大且稳定的驻波，调节中请适当调节振幅输出效果较好.

（3）实验中应随时调节振幅输出，听到连接不牢固等杂音即关小振幅输出，关闭电源，固定妥当后再进行实验观察.

【实验现象分析与思考】

结合日常生活所见，总结还有哪些共振现象以及基于共振原理的仪器，并且思考如何减少或者避免有害共振.

实验探索3.4　记忆合金水车

【发展过程与前沿应用概述】

说到记忆金属,我国早在秦朝就存在有记忆金属,比如说:秦剑.

1932 年,瑞典人奥兰德在金镉合金中首次观察到"记忆"效应,即合金的形状被改变之后,加热到一定的跃变温度时,它又可以魔术般地变回到原来的形状,人们把具有这种特殊功能的合金称为形状记忆合金.记忆合金的开发迄今不过 20 余年,但由于其在各领域的特效应用,正广为世人所瞩目,被誉为"神奇的功能材料".

1963 年,美国海军军械研究所的比勒在研究工作中发现,在高于室温较多的某温度范围内,把一种镍-钛合金丝烧成弹簧,然后在冷水中把它拉直或铸成正方形、三角形等形状,再放在 40℃以上的热水中,该合金丝就恢复成原来的弹簧形状.后来陆续发现,某些其他合金也有类似的功能.这一类合金被称为形状记忆合金.每种以一定元素按一定重量比组成的形状记忆合金都有一个转变温度,在这一温度以上将该合金加工成一定的形状,然后将其冷却到转变温度以下,人为地改变其形状后再加热到转变温度以上,该合金便会自动地恢复到原先在转变温度以上加工成的形状.

1969 年 7 月 20 日,美国宇航员乘坐"阿波罗"11 号登月舱在月球上首次留下了人类的脚印,并通过一个直径数米的半球形天线传输月球和地球之间的信息.这个庞然大物般的天线是怎么被带到月球上的呢?就是用一种形状记忆合金材料,先在其转变温度以上按预定要求做好,然后降低温度把它压成一团,装进登月舱带上天去.放置于月球后,在阳光照射下,达到该合金的转变温度,天线"记"起了自己的本来面貌,变成一个巨大的半球.

科学家在镍-钛合金中添加其他元素,进一步研究开发了钦镍铜、钛镍铁、钛镍铬等新的镍钛系形状记忆合金;除此以外还有其他种类的形状记忆合金,如:铜镍系合金、铜铝系合金、铜锌系合金、铁系合金(Fe-Mn-Si, Fe-Pd)等.

形状记忆合金在生物工程、医药、能源和自动化等方面也都有广阔的应用前景.

【实验研究原理简述】

形状记忆合金是能记住自己在某一温度下的外部形状的合金材料,即在一定温度下,形状记忆合金内部的微观结构会发生晶相转变,宏观就表现为自身形状的改变.本展品是将形状记忆合金材料做成片状.

记忆合金是在一定的温度下能够恢复其原来形状的金属合金材料．本实验装置主要由一个转轮和加热装置组成，在转轮上一周布置 48 片记忆合金片．在高于记忆合金的"跃变温度"（65～75℃）的水中，记忆合金产生相变，记忆合金片在热水中伸长，在空气中收缩，使得记忆合金车的中心的力矩不为零，在此力矩作用下，使转轮转动起来．

【实验设计与观察探索】

（1）打开电源开关，温度达到 65～75℃左右；
（2）将热机放入水缸中，使转轮的一半浸入水中后，即可看到转轮转动．

【技术应用拓展】

　　通过观察实验，从能量守恒的角度分析：记忆合金水车既然可以转动，也就是可以做功，那么主要是谁供应的能量使其做功？

实验探索3.5　　辉光现象

【发展过程与前沿应用概述】

每当夜幕降临时,华灯初上,五颜六色的霓虹灯就把城市装扮得格外美丽. 那么这些美丽多彩的霓虹灯是怎样发明的呢? 它又是怎样工作的呢?

据说,霓虹灯是英国化学家拉姆赛在一次实验中偶然发现的. 那是 1898 年 6月的一个夜晚,拉姆赛和他的助手正在实验室里进行实验,目的是检查一种稀有气体是否导电.

拉姆赛把一种稀有气体注射在真空玻璃管里,然后把封闭在真空玻璃管中的两个金属电极连接在高压电源上,聚精会神地观察这种气体能否导电.

突然,一个意外的现象发生了:注入真空管的稀有气体不但开始导电,而且还发出了极其美丽的红光. 这种神奇的红光使拉姆赛和他的助手惊喜不已,他们打开了霓虹世界的大门. 拉姆赛把这种能够导电并且发出红色光的稀有气体命名为氖气. 后来,他继续对其他一些气体导电和发出有色光的特性进行实验,相继发现了氙气能发出白色光,氩气能发出蓝色光,氦气能发出黄色光,氮气能发出深蓝色光……不同的气体能发出不同的色光,五颜六色,犹如天空美丽的彩虹. 霓虹灯也由此得名.

霓虹灯以及我们日常见到的荧光灯的发光都属于辉光放电.

在日常生活中,低压气体中显示辉光的放电现象,也有广泛的应用. 例如,在低压气体放电管中,在两极间加上足够高的电压时,或在其周围加上高频电场,就使管内的稀薄气体呈现出辉光放电现象,其特征是需要高电压而电流密度较小. 辉光的部位和管内所充气体的压强有关,辉光的颜色随气体的种类而异. 荧光灯、霓虹灯的发光都属于这种辉光放电.

氙灯. 氙灯是一种高辉度的光源. 它的颜色成分与日光相近,故可以做天然色光源、红外线、紫外线光源、闪光灯和点光源等,应用范围很广. 其构造是在石英管内封入电极,并充入高压氙气而制成的放电管. 在稀有气体中,氙的原子序数大,电离电压低,容易产生高能量的连续光谱,并且因离子的能量小,电极的寿命长达数千小时. 因点灯需要高电压,要使用附属的启动器、安定器、点灯装置等.

人体辉光. 在各种各样的辉光中,最神奇的还要算人体辉光了. 1911 年伦敦有一位叫华尔德·基尔纳的医生运用双花青染料刷过的玻璃屏透视人体,发现在人体表面有一个厚达 15 mm 的彩色光层. 医学家们对此研究表明,人体在疾病发生前,体表的辉光会发生变化,出现一种干扰的"日冕"现象;癌症患者体内会产生一种云状辉光;当人喝酒时辉光开始有清晰、发亮的光斑,酒醉后便转为苍白色，最后光圈内收. 吸烟的人体辉光则有不和谐的现象. 那么人体到底有哪些辉光现象呢？

疾病辉光. 在医学领域，根据人体发出的冷光信息，不仅可以判断一个人的健康状况，还可以用来诊断疾病. 在疾病发生前，体表的辉光会发生类似太阳的"日晕"现象. 一般认为呈红亮色的光说明健康状况良好，呈灰暗色的辉光则说明病重.

【实验研究原理简述】

辉光球发光是低压气体（或叫稀疏气体）在高频强电场中的放电现象. 玻璃球中央有一个黑色球状电极. 球的底部有一块振荡电路板，通电后，振荡电路产生高频电压电场，由于球内稀薄气体受到高频电场的电离作用而光芒四射. 辉光球工作时，在球中央的电极周围形成一个类似于点电荷的场. 当用手（人与大地相连）触及球时，球周围的电场、电势分布不再均匀对称，故辉光在手指的周围处变得更为明亮.

辉光盘和辉光球的原理类似，也是在通电以后，中心的电极电压高达数千伏，气体中的正负离子在强电场作用下产生快速定向移动，这些离子在运动中与其他气体分子碰撞产生新的离子，使离子数大增. 由于电场很强而气体又比较稀薄，离子可获得足够的动能去"打碎"其他中性分子，形成新离子. 离子、电子和分子间撞击时，常会引起原子中电子能级跃迁并激发出美丽的辉光. 由于不同气体的辉光颜色是不同的，因此辉光盘将形成彩色辉光放电.

【实验设计与观察探索】

1. 辉光球

（1）打开电源开关，辉光球发光；

（2）用指尖触及辉光球，可见辉光在手指的周围处变得更为明亮，产生的弧线顺着手的触摸移动而游动扭曲，随手指移动起舞.

2. 辉光盘

辉光盘通电后，在盘的背面有开关，魔盘分为三种颜色，观看时用手触摸可以看到像闪电一样的光芒.

【实验现象分析与思考】

辉光的颜色可以说绚丽多彩，通过本实验的观察，思考是什么因素会决定辉光的颜色？

实验探索3.6　激光

【发展过程与前沿应用概述】

说起激光的起源，必然要提到大物理学家爱因斯坦. 早在 1917 年，爱因斯坦便提出了一个全新的理论"光与物质相互作用". 而这个理论即为后来的激光器的发明打下了坚实的理论基础. 随即在不到 30 年后，美国物理学家查尔斯·哈德·汤斯设想如果用分子，而不用电子线路，就可以得到波长足够小的无线电波. 他设想通过热或电的方法，把能量泵入氨分子中，使它们处于"激发"状态. 然后，再设想使这些受激的分子处于具有和氨分子的固有频率相同的微波束中——这个微波束的能量可以是很微弱的. 一个单独的氨分子就会受到这一微波束的作用，以同样波长的束波形式放出它的能量，这一能量又继而作用于另一个氨分子，使它也放出能量. 这个很微弱的入射微波束相当于其立脚点对一场雪崩的促发作用，最后就会产生一个很强的微波束. 最初用来激发分子的能量就全部转变为一种特殊的辐射.

1953 年 12 月，汤斯（Townes）和他的学生阿瑟·肖洛（Schawlow）终于制成了按上述原理工作的一个装置，产生了所需要的微波束. 这个过程被称为"受激辐射的微波放大". 按其英文的首字母缩写为 M.A.S.E.R，并由之造出了单词"maser"（脉泽）（这样的单词称为首字母缩写词，在技术语中使用越来越普遍）.

1958 年，美国科学家肖洛（Schawlow）和汤斯发现了一种神奇的现象：当他们将氖光灯泡所发射的光照在一种稀土晶体上时，晶体的分子会发出鲜艳的、始终会聚在一起的强光. 根据这一现象，他们提出了"激光原理"，即物质在受到与其分子固有振荡频率相同的能量激发时，都会产生这种不发散的强光——激光. 他们为此发表了重要论文，并获得 1964 年的诺贝尔物理学奖.

1960 年 5 月 15 日，美国加利福尼亚州休斯实验室的科学家梅曼宣布获得了波长为 0.6943 μm 的激光，这是人类有史以来获得的第一束激光，梅曼因而也成为世界上第一个将激光引入实用领域的科学家.

1960 年 7 月 7 日，梅曼宣布世界上第一台激光器诞生. 梅曼的方案是，利用一个高强闪光灯管，来激发红宝石. 由于红宝石其实在物理上只是一种掺有铬原子的刚玉，所以当红宝石受到刺激时，就会发出一种红光. 在一块表面镀上反光镜的红宝石的表面钻一个孔，使红光可以从这个孔溢出，从而产生一条相当集中的纤细红色光柱，当它射向某一点时，可使其达到比太阳表面还高的温度.

前苏联科学家尼古拉·巴索夫于 1960 年发明了半导体激光. 半导体激光器

的结构通常由 p 层、n 层和形成双异质结的有源层构成. 其特点是: 尺寸小、耦合效率高、响应速度快、波长和尺寸与光纤尺寸适配、可直接调制、相干性好.

1964 年按照我国著名科学家钱学森建议将"光受激辐射"改称"激光". 激光应用很广泛, 主要有激光打标、激光焊接、激光切割、光纤通信、激光光谱、激光测距、激光雷达、激光武器、激光唱片、激光指示器、激光矫视、激光美容、激光扫描、激光灭蚊器等.

【实验研究原理简述】

微观粒子都具有特定的一套能级(通常这些能级是分立的). 任一时刻粒子只能处在与某一能级相对应的状态(或者简单地表述为处在某一个能级上). 与光子相互作用时, 粒子从一个能级跃迁到另一个能级, 并相应地吸收或辐射光子. 光子的能量值为此两能级的能量差 ΔE, 频率为 $\nu = \Delta E/h$ (h 为普朗克常量). 爱因斯坦将光子与物质的相互作用分为三种过程: 受激吸收、自发辐射、受激辐射. 前两个概念是已为人所知的. 受激吸收就是处于低能态的原子吸收外界辐射而跃迁到高能态; 自发辐射是指高能态的原子自发地辐射出光子并迁移至低能态. 这种辐射的特点是每一个原子的跃迁是自发的、独立进行的, 其过程全无外界的影响, 彼此之间也没有关系. 因此它们发出的光子的状态是各不相同的. 这样的光相干性差, 方向散乱, 而受激辐射则相反. 它是指处于高能级的原子在光子的"刺激"或者"感应"下, 跃迁到低能级, 并辐射出一个和入射光子同样频率的光子. 这好比清晨公鸡打鸣, 一个公鸡叫起来, 其他的公鸡受到"刺激"也会发出同样的声音. 受激辐射的最大特点是由受激辐射产生的光子与引起受激辐射的原来的光子具有完全相同的状态. 它们具有相同的频率, 相同的方向, 完全无法区分出两者的差异. 这样, 通过一次受激辐射, 一个光子变为两个相同的光子. 这意味着光被加强了, 或者说光被放大了. 这正是产生激光的基本过程.

【实验设计与观察探索】

1. 看得见的激光

打开激光电源, 激光器便可工作. 可以使用各种遮光物放在激光的光路中, 在远处观察遮光物的衍射现象, 如头发、小孔、锋利的刀片边缘等.

2. 激光扫描成像

开启电源开关, 即可在光屏上演示各种激光图像.

3. 光岛

开始时, 光源开启. 各种光学元件随圆形平台绕光源转动, 依次到达光源发射位置. 这时激光射入光学元件. 同时，圆盘的转动使得光线的入射角度发生变化，注意观察光在到达光学元件前后的光路变化，理解光的反射和折射现象.

4. 激光琴

观众轻轻的用手遮住光束，琴内就会发出悦耳的声音. 遮住不同的光束，琴会有不同的音符发出. 从而按照乐曲韵律，可以弹奏出美妙的音乐.

【技术应用拓展】

据报道，俄罗斯科学家已经成功通过激光对 1.5 km 外的手机进行了充电，这是利用了激光优异的相干性. 查阅相关资料了解激光还有哪些比较有前景的用途？

实验探索3.7　三基色

【发展过程与前沿应用概述】

三基色最初也是由牛顿发现的，他经过系统观察及研究实验，最终确认：当一束白光通过三棱镜时，它将经过两次折射，其结果是白光被分解为有规律的七种彩色光线. 这七种色彩依次为：红、橙、黄、绿、蓝、靛、紫，且顺序是固定不变的. 这也就是人们常说的"七色光". 而这七种光线经过三棱镜的反向折射之后，又会合成一束白光. 于是，1666 年牛顿发表学说——"色彩在光线中". 牛顿的三棱镜试验，就是后来为人熟知的著名的"棱镜色散实验".

发现光的色散奥妙之后，牛顿开始推论：既然白光能被分解及合成，那么这七种色光是否也可以被分解或合成呢？于是，纷繁的实验和不停的计算充斥着他日后的生活. 一段时间后，牛顿通过计算，得出了一个结论：七种色光中只有红、绿、蓝三种色光无法被分解，于是也就谈不到合成了. 而其他四种色光均可由这三种色光以不同比例相合而成. 于是红、绿、蓝则被称为"三原色光"或"色光三原色".

【实验研究原理简述】

色彩是由三原色的适当组合形成. 三种不同颜色的单色按不同的比例混合后可以组合成自然界绝大部分色彩，这三种单色即为三基色，本实验仪用红、绿、蓝发光管作为三基色演示色彩的组合，具有操作简便，现象直观，小巧耐用的特点，是课堂演示三基色的理想教学仪器.

【实验设计与观察探索】

（1）演示时先分别打开闭合控制红、绿、蓝三种颜色发光面的开关，观察一种颜色的发光的情况.

（2）同时闭合任意两只开关，观察二种颜色混合的色彩和过渡色彩.

（3）同时闭合三只开关观察三基色混合的色彩.

（4）直视发光腔可以辨认三基发光管的发光色彩.

（5）近距离照射白色的纸板或墙壁，通过纸板或墙壁的反射，观察到单色光混合后形成的复色光.

【实验现象分析与思考】

近几年来，大屏手机的发展可谓日新月异，我们可以看到很多厂家在发布新手机的时候，都会强调手机屏幕的色域表现，有些厂家说自己是 72%色域的，有的甚至说自己色域超过 100%. 通过实验观察以及查阅相关资料了解色域的概念是什么？它与三基色又有何种关系？

实验探索3.8 风力发电

【发展过程与前沿应用概述】

我们都知道荷兰被称之为风车王国,却不知道这是 14 世纪欧洲人民赖以生存的重要设施. 风能最早可以追溯到公元 7 世纪,当时第一批风车就建于锡斯坦(伊朗东部和阿富汗西南部),主要被用作磨坊和干蔗工业中磨谷物和榨汁. 到 14 世纪,荷兰风车被使用在莱茵河三角洲的排水地区.

到了 1887 年 7 月,第一台用于发电的风车被詹姆斯教授建在苏格兰特拉斯克莱德大学安德森学院里,布质风车发电机被安装到他的度假别墅中提供房子的照明,因此,他的小别墅变成了第一家有风力驱动电力供应的房子.

到 20 世纪 30 年代,风力发电已经在美国的农场广泛的应用起来. 这些发电机器已经有能力生产出几百瓦甚至上千瓦的能力. 除了提供农业动力外,它还用于对某些东西的隔绝,比如像为了避免腐蚀,桥梁结构被通电. 在此期间,高强度钢是很便宜的,这种风力系统被装在开放性的钢架上.

目前据了解,国外已生产出 15 kW、40 kW、45 kW、100 kW、225 kW 的风力发电机了. 1978 年 1 月,美国在新墨西哥州的克莱顿镇建成的 200 kW 风力发电机,其叶片直径为 38 m,发电量足够 60 户居民用电. 而 1978 年初夏,在丹麦日德兰半岛西海岸投入运行的风力发电装置,其发电量则达 2000 kW,风车高 57 m,所发电量的 75% 送入电网,其余供给附近的一所学校用.

【实验研究原理简述】

风发电的工作原理是风的动能(即空气的动能)转化成发电机转子的动能,转子的动能又转化成电能.

【实验设计与观察探索】

接通电源,风扇启动后,观察机舱的结构和发生的现象.

【技术应用拓展】

风力发电具有能源清洁、成本较低的优点. 同时也有很多难以避免的弊端,比如美国堪萨斯州的松鸡在风车出现之后已渐渐消失,对当地生态造成了一定的破坏. 目前的解决方案是离岸发电,但是随之带来的却是高昂的成本. 查阅相关资料了解风力发电在我国有哪些优势和弊端,并思考解决办法.

实验探索3.9　电影原理

【发展过程与前沿应用概述】

早在 1829 年，比利时著名物理学家约瑟夫普拉多发现：当一个物体在人的眼前消失后，该物体的形象还会在人的视网膜上滞留一段时间，这一发现，被称之为"视象暂留原理"．普拉多根据此原理于 1832 年发明了"诡盘"．"诡盘"能使被描画在锯齿形的硬纸盘上的画片因运动而活动起来，而且能使视觉上产生的活动画面分解为各种不同的形象．"诡盘"的出现，标志着电影的发明进入到了科学实验阶段．1834 年，美国人霍尔纳的"活动视盘"试验成功．

1872 年至 1878 年，美国旧金山的摄影师爱德华慕布里奇用 24 架照相机拍摄飞腾的奔马的分解动作组照，经过长达六年多的无数次拍摄实验终于成功，接着他又在幻灯上放映成功．即在银幕上看到了骏马的奔跑．

1889 年，美国发明大王爱迪生在发明了电影留影机后，又经过 5 年的实验后，发明了电影视镜．他将摄制的胶片影像在纽约公映，轰动了美国．但他的电影视镜每次仅能供一人观赏，一次放几十英尺的胶片，内容是跑马、舞蹈表演等．他的电影视镜是利用胶片的连续转动，造成活动的幻觉，可以说最原始的电影发明应该是属于爱迪生的．他的电影视镜传到我国后被称之为"西洋镜"．

1895 年，法国的奥古斯特卢米埃尔和路易卢米埃尔兄弟，在爱迪生的"电影视镜"和他们自己研制的"连续摄影机"的基础上，研制成功了"活动电影机"．同年 12 月 28 日，他们在巴黎的卡普辛路 14 号大咖啡馆里，正式向社会公映了他们自己摄制的一批纪实短片，有《火车到站》、《水浇园丁》、《婴儿的午餐》、《工厂的大门》等 12 部影片．史学家认为，卢米埃尔兄弟所拍摄和放映已经脱离了实验阶段，因此，他们把 1895 年 12 月 28 日世界电影首次公映之日即定为电影诞生之时，卢米埃尔兄弟自然当之无愧地成为"电影之父"．

1927 年是电影史上具有划时代意义的一年．《爵士歌王》影片的诞生标志着有声电影时代的来临，同时也是电影走向成熟期的标志．声音使电影由单纯的视觉艺术，发展成视听结合的银幕艺术，实现了电影史上的一次革命，极大发展了电影的本性，为电影艺术开拓了新的天地．

【实验研究原理简述】

人眼在观察景物时，光信号传入大脑神经，需经过短暂的时间，光的作用结束后，视觉形象并不立即消失，这种残留的视觉称"后像"，视觉的这现象则被称为"视觉暂留"．其具体应用是电影的拍摄和放映．原因是由视神经的反应速度造成的，其时值是 1/24 s. 视神经是动画、电影等视觉媒体形成和传播的根据. 视觉实际上是靠眼睛的晶状体成像，感光细胞感光，并且将光信号转换为神经电流，传回大脑引起人体视觉. 感光细胞的感光是靠一些感光色素, 感光色素的形成是需要一定时间的, 这就形成了视觉暂停的机理. 演示仪器利用人眼的视觉惰性即视觉暂留结合频闪灯的特殊作用, 演示了电影成像的原理.

【实验设计与观察探索】

1. 动画片演示

用手轻轻拨动转盘，观察转盘侧面，即会观察到运动的图像.

2. 梦幻点阵

（1）将旋转字幕球装置放在水平桌面上；
（2）将旋转字幕球装置的电源插头接入电源；
（3）轻轻的按压一下球照外面的开关，起动电机；
（4）观察字幕的图像；
（5）实验完毕，关闭仪器.

【实验现象分析与思考】

目前国际通用的电影拍摄技术是"每秒 24 帧"，也就是每一秒钟的影像是由 24 张连拍画面组成，这个标准正好符合人类的视觉暂留现象，"你不会意识到有 24 张照片——划过，只知道自己看到了一个流畅完整的画面."《指环王》的导演彼得·杰克逊小小尝试过一次，用 48 帧拍摄《霍比特人：意外之旅》. 通过实验现象分析多帧对电影有哪些好处？

实验探索3.10　磁悬浮列车

【发展过程与前沿应用概述】

磁悬浮列车是一种现代高科技轨道交通工具，它通过电磁力实现列车与轨道之间的无接触的悬浮和导向，再利用直线电机产生的电磁力牵引列车运行.

早在 1922 年德国工程师赫尔曼·肯佩尔就提出了电磁悬浮原理，并于 1934 年申请了磁悬浮列车的专利. 进入 70 年代以后，随着世界工业化国家经济实力的不断加强，为提高交通运输能力以适应其经济发展的需要，德国、日本、美国、加拿大、法国、英国等发达国家相继开始筹划进行磁悬浮运输系统的开发. 而美国和前苏联则分别在七八十年代放弃了这项研究计划，目前只有德国和日本仍在继续进行磁悬浮系统的研究，并均取得了令世人瞩目的进展.

日本于 1962 年开始研究常导磁浮铁路. 此后由于超导技术的迅速发展，从 20 世纪 70 年代初开始转而研究超导磁浮铁路. 1972 年首次成功地进行了 2.2 t 重的超导磁浮列车实验，其速度达到 50 km/h. 1977 年 12 月在宫崎磁浮铁路试验线上，最高速度达到了 204 km/h，到 1979 年 12 月又进一步提高到 517 km. 1982 年 11 月，磁浮列车的载人试验获得成功. 1995 年,载人磁浮列车试验时的最高时速达到 411 km. 为了进行东京至大阪间修建磁浮铁路的可行性研究，于 1990 年又着手建设山梨磁悬浮铁路试验线，首期 18.4 km 长的试验线已于 1996 年全部建设完成.

德国对磁浮铁路的研究始于 1968 年（当时的联邦德国）. 研究初期，常导和超导并重，到 1977 年，先后分别研制出常导电磁铁吸引式和超导电磁铁相斥式试验车辆，试验时的最高时速达到 400 km. 后来经过分析比较认为，超导磁浮铁路所需的技术水平太高，短期内难以取得较大进展，遂决定以后只集中力量发展常导磁浮铁路. 1978 年，决定在埃姆斯兰德修建全长 31.5 km 的试验线，并于 1980 年开工兴建，1982 年开始进行不载人试验. 列车的最高试验速度在 1983 年年底达到 300 km/h，1984 年又进一步增至 400 km/h. 目前，德国在常导磁浮铁路研究方面的技术已趋成熟.

【实验研究原理简述】

本实验装置由三部分组成：磁导轨支架、磁导轨和高温超导体.

磁导轨：是用椭圆形低碳钢板作磁轭，按上铺以钕铁硼永磁体，形成磁性导轨，两边轨道仅起保证超导体周期运动的磁约束作用.

高温超导体：是用熔融结构生长工艺制备的含 Ag 的 YBaCuo 系高温超导体，所以称为高温超导体是因为它在液氮温度 77 K（-196℃）下呈现出超导性，以区别于以往在液氦温度 42 K（−269℃）以下呈现超导特性的低温材料，样品形状为：圆盘状、直径 18 mm 左右、厚度为 6 mm，其临界转变温度为 90 K 左右（−183℃）. 当将一个永磁体移近 YBaCuo 系超导体表面时，磁通线从表面进入超导体内，在超导体内形成很大的磁通密度梯度、感应出高临界电流. 从而对永磁体产生排斥、排斥力随相对距离的减小而逐渐增大，它可以克服超导体的重力、使其悬浮在永磁体上方的一定高度上.

【实验设计与观察探索】

将超导体样品放入液氮中浸泡 3～5 min，再用手沿轨道水平方向轻推装样品（导体）的小车，则看到样品将沿磁轨道做周期性水平运动，直到温度高于临界温度（大约 90 K），样品落到轨道上.

【技术应用拓展】

据报道，美国"超回路 1 号"公司设计的时速超 1100 km 的磁悬浮"管道高铁经过测试已经达到预期目标. 结合你对磁悬浮列车的了解分析：磁悬浮列车在高速行驶的情况下，主要有哪些制约其速度的因素？有什么可行的方法可以避免？

实验探索3.11　电子阴极射线

【发展过程与前沿应用概述】

一百多年前，手艺高超的德国玻璃工人会制造一种能发出绿光的管子，有钱人家将它悬挂在客厅里做装饰品，以炫耀他们的富有．这种管子曾引起过很多科学家的兴趣，一位英国皇家学会会员化学家兼物理学家威廉·克鲁克斯对这种能发光的管子着了迷，很想弄清楚这些光线究竟是什么，他做了一根两端封有电极的玻璃管，将管内的空气抽出，使管内的空气变得十分稀薄，然后将高压加到两块电极上，这时在两极中间出现一束跳动的光线，这就是很多科学家潜心研究的稀薄气体中的放电现象．玻璃管内的空气越稀薄，越容易产生自激放电现象．但是，当玻璃管内的空气稀薄到一定程度时，管内的光线反而渐渐消失，而在阴极的对面玻璃管壁上出现了绿色荧光．这种阴极发射出来的射线，肉眼看不见，但能在玻璃管壁上产生辉光或荧光．科学家称这个神秘的绿色荧光叫"阴极射线"，称这些发光的管子叫"阴极射线管"，又称"克鲁克斯管"．

这种现象引起了许多科学家的浓厚兴趣，进行了很多实验研究．当在阴极和对面玻璃壁之间放置障碍物时，玻璃壁上就会出现障碍物的阴影；若在它们之间放一个可以转动的小叶轮，小叶轮就会转动起来．看来确实从阴极发出了一种看不见的射线，而且很像一种粒子流．在人们还没有弄清楚这种射线的庐山真面目之前，只好将它称为"阴极射线"．

关于阴极射线的本质，当时在国际上有两种截然不同的意见．大多数英国物理学家（如J.J.汤姆孙）认为阴极射线是一种带电的粒子流，因为它可以被电场或磁场偏转．汤姆孙等英国物理学家在实验中还测得阴极射线速度比光速小2个数量级．

最后到1897年，在汤姆孙的出色实验结果面前，真相才得以大白．汤姆孙在1897年得出结论：这些"射线"不是以太波，而是带负电的物质粒子．汤姆孙发现，不论射线是怎样产生的，对于射线中的粒子来说，都具有相同的荷质比值．例如，改变放电管的形状和管内气体的压力，可使粒子的速度发生很大的变化，但荷质比值不变．荷质比值不仅与速度无关，更令人惊奇的是，它与使用的阴极物质的种类、管内气体的种类也无关．阴极射线中的粒子应该来自电极或者来自管中的气体，但汤姆孙实验证明，用任何一种物质作电极，用任何气体充入放电管中，测得的荷质比值都不变．而且，测得的阴极射线粒子的荷质比值比以前已知的任何系统的荷质比都大得多，它比带电氢原子的荷质比值大1700倍．美国的物理学家罗伯特·密立根在1913年到1917年的油滴实验中，精确地测出了新的结果，前者是后者的1/1836．汤姆孙测得的结果肯定地证实了阴极射线是由电子组成的，人类首次用实验证实了一种"基本粒子"——电子的存在.

【实验研究原理简述】

阴极射线管是设有阴极和阳极的高真空玻璃管,阴阳极之间加上高电压时,从阴极发射电子,经其中的铝板狭缝而成电子束.电子束打在斜置于电子束放电通道的铝板上,因铝板上涂了少许荧光粉,电子束的径迹就通荧花而显示出来.在用磁铁靠近阴极射线管时,阴极射线(电子束)在洛伦兹力的作用下发生偏转,表现为径迹的偏转,以此来演示磁场对电子束的作用.

【实验设计与观察探索】

使用前将励磁线圈中间的包装箱取下,将洛伦磁管拿出并按缺口方向对准插座缺口安装好.管子安装好后请将管座上一只滚花螺钉转松,并检查转动是否灵活.将面板上"偏转板电压方向"打到"断路";将面板上"励磁电流方向"打到"断路";其余旋钮均逆时针转到底.

(1)观察电子束在磁场中的偏转,于 5 分钟后,调节加速极电压,可看到洛伦兹力管发射出的电子射线成直线径迹.转动洛伦兹力管,使角度指示为 90°.此时电了束径迹直线指向左边,与励磁线圈轴线垂直,将励磁电流方向开关扳到"逆时"位置,按右手螺旋法则可知道线圈产生的磁场平行于线圈轴线,方向朝向测试者,根据左手定则,可确定电子所受到的洛伦兹力方向朝下,于是可看到电子束径迹向下偏转,加大励磁电流,可看到偏转角度增大.

(2)观察电子束在匀强磁场中做圆周运动,逐渐加大励磁电流,可看到电子束径迹形成一个圆.

(3)观察电子束在三维空间的运动径迹.顺时针转洛伦兹力管,电子束方向和磁场方向平行时,电子不受磁场作用力,可看到电子束径迹为一直线,当电子束方向与磁场方向成交角时,看到电子束径迹呈螺旋线.

(4)观察电子束在电场作用下的偏转运动.将励磁电流幅值转到最小值,电流方向开关扳到"断路",使洛伦磁力管角度指示为 90°,将偏转板电压方向开关扳到"上正"位置,调节偏转板幅值旋钮,电子束上偏角度加大.加大加速极电压,电子束上偏角度变小.

【实验现象分析与思考】

将阴极射线管首次应用于示波器中(CRT)是德国物理学家布劳恩发明的,1897 年被用于一台示波器中才首次与世人见面.但 CRT 得到广泛应用则是在电视机出现以后,早期的"大头"电视机都属于此类,通过实验观察以及查阅相关资料分析 CRT 电视机的成像原理.

实验探索3.12 人体反应时间测试

【发展过程与前沿应用概述】

感受器从接收刺激到效应器发生反应所需要的时间称为反应时间. 通过测量反应时间可以了解和评定人体神经系统反射弧不同环节的功能水平. 机体对刺激的反应越迅速, 反应时间越短, 灵活性越好. 在引发交通事故的诸多因素中, 骑车人与驾驶员的身心素质尤为重要, 特别是其对信号灯及汽车喇叭的反应速度, 往往决定了交通事故的发生与否以及严重程度. 因此, 研究骑车人与汽车驾驶员在不同生理、心理状况下的反应速度, 对减少交通事故的发生, 保障自己和他人的生命安全有着重要意义.

【实验研究原理简述】

本测试系统结构合理实用、实验内容丰富, 可模拟骑车人的手刹或驾驶员的脚刹动作, 分别从视觉、听觉两个角度来研究人的反应时间, 同时, 应用该仪器可以分析酒后驾驶行为的反应特性, 另外, 还可以分组测试不同年龄段的人的反应时间.

【实验设计与观察探索】

应用该测试系统可以完成以下实验:
(1) 研究信号灯转变时骑车人或驾驶员的刹车反应时间;
(2) 研究听到汽车喇叭声时骑车人的刹车反应时间.
该仪器具有研究性和设计性实验的特点, 可让学生自行设计实验流程来研究不同个体在不同状况下的反应时间.

【实验现象分析与思考】

近年来, 随着私家车的普及, 交通事故也愈发频繁起来, 据统计在所有交通事故中, 两三成都是由接打电话造成的, 依据实验测试分析开车接电话对刹车反应时间的影响情况.

实验探索3.13　　看得见的声波

【发展过程与前沿应用概述】

声音的研究是人类最早进行的研究之一. 世界上最早的声学研究工作主要在音乐方面.《吕氏春秋》记载，黄帝令伶伦取竹作律，增损长短成十二律；伏羲作琴，三分损益成十三音. 三分损益法就是把管（笛、箫）加长三分之一或减短三分之一，这样听起来都很和谐，这是最早的声学定律. 传说在古希腊时代，毕达哥拉斯也提出了相似的自然律，只不过是用弦作基础.

声的传播问题很早就受到了注意，早在两千年前，中国和西方就都有人把声的传播与水面波纹相类比. 1635 年就有人用枪声测声速，此后方法又不断改进. 1738 年，巴黎科学院的科学家利用炮声进行测量，得到 0℃时空气声速为 332 m/s. 1827 年瑞士物理学家丹尼尔和法国数学家斯特姆在日内瓦湖进行实验，得到声在水中的传播速度是 1435 m/s，这在当时"声学仪器"只有停表和人耳的情况下，是非常了不起的成绩.

在封闭空间（如房间、教室、礼堂、剧院等）里面听语言、音乐，效果有的很好，有的很不好，这引起了人们对建筑声学或室内音质的研究. 但直到 1900 年赛宾得到了混响公式，才使建筑声学成为真正的科学.

1877 年，瑞利出版了两卷《声学原理》，书中集 19 世纪及以前两三百年的大量声学研究成果之大成，开创了现代声学的先河. 至今，特别是在理论分析工作中，还常引用这两卷巨著. 他开始讨论的电话理论，目前已发展为电声学.

20 世纪，由于电子学的发展，使用电声换能器和电子仪器设备，可以产生接收和利用任何频率、任何波形、几乎任何强度的声波，已使声学研究的范围远非昔日可比. 现代声学中最初发展的分支就是建筑声学和电声学以及相应的电声测量. 以后，随着频率范围的扩展，又发展了超声学和次声学；由于手段的改善，进一步研究听觉，发展了生理声学和心理声学；由于对语言和通信广播的研究，发展了语言声学.

在第二次世界大战中，开始把超声广泛地应用到水下探测，促使水声学得到很大的发展. 20 世纪初以来，特别是 20 世纪 50 年代以来，全世界由于工业、交通等事业的巨大发展，出现了噪声环境污染问题，而促进了噪声、噪声控制、机械振动和冲击研究的发展. 高速大功率机械应用日益广泛，非线性声学受到普遍重视. 此外还有音乐声学、生物声学. 多个分支学科的发展逐渐形成了完整的现代声学体系.

【实验研究原理简述】

声音是由振动造成的，不同的声音有不同的波形，声波波形中表现声音轻或响的部分称为振幅；使声音音调有高有低的部分称为频率. 波长是相邻两个波谷（波峰）间的距离. 本实验可以让你看到声音的振动和波的传递形式. 看到的彩色弦虚影就是振幅及波峰或波谷的振动变化.

【实验设计与观察探索】

用手转动黑白相间的转筒，然后拨动琴弦，利用运动的黑白间隔条来观察琴弦的振动. 转动转筒，接着拨动吉他弦并观察声波起伏的模式. 被拨动的吉他弦通常摆动很快，不容易被人眼所看到. 但是由于视觉暂留现象，旋转转筒上的黑白色线条就像闪光灯，"冻结"了这些吉他弦摆动的动作. 弦绷得越紧，所听到的音调就越高. 同时我们看到弦摆动的幅度减小，次数增加.

【实验现象分析与思考】

一般的民谣吉他有 6 根弦，每一根的粗细都不一样，通过调节琴钮可以使每一根琴弦发出需要的声调，在具体的演奏中，演奏者可以通过按压琴颈不同的位置使吉他发出不同的和弦. 试用本实验所学到的知识分析吉他的发声原理.

实验探索3.14　全球定位系统

【发展过程与前沿应用概述】

GPS 是 Global Positioning System（全球定位系统）的简称. GPS 起始于 1958 年美国军方的一个项目，1964 年投入使用. 20 世纪 70 年代，美国陆海空三军联合研制了新一代卫星定位系统 GPS. 主要目的是为陆海空三大领域提供实时、全天候和全球性的导航服务，并用于情报搜集、核爆监测和应急通信等一些军事目的，经过 20 余年的研究实验，耗资 300 亿美元，到 1994 年，全球覆盖率高达 98%的 24 颗 GPS 卫星星座已布设完成.

GPS 具有性能好、精度高、应用广的特点，是迄今最好的导航定位系统. 随着全球定位系统的不断改进，硬、软件的不断完善，应用领域正在不断地开拓，已遍及国民经济各种部门，并开始逐步深入人们的日常生活. 经近 10 年中国测绘等部门的使用表明，GPS 以全天候高精度、自动化高效益等显著特点，赢得广大测绘工作者的信赖，并成功地应用于大地测量、工程测量、航空摄影测量、运载工具导航和管制、地壳运动监测、工程变形监测、资源勘察、地球动力学等多种学科，从而给测绘领域带来了一场深刻的技术革命.

【实验研究原理简述】

GPS 定位的基本原理是根据高速运动的卫星瞬间位置作为已知的起算数据，采用空间距离后方交会的方法，确定待测点的位置.

本系统主要包括：定位装置，搭载 4 个超声波接收模块，用于模拟 4 颗导航卫星；定位目标，可控二自由度运动小车，搭载超声波发射模块，用于模拟 GPS 接收器；控制部分，电脑端控制程序以及无线通信装置，用于数据采集、数据处理以及图像绘制.

【实验设计与观察探索】

定位：通过收发超声波进行精确测距，通过 4 个接收模块和 1 个发射模块实现定位. 定位目标（小车）可在定位区域（100 cm × 100 cm）范围内自由运动，并实现对小车的实时定位，同时在电脑屏幕上实时显示小车轨迹和朝向.

导航：在电脑屏幕上可直接通过点击鼠标来控制小车的行进和转向，实现导航.

【技术应用拓展】

GPS 定位技术早已被应用到社会的各个领域. 而手机也早已把 GPS 定位作为增值业务镶嵌进去, 随着智能手机的普及, 越来越多的人使用手机 GPS 进行定位, 手机 GPS 定位功能给用户带来了很多的便捷和乐趣, 但与此同时, 用户位置信息被随意窃取的现象愈演愈烈, 通过观察实验以及查阅相关资料分析有何方法可以避免在使用 GPS 手机定位的同时不泄露个人信息.

实验探索3.15　电磁炮

【发展过程与前沿应用概述】

　　电磁发射的概念可以追溯到 100 年前，1845 年哥伦比亚学院的哈里斯教授制造了世界上第一台线圈式电磁炮，他采用电池供电. 1901 年 10 月 16 日挪威奥斯陆大学物理学家伯克兰教授第一个获得了"电火炮"专利，在奥斯陆的科学博物馆里仍保存着这个实物，这是电磁发射技术发展的里程碑. 在以后他相继又申请了 2 个专刊，伯克兰教授提出的许多观点延续至今. 1916 年 6 月 22 日法国科学家 Fauchon 等申请了第一个导轨炮专利. 该装置在 2 m 内将 50 g 的弹丸加速到 200 m/s，供电电压为 40~50 V，电流为 5 kA. 他也是第一个阐述导轨炮和线圈炮的差别，提出电磁发射器概念武器化的潜在可能性和利用电磁力发射有翼炮弹设想的人. 在此期间美国和俄罗斯的科学家也对电磁发射进行了研究.

　　第二次世界大战之后，随着航空兵和导弹技术的崛起，火炮地位急剧下降，在海空战场一度沦为配角. 随着现代电磁发射技术的逐步成熟，电磁炮逐步取代传统火炮已成大势所趋. 第二次世界大战期间，电磁发射研究在德国达到了一个高潮. 1944 年德国科学家 Hansler 等从原理上阐述了导轨炮走向实用化面临的两个难题：一是电枢，二是电源. 这两个问题直到现在仍在困扰着我们. Hansler 等进行了大量的实验研究，在 2 m 长导轨内将 10 g 重的发射体加速到 1500 m/s，同时脉冲电源也得到了进一步的发展. 设计了针对防空用的电磁炮，提出了使用电磁炮推进代替火箭的设想，并计划使用该装置在法国袭击英国. 同期日本也对电磁炮进行了深入的研究. 进入 20 世纪 80 年代，电磁发射引起了各国军方的极大关注，纷纷投入大量的人力、物力对电磁发射进行试验研究，其中主要包括美国、俄罗斯、英国、法国、日本、以色列、德国、荷兰、中国等，其中美国处于领先地位.

　　我国电磁炮的理论论证在 20 世纪 80 年代中期就基本完成，从那时起就开始进行实用化的研究，经过近 20 年的努力，已经结出丰硕的成果，2007 年进入部分装备部队进行量产前的定型试用.

【实验研究原理简述】

　　电磁炮是利用电磁力代替火药爆炸力来加速弹丸的电磁发射系统，它主要由电源、高速开关、加速装置和炮弹 4 部分组成. 根据通电线圈之间磁场的相互作用原理. 加速线圈固定在炮管中，当它通入交变电流时，产生的交变磁场就会在弹丸线圈中产生感应电流. 感应电流的磁场与加速线圈电流的磁场互相作用，产生洛伦兹力，使弹丸加速运动并发射出去.

【实验设计与观察探索】

（1）把靶放在炮弹前进方向，估计好炮弹应打到的位置；

（2）把金属炮弹放进炮膛中，要使炮弹全部进入，这样便于炮弹射出；

（3）按下启动按钮后，线圈通入励磁电流，放入的炮弹因电磁感应，快速向前飞出；

（4）观察炮弹飞出的现象，距离、高度、冲击力、击中目标（位置）重复性等物理参数；

（5）发射时请勿站在炮筒尾部．不要长时间频繁通电，防止线圈发热过度，影响使用寿命．

【技术应用拓展】

据报道，美国最新研制的电磁炮可以在瞬间击穿 8 块钢板．结合对本试验装置的观察，思考要想提高炮弹射速，需要考虑哪些因素？

实验探索3.16　光通信演示

【发展过程与前沿应用概述】

光纤通信技术已成为现代通信的主要支柱之一，在现代电信网中起着举足轻重的作用. 光纤通信作为一门新兴技术，近几年来发展速度非常快、应用面非常广.

1880 年，美国人贝尔发明了用光波做载波传送语音的"光电话"，该光电话就是现代光通信的雏形. 1960 年，美国人梅曼发明了第一台红宝石激光器，给光通信技术带来了新的希望，正是激光器的发明及应用，才使得沉睡了 80 年的光通信技术进入了一个崭新的阶段. 自 1976 年开始，光纤通信系统进入实质性实验阶段. 1989 年，第一条横跨太平洋的海底光缆通信系统建成，自此，光纤通信系统的建设于全世界范围内全面展开.

光纤通信的发展史虽然只有二三十年，但由于它无比的优越性，使它成为了现代化通信网络中最为重要的传输媒介. 国外光纤通信的研究刚起步不久，我国从 1974 年就开始了光纤通信的基础研究，并在几年之内就取得了阶段性的研究成果. 在光纤研制方面，我国对国际上现有的光纤类型都在跟踪研究并有了成果，武汉邮电科学研究院和长飞公司研制的非零色散位移光纤已经开始使用. 其他如色散补偿光纤、偏振保持光纤、掺饵光纤、数据光纤、塑料光纤等均能达到生产阶段. 光有源器件的研制在掺饵光纤激光器、主动锁模光纤环形激光器、被动锁模光纤环形激光器、光纤光栅激光器、增益平坦 EDFA、高增益低噪声 EDFA、掺饵光纤均衡放大器、DFB-LD 与 EA 型外调制器的集成器件等方面都有显著进展.

近几年来，随着技术的进步，电信管理体制的改革以及电信市场的逐步全面开放，光纤通信的发展又一次呈现了蓬勃发展的新局面.

就目前来看，影响光纤接入网发展的主要原因不是技术，而是成本，光纤接入网的成本仍然太高. 因此，研究新一代光接入网技术，降低生产成本，真正实现光纤到户，是目前光纤通信的一大发展目标.

光纤通信作为当今世界主流的通信方式，经过几十年的发展已经较为完善，整个人类社会也能感受到光纤通信系统所带来的方便. 而伴随着信息社会的高速发展，人们对信息传递的要求随之加大，光纤通信技术的研究任重而道远，毕竟，光纤通信技术还有着不可限量的发展前景.

【实验研究原理简述】

光通信用光作为载波来传输信息，就像是无线电通信用无线电波作为载波来传输信息. 光通信可分为直接检波通信（光强调制）和相干光通信（光频率调制）.

要传递信息，首先要把光进行调制，即把要传递的信息加在光上. 光调制有很多方法，常见的有光直接调制、电调制、磁调制、声调制等. 本实验用的是最简单的光直接调制. 光直接调制是指把要传递的交流电信号与直流电源电压变化和信号强弱变化一致（图 3.16.1）. 当要传递的声音或图象信息通过话筒或摄像装置转换成的电信号与直流电压同时加在光源上时，光源发出的光的强度变化与电信号变化相同. 这种被信号调制的光，通过光纤或直接通过大气传输后，到达光转换器，光纤转换器可将光信号转换成电信号，并对调制光进行解调. 再经过放大器放大后，通过扬声器或显示器还原成声音或图象.

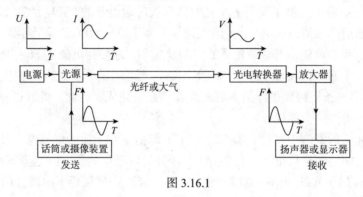

图 3.16.1

【实验设计与观察探索】

（1）将 DVD 机器的视频、音频输出插座用连接电缆接到实验仪器的音频、视频输入插座上；

（2）将实验仪器的视频、音频输出插座用连接电缆接到显示器的音频、视频输入插座上；

（3）接通电源，打开电源开关，即可观察到：输入的音频、视频信号通过发射器将信息叠加调制到作为信息信号载体的载波上，然后将已调制的载波通过传输媒质即光纤传送到远处的接收端，由接收机解调出原来的信息；

（4）同样，也可以把摄像机输出的视频信号或者无线麦克风输出的音频信号送入信号输入，做比较实验.

【技术应用拓展】

光通信中信号的传播很大程度上要依赖光纤，这就需要在实施过程中铺设大量的光纤光路，思考既然光的传播不需要介质，可否实现自由空间的光通信？

实验探索3.17　静电现象展示

【发展过程与前沿应用概述】

2500 年前左右，古希腊哲学家塔勒斯在研究天然磁石的磁性时发现用丝绸、法兰绒摩擦琥珀之后也有类似于磁石能吸引轻小物体的性质．所以，塔勒斯成为有历史记载的第一个静电实验者．3 世纪，晋朝张华的《博物志》中也有关于静电的记载："今人梳头，解著衣，有随梳解结，有光者，亦有咤声"这里记载了头发因摩擦起电发出的闪光和噼啪之声．

但直到 16 世纪，除了偶尔发现埃尔摩火外，对静电别无其他记载．埃尔摩火是发生在船桅杆上或其附近的发光现象．在航行于地中海上的水手中间长久流传着一个"神火"的故事，他们在暴雨即将来临的危急时刻，多次地发现在桅杆尖上有一种不祥的火光，开始时水手们把它看成末日的来临．但当他们多次平安脱险后，这火光反而变成了安慰的源泉．水手们把它命名为圣·埃尔摩火，用来象征他们所信仰的圣徒埃尔摩的保护．

1678 年盖利克制造了第一个摩擦静电起电机．他把硫磺粉碎熔化后灌入一个直径为 6 in①的空玻璃球内，在其中间插入一条木棒作为轴，硫磺冷却后，把玻璃球破碎，做成一个硫磺球．当球迅速转动并用布或直接用手摩擦硫磺球时能产生很大的火花．1709 年英国科学家弗兰克西做了一个类似于盖利克的静电发生器，用一个大轮带动一个小轮使得球转得更快，他计算出球的线速度达到 29 in/s，当用毛皮摩擦球时，强烈的放电会使球发出绿光．当他把脸贴近带电球时他觉得有一股微风吹来．这种摩擦静电起电机经过不断改进，后来在静电实验中起过重要的作用，直到 19 世纪霍尔兹和特普勒分别发明感应起电机后才被取代．他还发明了第一个静电计．把弯曲的稻草挂在绝缘的金属棒的一端，他发现当带电体接近时稻草会时排斥而张开．他的另一个重大发现是：当把两个相距 1 in 的球放在一起，而摩擦其中之一时，两球都发光，这一现象在当时他并不了解，实际上这就是静电感应现象．

在 20 世纪初，静电学也从实验和科学阶段走向实际应用的阶段．但是应用面较窄，仅在静电除尘方面有些应用．虽然 1824 年霍尔菲尔德第一次演示了静电收尘实验．但 1907 年克特雷尔才制造出了世界上第一台实际应用的静电除尘器用于捕集硫酸酸雾．静电除尘器在控制酸雾排放上的成功，迅速导致其在其他工业烟尘污染源中的应用．

在 20 世纪中期，随着工业生产的高速发展以及高分子材料的迅速推广应用，

---

① 1 in=2.54 cm.

一方面，一些电阻率很高的高分子材料如塑料、橡胶等制品的广泛应用以及现代生产过程的高速化，使得静电能积累到很高的程度；另一方面，随着静电敏感材料的生产和使用，如轻质油品、火药、固态电子器件等，工矿企业部门受静电的危害也越来越突出，静电危害造成了相当严重的后果和损失. 它曾造成电子工业年损失达上百亿美元，这还不包括潜在的损失. 在航天工业，静电放电造成火箭和卫星发射失败，干扰了航天飞行器的运行. 在石化工业，美国从 1960 年到 1975 年由于静电引起的火灾爆炸事故达 116 起. 1969 年年底在不到一个月的时间内荷兰、挪威、英国 3 艘 20 万吨超级油轮洗舱时产生的静电引起相继发生爆炸以后引起了世界科学家对静电防护的关注. 我国近年来在石化企业曾发生 30 多起较大的静电事故，其中损失达百万元以上的有数起. 例如，上海某石化公司的 2000 m^3 甲苯罐，山东某石化公司的胶渣罐，抚顺某石化公司的航煤罐等都因静电造成了严重火灾爆炸事故. 第二次世界大战后许多工业发达国家都建立了许多静电科研机构从事静电研究.

【实验研究原理简述】

任何物质都是由原子组合而成，而原子的基本结构为质子、中子及电子. 科学家定义质子带正电，中子不带电，电子带负电. 在正常状况下，一个原子的质子数量与电子数量相同，正负电平衡，所以对外表现出不带电的现象. 但是由于外界作用如摩擦或以各种能量如动能、位能、热能、化学能等形式作用会使原子的正负电不平衡. 在日常生活中所说的摩擦实质上就是一种不断接触与分离的过程. 有些情况下不摩擦也能产生静电，如感应静电起电、热电起电、压电起电、亥姆霍兹层起电、喷射起电等. 任何两个不同材质的物体接触后再分离，即可产生静电，而产生静电的普遍方法，就是摩擦生电. 材料的绝缘性越好，越容易产生静电. 因为空气也是由原子组合而成，所以可以这么说，在人们生活的任何时间、任何地点都有可能产生静电. 要完全消除静电几乎不可能，但可以采取一些措施控制静电使其不产生危害.

静电是通过摩擦引起电荷的重新分布而形成的，也有由于电荷的相互吸引引起电荷的重新分布而形成的. 一般情况下原子核的正电荷与电子的负电荷相等，正负平衡，所以不显电性. 但是如果电子受外力而脱离轨道，造成不平衡电子分布，比如实质上摩擦起电就是一种造成正负电荷不平衡的过程. 当两个不同的物体相互接触并且相互摩擦时，一个物体的电子转移到另一个物体，就因为缺少电子而带正电，而另一个得到一些剩余电子的物体而带负电，物体带上了静电.

【实验设计与观察探索】

（1）静电跳球. 开启电源使两极板分别带正、负电荷. 此时金属球也带有与下板同号的电荷. 同号电荷相斥, 异号电荷相吸, 小球受下极板的排斥和上极板的吸引, 跃向上极板与之接触后, 小球所带的电荷被中和反而带上与上极板相同的电荷, 于是又被排向下极板. 如此周而复始, 可观察到球在容器内的上下跳动.

（2）静电摆球. 开启电源, 使两极分别带正、负电荷. 这时导体小球两边分别被感应出与邻近极板异号的电荷. 球上感应电荷又反过来使极板上的电荷分布改变, 从而使两极板间电场分布发生变化. 球与极板相距较近的这一侧空间场强较强, 因而球受力较大, 而另一侧与极板距离较远, 空间场强较弱, 受力较小, 这样球就摆向距球近的一极板. 当球与这极板相接触时, 与上面同样的道理使球又摆回来. 不断调节电源, 球就在两板间往复摆动, 并发出乒乓声.

（3）静电除尘. 将器皿内的起烟物点燃. 然后将器皿放入玻璃盒, 可看到浓烟从玻璃筒内袅袅上升, 自顶端逸出. 开启电源, 玻璃筒顶端即刻停止冒烟. 这是因为玻璃筒内部形成的电场靠近轴处较强, 空气分子在强电场中电离, 形成正负离子, 这些离子与烟粒相遇, 使烟粒分别带上正、负电荷, 它们在电场的作用下, 沉积在玻璃筒壁和中心铜线上.

（4）静电植绒. 开启电源, 当上下两极金属板各带有正、负电荷时, 此时绒丝也带有与下板同号的电荷. 由于同种电荷相斥、异种电荷相吸的原理, 绒丝受下极板的排斥和上极板的吸引, 跃向上极板.

（5）静电屏蔽. 开启电源, 外部的丝线在开启电源后会飘起来, 而内部的丝线还是垂直下落, 这是因为电荷只集中在导体（法拉第笼）的外部, 外部的丝带带电, 相互排斥而飘起来, 内部的丝带不带电荷, 不受外力作用.

【实验现象分析与思考】

人们在日常生活里, 有时由于穿着、气候、摩擦等原因, 经常导致身体积累静电, 而突然与他人碰触或者触碰金属时, 就会遭受轻微的点击, 给生活带来极大的不便. 通过对本实验的观察, 思考当遇到上述问题时, 可以采取哪些办法避免电击?

实验探索3.18　汽车驾驶模拟器

【发展过程与前沿应用概述】

国际上,汽车驾驶模拟器的研制与开发非常早. 使用汽车驾驶培训模拟器来熟悉驾驶技能,这在发达国家早已被广泛推广. 19世纪70年代,美国就在很多驾校中配备了模拟训练器.

汽车驾驶模拟器如今早已成为探索汽车性能,研究驾驶员、汽车、道路这三方面之间关系的主要工具. 19世纪80年代,瑞典的VDI公司出资建立了汽车驾驶模拟器实验室,用于车辆制造和交通安全环境改善的探索与开发. 1989年,美国的通用汽车公司,也开始进行开发型汽车驾驶模拟器的研制工作. 该公司迄今为止已经开发出了三代产品,通用汽车研制的汽车驾驶模拟器的各项性能指标均领先于世界水平. 1995年,日本的杰瑞汽车研究所也建成了带有体感模拟系统的汽车驾驶模拟器.

随着时代的发展变迁,汽车驾驶培训模拟器越来越多的被应用于现实生活中,未来占据市场份额比重较大的会是这么两类,一类是便于携带或移动的简单被动式汽车驾驶模拟器,成本低、体积小,更多地被驾培人员购置于家中使用;另一类是人机工程学与虚拟现实技术得到充分应用和开发、体感逼真的高级汽车驾驶模拟器,这种设备主要是以驾培机构与汽车研究公司为客源. 使用的功用与场合会进一步拓展. 相信在不久的将来,汽车驾驶模拟器将会不仅只是用来进行驾驶员的培训,这一设备,也许会被更广泛地应用于赛车技术研究、道路设计和城市布局规划、应急救援行驶模拟等多个方面,甚至还可以用于部队的军事技能训练之中.

【实验研究原理简述】

汽车驾驶模拟器(Vehicle Driving Simulator, VDS)将虚拟现实技术应用于汽车驾驶系统中,通过计算机技术产生汽车行驶过程中的虚拟视景、音响效果和运动仿真,使驾驶员沉浸到虚拟驾驶环境中,产生实车驾驶感觉,从而体验、认识和学习现实世界中的汽车驾驶,既能安全、有效地提高驾驶员技术水平,又能降低各种费用. 汽车驾驶模拟器作为交通安全系统的重要组成部分,能够提高驾驶员的安全意识,降低事故发生率,正日益受到国内外交通安全领域的广泛关注.

驾驶员操纵操作部件,使得与操作部件直接相连的传感器发生变化,从而引起电信号的变化. 信号采集及处理子系统按照一定的精度定期采集传感器上的电信号,并进行滤波等处理. 处理后的信号作为车辆动力学模型子系统的输入,经过车辆动力学模型模拟运算,计算出车辆的当前状态,如发动机转速、发动机输出扭矩、车速、车辆当前的位置等信息. 车辆动力学模型计算出的结果送入显示系统进行图形显示、送入音响系统进行声音模拟以及送入仪表系统进行仪表显示.

【实验设计与观察探索】

（1）打开模拟器主电源；

（2）用鼠标进入汽车模拟系统；

（3）选择要进行训练的项目.

【技术应用拓展】

2014 年 3 月 26 日，Oculus VR 被 Facebook 以 20 亿美元收购，再次引爆全球 VR 市场. 三星、HTC、索尼、雷蛇、佳能等科技巨头组团加入，都让人看到了这个行业正在蓬勃发展，国内，目前已经出现数百家 VR 领域的创业公司，覆盖全产业链环节，如交互、摄像、现实设备、游戏、视频等. 结合本实验，思考汽车驾驶模拟器能否也采用当前最新的 VR 技术？前景如何？

实验探索3.19 能量穿梭机

【发展过程与前沿应用概述】

能量穿梭机其主要功能是将滚球以多种方式输送到展品的顶端，再借助其势能沿着多种轨道或急冲直下，或缓缓平滚，或盘旋而下，或逆势上扬，或跳跃前行，以多种姿态在运动轨迹中完成多种声、光、电的节目，在运动中完成能量转换及动量传递.

香港科学馆里最大的展品是能量穿梭机，更是现今世界上同类型展品中最大的一件. 能量穿梭机高 22 米，并分甲塔、乙塔及接驳廊 3 个部分，轨道全长超过 1.6 km，最长的路线也要以最少 1 分 30 秒才能走完. 能量穿梭机利用约 24 个合成纤维制成、重 2.3 kg、直径 19 cm 的滚球，由中央电脑控制的开关装置及轨道选择装置将圆球有系统地送往不同轨道滚动，并令各种乐器产生各种不同的声音、霓虹灯及部分设施的移动，表达出势能转化为动能、声能及光能等.

【实验研究原理简述】

能量守恒定律指出自然界的一切物质都具有能量，能量既不能创造也不能消灭，而只能从一种形式转换成另一种形式，从一个物体传递到另一个物体，在能量转换和传递过程中能量的总量恒定不变.

钢体小球不断地做着圆周运动、斜抛运动、惯性运动、螺旋运动、玫瑰线运动、弹性运动、模拟天体运动等各种运动，以此实现势能、动能之间的相互转换与传递，最后回到出发点. 展示了力学中的能量转换、能量守恒、动量传递及动量守恒原理，是一项科学性与娱乐性极强的展品.

【实验设计与观察探索】

按下开关即可观察小球做各种运动的现象，并思考物理过程.

【实验现象分析与思考】

通过观察实验，分析在整个装置中有多少种能量的转化，并且探讨其能量损失的方式.

实验探索3.20　太阳能电池

【发展过程与前沿应用概述】

太阳能电池又称为"太阳能芯片"或"光电池"，是一种利用太阳光直接发电的光电半导体薄片. 它只要被满足一定照度条件的光照到，瞬间就可输出电压及在有回路的情况下产生电流. 在物理学上称为太阳能光伏（photovoltaic，PV），简称光伏.

术语"光生伏特（photovoltaics）"来源于希腊语，意思是光、伏特和电气的，来源于意大利物理学家亚历山德罗·伏特的名字，在亚历山德罗·伏特以后，"伏特"便作为电压的单位使用.

以太阳能发展的历史来说，光照射到材料上所引起的"光起电力"行为，早在 19 世纪的时候就已经发现了. 1839 年，光生伏特效应第一次由法国物理学家贝克勒尔发现. 1849 年术语"光-伏"才出现在英语中.

1883 年第一块太阳电池由查尔斯·弗里茨制备成功. 他在硒半导体上覆上一层极薄的金层形成半导体金属结，器件只有 1%的效率. 到了 20 世纪 30 年代，照相机的曝光计广泛地使用光起电力行为原理. 1946 年拉塞尔申请了现代太阳电池的制造专利.

到了 20 世纪 50 年代，随着对半导体物性的逐渐了解，以及加工技术的进步，1954 年当美国的贝尔实验室在用半导体做实验发现在硅中掺入一定量的杂质后对光更加敏感这一现象后，第一个实用的太阳能电池在 1954 年诞生在贝尔实验室. 太阳电池技术的时代终于到来. 自 1958 年起，美国发射的人造卫星就已经利用太阳能电池作为能量的来源. 20 世纪 70 年代的能源危机，让世界各国察觉到能源开发的重要性.

1973 年发生了石油危机，人们开始把太阳能电池的应用转移到一般的民生用途上. 在美国、日本和以色列等国家，已经大量使用太阳能装置，更朝着商业化的目标前进. 在这些国家中，美国于 1983 年在加州建立了世界上最大的太阳能电厂，它的发电量可以高达 16 000 kW. 南非、博茨瓦纳、纳米比亚和非洲南部的其他国家也设立专案，鼓励偏远的乡村地区安装低成本的太阳能电池发电系统. 而推行太阳能发电最积极的国家首推日本. 1994 年日本实施补助奖励办法，推广每户 3000 W 的"市电并联型太阳光电能系统". 在第一年，政府补助 49%的经费，以后的补助再逐年递减. "市电并联型太阳光电能系统"是在日照充足的时候，由太阳能电池提供电能给自家的负载用，若有多余的电力则另行储存. 当发电量不足或者不发电的时候，所需要的电力再由电力公司提供. 到 1996 年，日本有 2600 户装置太阳能发电系统, 装设总容量已经有 8000 kW. 一年后, 已经有 9400 户装置, 装设的总容量也达到了 32 000 kW. 随着环保意识的高涨和政府补助金制度的支持, 预估日本家用太阳能电池的需求量也会急速增加.

【实验研究原理简述】

太阳电池是一种可以将能量转换的光电元件, 其基本构造是运用 P 型与 N 型半导体接合而成的. 半导体最基本的材料是"硅", 它是不导电的, 但如果在半导体中掺入不同的杂质, 就可以做成 P 型与 N 型半导体, 再利用 P 型半导体有个空穴 (P 型半导体少了一个带负电荷的电子, 可视为多了一个正电荷), 与 N 型半导体多了一个自由电子的电位差来产生电流, 所以当太阳光照射时, 光能将硅原子中的电子激发出来, 而产生电子和空穴的对流, 这些电子和空穴均会受到内建电位的影响, 分别被 N 型及 P 型半导体吸引, 而聚集在两端. 此时外部如果用电极连接起来, 便形成一个回路, 这就是太阳电池发电的原理.

简单地说, 太阳光电的发电原理, 是利用太阳电池吸收 0.4~1.1 μm 波长 (针对硅晶) 的太阳光, 将光能直接转变成电能输出的一种发电方式.

由于太阳电池产生的电是直流电, 因此若需提供电力给家电用品或各式电器则需加装直/交流转换器, 换成交流电, 才能供电至家庭用电或工业用电.

【实验设计与观察探索】

打开照明灯的电源开关, 使灯光照射到电池板上, 用连接线将电池板与需要演示的实验模块连接起来, 观察各种能量的转化.

【技术应用拓展】

美国科幻电影《火星救援》中有这么一段剧情: 男主角要开着火星漫游车穿越 3200 km 到达指定火星上的另一个救援地. 而当时, 要跨越 3200 km, 没有任何现成的能源补给站 (那个几近蛮荒的火星上没有加油站、充电站), 电力来源如何解决? 是否可以采取太阳能发电?

实验探索3.21　窥视无穷

【发展过程与前沿应用概述】

在古装影视剧中,我们经常看到人们拿的镜子是由铜制成的. 可是金属的镜子在空气里很快就会变晦暗. 随后慢慢地有人想到,可以用玻璃把金属面盖起来防止它接触空气——就像我们现在把照片放在玻璃镜框里一样,这就有了玻璃镜子. 在很长时间里,镜子是这样制成的:在一块玻璃上放一张锡箔,上面浇上水银. 水银能溶解锡. 这样制成的液体有一种特性——它会牢固地粘附在玻璃上. 把玻璃稍稍倾侧一下、让多余的水银流掉. 照这样,把整块玻璃都涂上均匀的一层金属,要花费整整一个月时间.

科学家李比希提出了另外一种更好的方法. 在玻璃上浇上一种特殊的溶液,这种溶液里会有银沉淀出来,银慢慢沉淀在玻璃上,半个小时时间,玻璃上就涂上了一层发亮的薄膜. 为了保护这层薄膜,在上面再涂上一层漆.

【实验研究原理简述】

根据平面镜的多次反射原理在画面中表现出的空间深度（图 3.21.1）. 光线在两面平行放置的平面镜之间多次反射,形成一连串的镜像,第一次反射形成的是物的像,以后就是像的像,由于镜面反射光总是弱于入射光(有一少部分被吸收).所以这种反射不是无限次的(反射的次数越多,像就越暗、越模糊). 而且,每反射一次,像与镜的距离就扩大一倍. 所以形成的像就组成了一个"长廊"或者一个

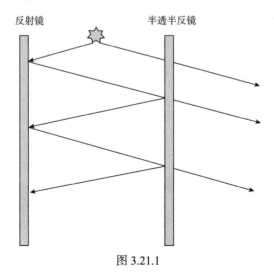

反射镜　　　　　　　半透半反镜

图 3.21.1

"深渊". 由于远小近大的透视原理, 所以像看起来就越来越小, 像与像的间距也就越来越小. 使人觉得两镜之间无限深远.

【实验设计与观察探索】

1. 万丈深渊

走上展台, 透过玻璃向下一看, 感觉脚下就是可怕的万丈深渊.

2. 窥视无穷

打开电源, 观察实验仪, 可以看到一个无穷长的通道.

【实验现象分析与思考】

为什么装置外面的人或物体不能形成多次反射 (如装置图 3.21.1 所示)? 多次反射在家居生活中有什么应用?

实验探索3.22　压电效应与逆压电效应

【发展过程与前沿应用概述】

所谓压电效应是指某些介质在力的作用下，产生形变，引起介质表面带电，这是正压电效应. 反之，施加激励电场，介质将产生机械变形，称逆压电效应. 这种奇妙的效应已经被科学家应用在与人们生活密切相关的许多领域，以实现能量转换、传感、驱动、频率控制等功能.

1880 年，居里兄弟首先发现了电气石的压电效应，从此开始了压电学的历史. 第 2 年，居里兄弟用实验又再次验证了逆压电效应，给出了与石英相同的正逆压电常数.

1894 年，沃德马·沃伊特指出，仅无对称中心的 20 种点群的晶体才有可能具有压电效应，石英是压电晶体的一种代表.

第一次世界大战，居里的继承人郎之万，最先利用石英的压电效应，制成了水下超声探测器，用于探测潜水艇，从而揭开了压电应用史的篇章.

第二次世界大战中发现了 BaTiO3 陶瓷，压电材料及其应用取得划时代的进展. 1946 年美国麻省理工学院绝缘研究室发现，在钛酸钡铁电陶瓷上施加直流高压电场，使其自发极化沿电场方向择优取向，除去电场后仍能保持一定的剩余极化，使它具有压电效应，从此诞生了压电陶瓷.

1947 年，美国罗伯茨在 BaTiO3 陶瓷上，施加高压进行极化处理，获得了压电陶瓷的电压性，随后，日本积极开展利用 BaTiO3 压电陶瓷制作超声换能器、高频换能器、压力传感器、滤波器、谐振器等各种压电器件的应用研究，这种研究一直进行到 20 世纪 50 年代中期.

1955 年，美国杰夫等发现了比 BaTiO3 压电性更优越的 PZT 压电陶瓷，促使压电器件的应用研究又极大地向前迈进了一大步. BaTiO3 时代难于实用化的一些用途，特别是压电陶瓷滤波器和谐振器，随着 PZT 的问世，而迅速地实用化，应用声表面波（SAW）的滤波器、延迟线和振荡器等 SAW 器件，在 20 世纪 70 年代后期也取得了实用化.

压电陶瓷具有敏感的特性，可以将极其微弱的机械振动转换成电信号，可用于声纳系统、气象探测、遥测环境保护、家用电器等. 地震是毁灭性的灾害，而且震源始于地壳深处，以前很难预测，使人类陷入了无计可施的尴尬境地.

压电陶瓷在电场作用下产生的形变量很小，最多不超过本身尺寸的千万分之一，别小看这微小的变化，基于这个原理制做的精确控制机构——压电驱动器，对于精密仪器和机械的控制、微电子技术、生物工程等领域都是一大福音.

谐振器、滤波器等频率控制装置,是决定通信设备性能的关键器件,压电陶瓷在这方面具有明显的优越性.它频率稳定性好,精度高及适用频率范围宽,而且体积小、不吸潮、寿命长,特别是在多路通信设备中能提高抗干扰性,使得以往的电磁设备只能望其项背并且面临着被替代的命运.

可以说,压电陶瓷虽然是新材料,却颇具平民性.它可用于高科技,但更多地是在生活中为人们服务,创造美好的生活.

【实验研究原理简述】

压电效应的原理是,如果对压电材料施加压力,它便会产生电位差(称之为正压电效应),反之施加电压,则产生机械应力(称为逆压电效应).如果压力是一种高频震动,则产生的就是高频电流.而高频电信号加在压电陶瓷上时,则产生高频声信号(机械震动),这就是我们平常所说的超声波信号.也就是说,压电陶瓷具有机械能与电能之间的转换和逆转换的功能,这种相互对应的关系确实非常有意思.

正压电效应是指,当晶体受到某固定方向的外力作用时,内部就产生电极化现象,同时在某两个表面上产生符号相反的电荷;当外力撤去后,晶体又恢复到不带电的状态;当外力作用方向改变时,电荷的极性也随之改变;晶体受力所产生的电荷量与外力的大小成正比.压电式传感器大多是利用正压电效应制成的.

逆压电效应是指,对晶体施加交变电场引起晶体机械变形的现象.用逆压电效应制造的变送器可用于电声和超声工程.压电敏感元件的受力变形有厚度变形型、长度变形型、体积变形型、厚度切变型、平面切变型5种基本形式.压电晶体是各向异性的,并非所有晶体都能在这5种状态下产生压电效应.例如,石英晶体就没有体积变形压电效应,但具有良好的厚度变形和长度变形压电效应.

【实验设计与观察探索】

(1)将粘在小闹钟上的压电陶瓷连接线的接头插入本演示仪的"压电效应"输入端,接通电源,可听到扬声器传出咔咔的声音,如果将压电片粘在手表(最好是机械表)的玻璃表面上,可从扬声器中听到放大了的手表嘀嗒声.这是由于压电片在压缩力的作用下,其两端产生电压,经扩音机放大后从扬声器中传出,从而验证了压电陶瓷具有压电效应.

(2)将演示仪正/逆压电效应的按钮按下,压电陶瓷连接线的插头插入演示仪的输出端,适当调节演示仪的调频旋钮,即可从扩音机中收听到音频信号.这个实验明确地说明压电陶瓷元件具有逆压电效应，即压电陶瓷的两个极由于施加了音频电压，使其发生低频的机械振动. 这个振动又使压电晶体两端产生音频电压，经扩音机放大，可以听到扬声器的声音.

【技术应用拓展】

　　既然压电效应可以通过施加压力产生电信号，结合从实验中所学到的知识并查阅相关资料分析可否用压电材料来发电？需要解决的问题有哪些？

实验探索3.23 物联网智能家居展示

【发展过程与前沿应用概述】

20世纪80年代初，随着大量采用电子技术的家用电器面市，住宅电子化出现在20世纪80年代中期，将家用电器、通信设备与安保防灾设备各自独立的功能综合为一体后，形成了住宅自动化概念. 20世纪80年代末，由于通信与信息技术的发展，出现了对住宅中各种通信、家电、安保设备通过总线技术进行监视、控制与管理的商用系统，这在美国称为smart home，也就是现在智能家居的原型.

随着信息社会的发展，网络和信息家电已越来越多地出现在人们的生活之中，而这一切发展的最终目标都是给人类提供一个舒适、便捷、高效、安全的生活环境. 如何建立一个高效率、低成本的智能家居系统已成为当今世界的一个热点问题. 近年来，国际上许多大公司提出了相应的解决方案，但迄今为止，这一领域的国际标准尚未成熟，各国正努力研制适合于本国国情的智能家居系统. 国防科技大学嵌入式Internet和智能家居系统研发小组通过对这一领域相关技术的研究和探索，提出了一种适合中国国情的智能家居及嵌入式Internet解决方案. 智能家居系统的提出和实现不仅会给普通居民用户家庭带来生活方式上的变革，而且将波及工业控制等许多与Internet相关的嵌入式应用领域. 而以智能家居为最基本构成单元的一个有序化网络体系结构的诞生则会为Internet注入新的生机和活力.

智能家居是以住宅为平台，利用综合布线技术、网络通信技术、智能家居-系统设计方案安全防范技术、自动控制技术、音视频技术将与家居生活有关的设施集成，构建高效的住宅设施与家庭日程事务的管理系统，提升家居的安全性、便利性、舒适性和艺术性，并实现环保节能的居住环境.

【实验研究原理简述】

智能家居物联网是一个居住环境，是以住宅为平台安装有智能家居系统的居住环境，实施智能家居系统的过程就称为智能家居集成.

物联网智能家居系统运用了先进的物联网技术中的Zigbee PRO无线网状网络传感技术、微功耗蓝牙4.0网络技术以及嵌入式控制技术等前沿技术，整个系统由计算机软件包和图形界面、网关、无线传感器节点、无线控制器节点等组成，能够展示物联网在智能家居的实际应用情况.

物联网智能家居系统可展示室外温度、光照监控、无线电红外监控及报警、厨房可燃气体监控及排风、室内灯光和温度智能控制等部分. 系统安装有多种监测环境的微型传感器，包括温湿度传感器、光照传感器、红外传感器等，可通过计算机上的监控界面监测家居模型中的各项参数.

【实验设计与观察探索】

物联网智能家居系统是物联网技术在家庭智能化方面的典型应用，包括家居控制（灯光控制/智能插座/智能窗帘/智能遥控）、家居监测（温湿度/光照度/智能电表）、收听音乐（音乐系统/无线收音）、安防系统（门禁系统/监控系统）、告警联动(告警控制/联动控制)、智能识别(指纹识别/语音识别)等几个部分(图 3.23.1).

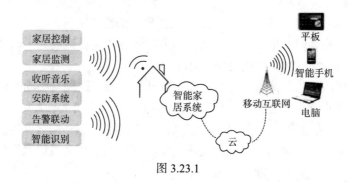

图 3.23.1

本系统以 ARM 智能网关机为核心，构建智能化家居管理和远程控制体系. 共分为感知层、网络层和应用层 3 层架构，通过互联网将 ARM 智能网关机和各种传感器、报警终端以及电器控制终端有机连接. 通过 ARM 智能网关机、计算机、手持智能网关对所有设备实施操作管理，提供家居控制、家居监测、收听音乐、安防系统、告警联动、智能识别等应用.

【技术应用拓展】

随着社会信息化程度的不断深入，从电脑、手机到人们的游戏机、耳机等各类设备不断被融入网络，也可以说信息化已经开始渗透到我们生活的方方面面，但是在家居方面，信息化发展却相对缓慢，结合自己对物联网家居的理解，分析物联网家居在技术层面还有哪些内容需要完善？

实验探索3.24　物联网智能农业展示

【发展过程与前沿应用概述】

随着世界各国政府对物联网行业的的政策倾斜以及企业的大力支持和投入，物联网产业被急速的催生，根据国内外的数据显示，物联网从 1999 年至今有了极大的发展，渗透进了每一个行业领域. 可以预见到的是越来越多的行业领域以及技术、应用会和物联网产生交叉，向物联网方向转变优化已经成为了时代的发展方向，物联网的发展，加快科技融合的速度.

农业物联网：物联网被世界公认为是继计算机、互联网与移动通信网之后的世界信息产业的第 3 次浪潮. 它是以感知为前提，实现人与人、人与物、物与物全面互联的网络. 在这背后，则是在物体上植入各种微型芯片，用这些传感器获取物理世界的各种信息，再通过局部的无线网络、互联网、移动通信网等各种通信网路交互传递，从而实现对世界的感知.

传统农业中，浇水、施肥、打药，农民全凭经验、靠感觉. 如今，设施农业生产基地，看到的却是另一番景象：瓜果蔬菜该不该浇水，施肥、打药？怎样保持精确的浓度、温度、湿度、光照、二氧化碳浓度？如何实行按需供给？一系列作物在不同生长周期曾被"模糊"处理的问题，都有信息化智能监控系统实时定量"精确"把关，农民只需按个开关，做个选择，或是完全听"指令"，就能种好菜、养好花. 物联网不是科技狂想，而是又一场科技革命.

物联网使物品和服务功能都发生了质的飞跃，这些新的功能将给使用者带来进一步的效率、便利和安全，由此形成基于这些功能的新兴产业. 物联网需要信息高速公路的建立，移动互联网的高速发展以及固话宽带的普及是物联网海量信息传输交互的基础. 依靠网络技术，物联网将生产要素和供应链进行深度重组，成为信息化带动工业化的现实载体. 据业内人士统计，中国物联网产业链在 2015 年就能创造 1000 亿元左右的产值，它已经成为后 3G 时代最大的市场兴奋点.

【实验研究原理简述】

智能农业展示系统采用当前热门的无线传感器网络技术、嵌入式技术、图像传输技术和传感器技术相结合的方式，该系统可实时远程获取温室内部的空气温湿度、土壤水分温度、二氧化碳浓度、pH、光照强度及视频图像，通过模型分析，可以自动控制温室窗帘风机、喷淋滴灌、内外遮阳、顶窗侧窗、加温补光等设备；同时，该系统还可以通过手机、PDA、计算机等信息终端向管理者推送实时监测信息、报警信息，实现温室大棚信息化、智能化远程管理，充分发挥物联网技术在现代农业生产中的作用，保证温室大棚内的环境最适宜作物生长，实现精细化的管理，为作物的高产、优质、高效、生态、安全创造条件，帮助客户提高效率、降低成本、增加收益.

物联应用包括以下几个功能.

1. 实时监测功能

通过传感设备实时采集温室（大棚）内的空气温度、空气湿度、二氧化碳、光照、土壤水分、土壤温度、棚外温度与风速等数据；将数据通过移动通信网络传输给服务管理平台，服务管理平台对数据进行分析处理.

2. 远程控制功能

针对条件较好的大棚，安装有电动卷帘、排风机、电动灌溉系统等机电设备，可实现远程控制功能. 农户可通过手机或电脑登录系统，控制温室内的水阀、排风机、卷帘机的开关；也可设定好控制逻辑，系统会根据内外情况自动开启或关闭卷帘机、水阀、风机等大棚机电设备.

3. 查询功能

农户使用手机或电脑登录系统后，可以实时查询温室（大棚）内的各项环境参数、历史温湿度曲线、历史机电设备操作记录、历史照片等信息；登录系统后，还可以查询当地的农业政策、市场行情、供求信息、专家通告等，实现有针对性的综合信息服务.

4. 警告功能

警告功能需预先设定适合条件的上限值和下限值，设定值可根据农作物种类、生长周期和季节的变化进行修改. 当某个数据超出限值时，系统立即将警告信息发送给相应的农户，提示农户及时采取措施.

【实验设计与观察探索】

环境监测
通过在农业生产现场部署各种传感器，远程实时获取现场数据

智能控制
安装电动卷帘、排风机等机电设备，实现智能远程控制

视频监控
实时监控现场环境，以确保大棚内部的安全和各项设备正常运行

智能联动
系统根据既定的智能策略和智能分析，自动进行数据处理和执行相应操作

图 3.24.1

（1）对物体属性进行标识，属性包括静态和动态的属性，静态属性可以直接存储在标签中，动态属性需要先由传感器实时探测；

（2）需要识别设备完成对物体属性的读取，并将信息转换为适合网络传输的数据格式；

（3）将物体的信息通过网络传输到信息处理中心（处理中心可能是分布式的，如家里的电脑或者手机，也可能是集中式的，如中国移动的 IDC），由处理中心完成物体通信的相关计算.

【技术应用拓展】

通过对智能农业的了解，结合你家乡的情况，谈一谈能否在你的家乡搭建一套智能农业系统？

实验探索3.25　无线智能机器人

【发展过程与前沿应用概述】

智能机器人之所以叫智能机器人，是因为它有相当发达的"大脑"．在脑中起作用的是中央处理器，这种计算机跟操作它的人有直接的联系．最主要的是，这样的计算机可以进行按目的安排的动作．正因为这样，我们才说这种机器人是真正的机器人，尽管它们的外表可能有所不同．

第一代机器人：示教再现型机器人．

这类机器人是通过一个计算机，来控制一个多自由度的机械，通过示教存储程序和信息，工作时把信息读取出来，然后发出指令，这样机器人可以重复地根据人当时示教的结果，再现出这种动作，该类机器人的特点是它对外界的环境没有感知．

1959 年，德沃尔与美国发明家约瑟夫·英格伯格联手制造出第一台工业机器人．随后，成立了世界上第一家机器人制造工厂——Unimation 公司．由于英格伯格对工业机器人的研发和宣传，他也被称为"工业机器人之父"．

1962 年，美国 AMF 公司生产出"VERSTRAN"（意思是万能搬运），与 Unimation 公司生产的 Unimate 成为真正商业化的工业机器人，并出口到世界各国，掀起了全世界对机器人研究的热潮．

第二代机器人：带感觉的机器人．

20 世纪 60 年代中期开始，美国麻省理工学院、斯坦福大学、英国爱丁堡大学等陆续成立了机器人实验室．美国兴起研究第二代带传感器、"有感觉"的机器人，并向人工智能进发．这种带感觉的机器人是类似人在某种功能的感觉．比如：力觉、触觉、听觉，来判断力的大小和滑动的情况．

1968 年，美国斯坦福研究所公布他们研发成功的机器人 Shakey．它带有视觉传感器，能根据人的指令发现并抓取积木．这标志着世界第一台智能机器人诞生．

1978 年，美国 Unimation 公司推出通用工业机器人 PUMA，标志着工业机器人技术完全成熟．

1999 年，日本索尼公司推出犬型机器人爱宝（AIBO），当即销售一空，从此娱乐机器人成为目前机器人迈进普通家庭的途径之一．

2012 年，"发现号"航天飞机（Discovery）的最后一项太空任务是将首台人形机器人送入国际空间站．这位机器宇航员被命名为"R2"，它的活动范围接近于人类，并可以执行那些对人类宇航员来说太过危险的任务．

2014 年，中国第 116 届广交会会展中心，机器人"旺宝"（BENEBOT）能够热情招呼访客，而这款出自科沃斯（ECOVACS）的导购机器人，可以与人类进行视频或音频对话，使消费者迅速了解商品信息.

第三代机器人：智能机器人.

英国的计算机科学之父阿兰·图灵在 1950 年提出了著名的"图灵测试"理论，其内容是，如果电脑能在 5 分钟内回答由人类测试者提出的一系列问题，且其超过 30%的回答让测试者误认为是人类所答，则电脑通过测试，而能够通过测试的就是人工智能机器人.

之后，虽然无数的机器人在测试中失败. 但是，在 2014 年 6 月 7 日阿兰·图灵逝世 60 周年纪念日那天，在英国皇家学会举行的"2014 图灵测试"大会上，聊天程序"尤金·古斯特曼"（Eugene Goostman）首次通过了图灵测试，预示着人工智能进入了全新时代.

科学家认为，智能机器人的研发方向是，给机器人装上"大脑芯片"，从而使其智能性更强，在认知学习、自动组织、对模糊信息的综合处理等方面将会前进一大步.

【实验研究原理简述】

从广泛意义上理解所谓的智能机器人，它给人的最深刻印象是一个独特的进行自我控制的"活物". 其实，这个自控"活物"的主要器官并没有像真正的人那样微妙而复杂.

智能机器人具备形形色色的内部信息传感器和外部信息传感器，如视觉、听觉、触觉、嗅觉. 除具有感受器外，它还有效应器，作为作用于周围环境的手段. 这就是筋肉，或称自整步电动机，它们使手、脚、长鼻子、触角等动起来. 由此也可知，智能机器人至少要具备 3 个要素：感觉要素，反应要素和思考要素.

感觉要素，用来认识周围环境状态；运动要素，对外界做出反应性动作；思考要素，根据感觉要素所得到的信息，思考出采用什么样的动作. 感觉要素包括能感知视觉、接近、距离等的非接触型传感器和能感知力、压觉、触觉等的接触型传感器. 这些要素实质上就是相当于人的眼、鼻、耳等五官，它们的功能可以利用诸如摄像机、图像传感器、超声波传成器、激光器、导电橡胶、压电元件、气动元件、行程开关等机电元器件来实现. 对运动要素来说，智能机器人需要有一个无轨道型的移动机构，以适应诸如平地、台阶、墙壁、楼梯、坡道等不同的地理环境. 它们的功能可以借助轮子、履带、支脚、吸盘、气垫等移动机构来完成. 在运动过程中要对移动机构进行实时控制，这种控制不仅要包括有位置控制，而且还要有力度控制、位置与力度混合控制、伸缩率控制等. 智能机器人的思考要素是 3 个要素中的关键，也是人们要赋予机器人必备的要素. 思考要素包括有判断、逻辑分析、理解等方面的智力活动. 这些智力活动实质上是一个信息处理过程，而计算机则是完成这个处理过程的主要手段.

【实验设计与观察探索】

智能机器人使用简单方便，可为研究人员开发先进的机器人应用，如远程监控（remote monitoring），远距临场（telepresence），及自动导航/巡视（navigation/patrol）. 实验如下：

（1）可利用 Microsoft Robotics Studio 或是 Visual Studio 2008 C#或是 Visual Studio 6.0 VB 及 VC++进行应用开发，同时提供低阶通信协议（protocol）来达到让其他编程语言或其他操作系统控制之用；

（2）轮型平台的两个 12V DC 马达，每个可提供 320 oz.inch 扭力；

（3）3.18 cm 直径车轮，可达到每秒 1 m/s 的速度；

（4）两个高分辨率（每转 1200 格）的增量编码器（Quadrature Encoder），镶在车轴上，提供车轮移动的高精准量测及控制.

【技术应用拓展】

很多科幻作品中都描述过人类由于高度开发机器人而导致人类被灭绝的命运，著名物理学家斯蒂芬·霍金也预言"未来 100 年内，电脑将凭借人工智能把人类取而代之. 当这一局面发生时，我们需要确保电脑拥有与我们一致的目标". 通过你对实验的观察，谈谈你对人工智能会将人类取而代之的看法.

实验探索3.26 亥姆霍兹线圈

【发展过程与前沿应用概述】

亥姆霍兹线圈（Helmholtz coil）是一种制造小范围区域均匀磁场的器件. 由于亥姆霍兹线圈具有开敞的性质，很容易地可以将其他仪器置入或移出，也可以直接做视觉观察，所以，是物理实验常使用的器件. 因德国物理学者赫尔曼·冯·亥姆霍兹而命名.

【实验研究原理简述】

亥姆霍兹线圈是由两个相同的线圈同轴放置,其中心间距等于线圈的半径. 将两个线圈通以同向电流时，磁场叠加增强，并在一定区域形成近似均匀的磁场；通以反向电流时，则叠加使磁场减弱，以至出现磁场为零的区域. 给霍尔元件通以恒定电流时，它在磁场中会感应出霍尔电压，霍尔电压的高低与霍尔元件所在处的磁感应强度成正比，因而可以用霍耳元件测量磁场. 本实验中电子屏显示的就是放大后霍尔电压的数值，它的变化规律与所在处磁场的变化规律一致.

【实验设计与观察探索】

1. 演示亥姆霍兹线圈中心轴线的磁场分布

（1）上移或下移霍尔测量标尺导轨亥姆霍兹线圈中心轴线的位置；

（2）置霍尔探头于导轨槽内两线圈间距 X 轴中心，清零高斯计；

（3）将两组线圈串联同向通入直流恒定电流 1 A；

（4）记录霍尔探头在轴线不同位置 X 时的磁感应强度 B，即依次为 $X0$、$B0$；$X1$、$B1$；$X2$、$B2$；…；Xn、Bn；

（5）绘制 B-X 曲线图.

2. 演示线圈中心轴线磁场与线圈电流的关系

（1）如上所述，置霍尔探头于导轨槽内两线圈间距 X 轴中心，清零高斯计.

（2）将两组线圈串联同向通入直流恒定电流 100 mA、200 mA、300 mA、…、1000 mA，记录通入不同电流时的磁感应强度 B.

（3）绘制 B-I 曲线图.

3. 演示磁场迭加原理

（1）上移或下移霍尔测量标尺导轨姆霍兹线圈中心轴线位置；

（2）置霍尔探头于导轨槽内两线圈间距 X 轴中心，清零高斯计；

（3）将两组线圈分别通入相同直流恒定电流 1 A，记录 a、b 线圈各自通电时 X 位置的磁感应强度 Bax、Bbx；

（4）记录霍尔探头在轴线不同位置 X 线 B 值，即依次 $X0$、$Ba0$，$Bb0$；$X1$、$Ba1$，$Bb1$；$X2$、$Ba2$，$Bb2$；…；Xn、Ban，Bbn；

（5）比较演示 1 中相应均通电时的 B 值，验证迭加原理.

【实验现象分析与思考】

通过本实验，相信大家对匀强磁场的一些性质已经有了一定的认识. 亥姆霍兹线圈除了可以用来研究匀强磁场以外，还可以用来判定磁屏蔽的效果，查阅相关资料了解亥姆霍兹线圈如何判定磁屏蔽的效果.

实验探索3.27 学习迁移测试仪

【实验背景概述】

前一种学习对后一种学习的进程发生影响叫做学习迁移. 如果前面学过的材料对后面学过的材料保持产生了影响，则叫前摄作用；而后面学过的材料对前面学过的材料产生了影响，则叫倒摄作用.

【实验研究原理简述】

本仪器采用图形与数字、汉字与字母对照翻译的学习任务来研究学习的过程，进行心理因素性实验类的学习迁移、前摄、倒摄抑制测试. 具有同时测量被试视觉、记忆、反应速度三者结合能力的功能.

【实验设计与观察探索】

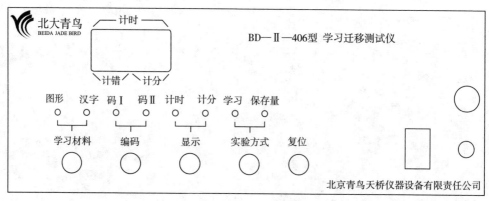

图 3.27.1

（1）将键盘插头与被试面板上的插座连接好，接通～220 V 电源；

（2）按"学习材料"键，选择实验采用"图形"还是"汉字"，相应键上的指示灯变亮，并且液晶屏上的"编码表"随之变化；

（3）按"编码"键，选择采用编码Ⅰ或编码Ⅱ，相应键上的指示灯变亮，并且液晶屏上的"编码表"随之变化；

（4）按"显示"键，选择数码管显示"计时"或"计分"，相应键上的指示灯变亮，并且数码管显示随之变化；

（5）按"实验方式"键，分别选择"学习"过程与"保存量"测定两个实验，相应键上的指示灯变亮，如连续进行，键上方的相应指示全部变亮；

（6）实验开始前，按被试键盘的数字键，可以检测键盘是否正常．"图形"方式下，按着数字键，数码管相应显示 $1 \sim 5$，"汉字"方式下，按着字母键，数码管相应显示 $6 \sim 0$，同时键盘指示灯亮，蜂鸣声响．松开按键，恢复原状态；

（7）按被试键盘的"*"键，实验开始．

【实验现象分析与思考】

许多研究表明，给学生一个良好的学习策略能有效提高学生的学习成绩和自我学习能力．结合自己日常的学习策略，说说你能从学习迁移测试中受到哪些有用的启发？

实验探索3.28　　θ调制技术展示

【发展过程与前沿应用概述】

1873 年，阿贝首次提出一个与几何光学成像理论完全不同的观念，即"二次成像理论"，认为在相干照明条件下，透镜成像过程可以分为两步：首先，物光波经过透镜，在透镜后的焦面上形成频谱，该频谱称为第一次衍射像；然后，频谱成为新的次波源，由它发出的次波在像平面上干涉而形成物体的像，该像称为第二次衍射像. 阿贝二次成像理论的主要贡献在于，证明了像的结构直接依赖于频谱的结构，所以可根据光学图像处理的需要，在频谱面上改变其结构，就可以改变像的特性. 阿贝二次成像的理论基础是光学傅里叶变换. 就光学信息处理手段而言，大致可以分为两类，一类是在输入面上处理，称为空域调制，另一类是在频谱面上处理，称为频域调制.

【实验研究原理简述】

θ调制技术是阿贝原理的应用. 首先，入射光经物平面发生夫琅禾费衍射，在透镜的后焦面上形成一系列衍射斑（即物的频谱），这一步称为"分频". 其次，是各衍射斑发出的球面波在像平面上相干叠加，像就是像平面上的干涉场，这一步称为"合频"，形成物的像.

θ调制实验是对阿贝的二步成像理论的一个巧妙应用. 将一个物体用不同的光栅来进行编码，制作成θ片. 如本实验中的花朵、叶子和背景，分别是由 3 组取向成 120° 的光栅构成的. 将θ片置于白光照明中，在频谱面上进行适当的空间滤波处理，便可在输出面上得到一个假彩色的像.

我们知道，如果在一个透镜的前面放置一块光栅并用一束单色平行光垂直的照射它，在透镜的后焦面（即频谱面）上就会形成一串的衍射光斑，其方向将垂直于光栅的方向. 如果有一个二维的图形，其不同部分由取向不同的光栅制成（调制），显而易见，它们的衍射光斑也将有不同的取向，即在透镜的后焦平面（频谱面）上，各部分的频谱分布也将有所不同，如果我们挡住某一部分的频谱，在频谱面后的这部分图像将会消失，可见，输入图像中各部分的频谱，只存在于调制光栅的频谱点附近. 如果我们用白光照射θ片，则在频谱上可得到彩色的频谱斑（色散作用），每个彩色斑的颜色分布从外向里按赤、橙、黄、绿、青、蓝、紫的顺序排列，这是由于光栅的衍射角与光波长有关，波长越长衍射角越大. 如果我们在频谱面上放置一个空间滤波器，这种滤波器可以让不同方位的光斑串、不同的颜色有选择地通过，则我们就可以得到一幅彩色的像.

【实验设计与观察探索】

　　实验室提供的设备包括：导轨，滑块若干，白炽灯（带有低压电源和聚光镜），θ 调制片（玫瑰花图样，分 3 个色区，调制光栅的空间频率 $f_0 = 200$ lp/mm），透镜 3 枚（$\phi75$，$f150$；$\phi50$，$f100$；$\phi40$，$f200$），白屏，毛玻璃屏，滤波器（黑纸）及支架，针，样品夹，数码相机.

　　（1）按照所选择的光学系统结构，以及所选光学元件，组装实验系统；

　　（2）在组装好的实验系统上实现"玫瑰花"调制片的空间滤波操作，获得假彩色编码输出图像.

【实验现象分析与思考】

　　通过对实验的观察，分析 θ 调制实验中如果使用单色光作为光源，会观察到彩色图像么？为什么？

实验探索3.29　人体针灸穴位

【发展过程与前沿应用概述】

我们经常会在武侠剧中看到一个人体模型上布满了小点和汉字，殊不知这就是人体的穴位图. 穴位可谓是中医学的瑰宝，早在两千多年以前，我们祖先就已经知道人体皮肤上有着许多特殊的感觉，根据《黄帝内经》的记载，人体"应该"有365个穴位，迄今为止人们能够指出具体位置的是361个穴位. 北宋仁宗时，曾诏命翰林医官王惟一制造了两具针灸铜人，其高度与正常成年人相近，体内雕有脏腑器官，表面镂有穴位，同时以黄蜡涂封，作为医师考试和教学的教具. 中医通过对穴位的合理针灸可以起到强身、健体、治病的作用.

古人用"如汤泼雪"来形容针灸治病的神奇效果，就像热汤泼在雪上能够很快融化冰雪一样快捷. 民间流传着"一针、二灸、三吃药"的说法，治病并非一定要使用药物. 唐太宗李世民鞍马劳顿，感受风寒落下了肩臂疼痛不能上举的毛病，享寿99岁的针灸大师甄权给他针灸肩髃等穴位，拔针后肩臂即可活动自如. 千百年来，针灸的神奇疗效使成千上万的人解除了病痛，历史上像这样的医案记载数不胜数.

【实验研究原理简述】

针灸穴位发光系统融计算机技术、电子控制技术、多媒体技术、腧穴理论于一体；声音、屏幕、人体模型同步控制筋络腧穴的信息；显示十二经脉循环流注、经脉络属表里对经关系、特定穴的分布；加之屏幕表层、浅层、深层穴位解剖图的配合，常见病的辩施治，随证选穴的查询及处理输出，使学生对人体经络腧穴信息有更全方位的了解，更有利于加深印象与理解掌握；同时，亦可用于临床与科研参考.

【实验设计与观察探索】

手持笔状"光电感应器"，电击该模型某腧穴（如"中府"），其腧穴立即发光且自动播音，播音内容可复选穴的名称、穴位代码、穴位经络，同时计算机屏蔽显现穴位的图谱信息.

【实验现象分析与思考】

通过观察本实验中的穴位图，查阅相关资料，了解中医是如何利用穴位来对患者进行治疗的.

实验探索3.30 旋转磁场与感应电机演示仪

【发展过程与前沿应用概述】

1821 年英国科学家法拉第首先证明可以把电力转变为旋转运动. 最先制成电动机的人，据说是德国的雅可比. 他于 1834 年制成了一种简单的装置：在两个 U 形电磁铁中间，装一个六臂轮，每臂带两根棒型磁铁. 通电后，棒型磁铁与 U 形磁铁之间产生相互吸引和排斥作用，带动轮轴转动. 后来，雅可比做了一具大型的装置. 安装在小艇上，用 320 个丹尼尔电池供电，1838 年小艇在易北河上首次航行，时速只有 2.2 千米，与此同时，美国的达文波特也成功地制出了驱动印刷机的电动机，印刷过美国电学期刊《电磁和机械情报》. 但这两种电动机都没有多大商业价值，用电池作电源，成本太大、不实用.

直到第一台实用直流发动机问世，电动机才有了广泛应用. 1870 年比利时工程师格拉姆发明了直流发电机，在设计上，直流发电机和电动机很相似. 后来，格拉姆证明向直流发动机输入电流，其转子会像电动机一样旋转. 于是，这种格拉姆型电动机被大批量制造，效率也不断提高. 与此同时，德国的西门子制造了更好的发电机，并着手研究由电动机驱动的车辆，于是西门子公司制成了世界上第一辆电车. 1879 年，在柏林工业展览会上，西门子公司不冒烟的电车赢得观众的一片喝彩. 西门子电机车当时只有 3 马力，后来美国发明大王爱迪生试验的电机车已达 12～15 马力. 但当时的电动机全是直流电机，只限于驱动电车.

1888 年在南斯拉夫出生的美国发明家特斯拉发明了交流电动机. 它是根据电磁感应原理制成的，又称感应电动机，这种电动机结构简单，使用交流电，无需整流，无火花，因此被广泛应用于工业的家庭电器中，交流电动机通常用三相交流供电. 1889 年俄国工程师杜列夫-杜波洛沃尔斯基发明了鼠笼式三相电动机，这是第一台能够实用的三相交流电动机,至此电动机发展到了可以进入工业应用的阶段.

三相交流发电机与鼠笼式三相交流电动机的发明给各个工厂、企业和公司提供了操控方便、快捷、安全、经济、源源不断、动力蓬勃的新动力，从而导致了第二次动力革命. 这次革命促进了资本主义社会生产力的极大发展,使资本主义大生产开始向自动化、电机化方向发展，出现了比以蒸汽机技术为代表的第一次动力革命更为深刻的一次工业技术革命，而且这次革命现在并且将来还会对于人类做出更大的贡献.

【实验研究原理简述】

产生的基本条件：两个磁轭的几何夹角与两相激磁电流的相位差均不等于 0°

或 180°.

三相异步电动机的定子铁芯中放置三相结构完全相同的绕组 U、V、W，各相绕组在空间上互差 120°电角度，如图 3.30.1（a）所示，向这三相绕组通入对称的三相交流电，如图 3.30.1（b）、（c）所示. 下面我们以两极电动机为例说明电流在不同时刻时，磁场在空间的位置.

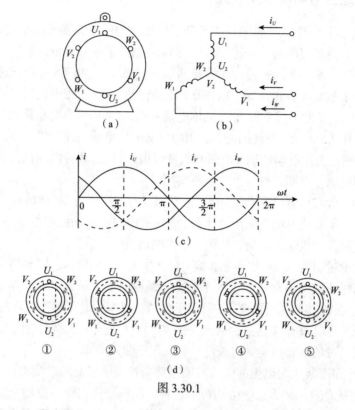

图 3.30.1

假设电流的瞬时值为正时是从各绕组的首端流入，末端流出，当电流为负值时，于此相反. 在 $\omega t = 0$ 的瞬间，$i_u = 0$，i_v 为负值，i_w 为正值，如图 3.30.1（c）所示，则 V 相电流从 V_2 流进，V_1 流出，而 W 相电流从 W_1 流进，W_2 流出. 利用安培右手定则可以确定 $\omega t = 0$ 瞬间由三相电流所产生的合成磁场方向，如图 3.30.1（d）①所示. 可见这时的合成磁场是一对磁极，磁场方向与纵轴线方向为一致，上方是北极，下方是南极. 在 $\omega t = \pi/2$ 时，经过了 1/4 周期，i_u 由 0 变为最大值，电流由首端 U_1 流入，末端 U_2 流出；i_v 仍为负值，U 相电流方向与①时一样；i_w 也变为负值，W 相电流由 W_1 流出，W_2 流入，其合成磁场方向如图 3.30.1（d）②所示，可见磁场方向已经较 $\omega t = 0$ 时按顺时针方向转过 90°.

应用同样的分析方法可画出 $\omega t = \pi$，$\omega t = \dfrac{2}{3}\pi$，$\omega t = 2\pi$ 时的合成磁场，分别如图 3.30.1（d）③④⑤所示，由图中可明显地看出磁场的方向逐步按顺时针方向旋转，共计转过 360°，即旋转了一周.

由此可以得出如下结论：在三相交流电动机定子上布置有结构完全相，在空间位置各相差 120°电角度的三相绕组分别接入三相对称交流电，则在定子与转子间所产生的合成磁场是沿定子内圆旋转的，我们称此为旋转磁场.

旋转磁场的旋转方向取决于通入绕组中的三相交流电源的相序，只要任意对调电动机的相序，则可改变旋转磁场的方向.

【实验设计与观察探索】

（1）用连接导线将主机与线圈相应插口 A、B、C 组一一对应连接；

（2）左旋到底幅度输出电位器，接通电源后，可见仪器初始显示 1.0 Hz 的旋转磁场频率；

（3）逐渐右旋幅度电位器可见指南针逆时针转动；

（4）调幅度输出电位器于一半位置（12 点位置）不变，用按钮调节，使旋转磁场频率为 0.1 Hz，此时可见指南针间隙转动，一次转动约 60°，因指南针同时受地磁、环境磁场和仪器线圈影响，故每次转角不均匀；

（5）在上述转动时，可用秒表记录其转 10 圈的时间，以测定其转速与旋转磁场频率是否一致；

（6）逐渐增大旋转磁场频率，步进为 0.2 Hz，作上述（4）、（5）操作可见，在适当旋转磁场频率下，须合适的输出电压配合，可使指南针转动与旋转磁场同步；随着旋转磁场频率的提高，指南针不转了，仅在某一位置作晃动，是因指南针转速跟不上旋转磁场，表明了指南针的最高转速与指南针的结构等相关；

（7）在指南针合适的工作频率下，如 1 Hz，输出幅度为一半（12 点位置）时，交换线圈组与仪器主机的连接导线，如 A、B 交换可见指南针由逆时针转动转变成顺时针转动，演示相序（时序）变化改变旋转磁场方向，引起指南针转向变化的原理.

【实验现象分析与思考】

在日常生活中，我们也经常会用到直流电动机，比如电动车、电动剃须刀中的电机等. 通过对交流电机的了解，查阅相关资料，对比直流电机和交流电机，得出它们各自的优缺点.

第 **4** 章

创新实验设计与制作

创新设计与制作4.1　电磁悬浮自动控制系统的研究与设计

【发展过程与前沿应用概述】

1. 磁悬浮现状分析

磁悬浮现象,是当今的热门话题.但是利用磁力使物体悬浮,实现起来并不容易.因为磁悬浮技术是集电磁学、电子技术、控制工程、信号处理、机械学、动力学为一体的典型的机电一体化技术.随着电子技术、控制工程、信号处理元器件、电磁理论及新型电磁材料和转子动力学的发展,磁悬浮技术得到了长足的进步.磁悬浮平台以其趣味性、生动性、新鲜感、科技性以及时代感在目前的橱窗布置、科技展示、产品呈列等方面正越来越多地受到应用,并且由于其具有很高的观赏价值,在这些方面还有很大的发展潜力.目前国内外研究的热点是磁悬浮轴承和磁悬浮列车,它们以各种特殊的优点引起世界各国科学界的特别关注,国内外学者和企业界人士都对其倾注了极大的兴趣和研究热情.

我国有三家博物馆分别采用磁悬浮平台作为展示项目,其中包括上海科技馆等,还有一些大型的百货商店中为了标新立异吸引顾客的眼球,也不同程度地选取磁悬浮平台布置出独具匠心的橱窗.上海作为一个国际大都会,越来越多地与国际在各个领域上接轨,申办 2010 世博会的成功也预示着将向全世界有更大的平台展示城市的风貌,所以磁悬浮平台应用于展示展览业将有意想不到的收获.

2. 磁悬浮技术控制方法的发展

磁悬浮系统是一种复杂的非线性、不确定性系统.传统的古典控制方法有:PID控制器或相位超前控制器,但对于非线性部分可能无法达到良好的控制效果.事实上,实际的物理系统无法利用一个数学模式来完整描述其运动行为.数学模式无法准确地涵盖非模式化的动态行为、非线性的动态行为以及参数在识别时的误差等,这些都造成受控系统的不确定性、不稳定性. 所以目前国际上有许多学者专家都在研究磁悬浮系统的非线性控制方法. 其中有采用自适应控制、鲁棒控制以及人工神经网络控制等, 这些控制方法对于解决磁悬浮系统的非线性和不确定性有着很好的效果. 具体而言, 现在大部分的磁悬浮系统采用的主动控制电磁铁电流方法是由德国 Hermankemper 教授于 1935 年提出的, 并于 1938 年研制了一种由轨道下方相吸式模型, 气隙采用容性或感性方法检测.

3. 课题研究内容及意义

本课题是利用电磁铁线圈及反馈回路系统将一个粘有永磁体的物体稳定悬浮, 即不论悬浮物体受到向下或向上的扰动, 它始终能处于稳定的平衡状态. 这也是对于用于磁悬浮轴承和磁悬浮列车的磁悬浮原理的演示与模拟.

4. 系统设计思想及理论依据

从原理上来说, 用一块永磁体可以抵消一个铁磁体的重力, 从而实现物体的悬浮的; 用一个电磁铁线圈替代永磁体, 也可以通过调节电流使磁力恰好与重力抵消, 达到同样的效果. 但是这种悬浮显然是非稳定平衡, 只要受到一点扰动 (如周围的气流、微小振动、电磁铁线圈的电压波动等), 平衡状态立刻会被破坏. 不稳定是由于被悬浮物质的相对磁导率大于 1.

5. 稳定平衡理论

一个质点要想达到稳定平衡, 需要满足两个条件. 除了满足静力平衡条件以外, 平衡点还必须是一个势能极小点.

早在 1842 年英国物理学家 Earnshaw 就证明了这样的定理: 任何形式的平方反比力的静场或它们的叠加场不可能用来支持静止电荷或磁体在各个方向都保持稳定平衡. 而我们常见的力, 如重力、静电力、磁力等都是平方反比力. 所以, 在重力场系统中, 如果只用永磁体且不施加任何外加能量, 是不可能实现稳定平衡的磁悬浮效应的. 证明如下:

对于静力场 $F(x, y, z)$ 中的任一质点, 设质点坐标为 (x_0, y_0, z_0), 质点受力为 $\boldsymbol{F}(x_0, y_0, z_0)$. 质点的稳定平衡条件为

$$\boldsymbol{F}(x_0, y_0, z_0) = 0 \tag{4.1.1}$$

$$\nabla \cdot \boldsymbol{F}(x_0, y_0, z_0) < 0 \tag{4.1.2}$$

其中, (4.1.1) 式为静力平衡条件; (4.1.2) 式为稳定条件, 相当于质点处于势能极小点.

若场 $F(x, y, z)$ 是一个无旋场, 则 F 总可以表示为一个势函数的梯度:

$$\boldsymbol{F}(x, y, z) = -\nabla \varphi(x, y, z) \tag{4.1.3}$$

从而前述的稳定平衡条件可用势函数表示为

$$\nabla \varphi(x_0, y_0, z_0) = 0 \tag{4.1.4}$$

$$\nabla^2 \varphi(x_0, y_0, z_0) > 0 \tag{4.1.5}$$

对于平方反比力场，势函数 φ 与 $1/r$ 成正比，可将其表示为

$$\varphi = -k\frac{1}{r}$$

而对于任意多个平方反比力的叠加场，必定有

$$-\nabla^2 \sum \frac{k_i}{r} = 0$$

也就是说，任何满足静力平衡（ $-\nabla \sum \frac{k_i}{r} = 0$ ）的点，都不可能同时满足稳定条件 $-\nabla^2 \sum \frac{k_i}{r} > 0$. 在三维空间中，势函数是一个鞍形曲面，如果在一个方向达到了平衡，则在与它正交的一个方向就不会稳定.

1）将稳定平衡理论应用于静磁场

Ⅰ. 分子电流观点

电偶极子在磁场中的能量为

$$U = -\boldsymbol{\mu} \cdot \boldsymbol{B} = -M_x B_x - M_y B_y - M_z B_z \tag{4.1.6}$$

如果 $\boldsymbol{\mu}$ 为常数，则能量仅仅决定于 $\boldsymbol{B}$ 的分量. 而对于静磁场， $\nabla^2 \boldsymbol{B} = 0$ ，即 $\boldsymbol{B}$ 的各阶分量取二阶微分都为零.

所以 $\nabla^2 U = 0$ ，不存在势能极小值.

Ⅱ. 等效磁荷观点

由等效磁荷的观点，磁场强度 $\boldsymbol{H}$ 的定义式与电场强度的定义式的形式完全相同，从而有关电场的公式作一定代换就可以移植到磁场中. 点磁荷 q_{m} 产生的静磁位公式为

$$\varphi_{\mathrm{m}} = \frac{1}{4\pi\mu_0}\frac{q_{\mathrm{m}}}{r} \tag{4.1.7}$$

显然，静磁场的势函数 φ 与 $1/r$ 成正比，属于平方反比力场，不可能用来支持磁体在各个方向都保持稳定平衡.

2）如何实现磁体的稳定悬浮

由前述可知，局限在平方反比力的静磁场中是不可能实现稳定的静止磁悬浮

的. 但事实上, 在 Earnshaw 的理论中, 由于 $\varphi = -k\dfrac{1}{r}$ 中的 k 为常数, 它只适用于永磁体一类的在每个场点中场强已经固定的场. 要实现磁悬浮, 必须引入其他的因素. 可用的方法主要有:

（1）抗磁性材料磁悬浮：引入抗磁性材料, 从而改变势函数的形式, 此时 $\varphi \propto B^2$, Earnshaw 的理论不再适用. 从另一个角度说, 抗磁性材料本身产生的场是随外场变化而变化的, 而非永磁体一类的场.

（2）超导体磁悬浮：其实是抗磁性材料磁悬浮的一种特殊情况, 因为超导体具有完全抗磁性.

（3）进动陀螺磁体磁悬浮：通过初始时刻引入角动量与进动, 同样会改变势函数的形式, 可将一个进动的磁性陀螺悬浮在另一个磁体底座上方. 而且, 此时的平衡已不属于静平衡; 此时的稳定方式也被称为准稳定平衡, 因为一旦转动能量耗尽, 陀螺停止转动, 系统就会回到不平衡的状态.

（4）电磁铁磁力可控磁悬浮：采用主动控制的方法将磁体悬浮在一个可变场中. 显然 Earnshaw 的理论同样不适用于这种情况.

【创新设计与制作】

1. 方案概述

本课题采用电磁铁磁力可控的磁悬浮, 这种方案原理涉及电磁学、电子技术、控制工程、信号处理、动力学等多方面的知识, 设计中采用可控制线圈电流的电磁铁取代永磁铁, 通过引入感应、反馈回路装置, 使一块永磁体在电磁力、重力合成场中达到稳定平衡. 系统主要包括 4 个部分：悬浮磁体、传感器、控制器和执行器. 其中执行器包括驱动电路及电磁铁.

2. 设计思路

本课题的目的是将一个粘有永磁体的物体稳定悬浮. 在竖直方向, 该物体不仅受到重力 mg 的作用, 还受到可控电磁力 F 的作用. 在重力与电磁力平衡时, $F=mg$. 当已经悬浮在平衡位置的磁体受到竖直方向的扰动时, 电磁力 F 将根据悬浮磁体的位置变化而增大或减小, 从而将悬浮磁体吸回或推回平衡位置, 恢复平衡状态.

为了达到稳定平衡条件, 悬浮磁体在水平方向上应有一定的稳定范围. 为了解决这个问题, 把电磁铁铁芯指向悬浮磁体的一面打磨圆滑, 使其底端接近于一个球面或锥体. 这样, 当悬浮磁体在水平方向上偏离中心平衡位置时, 电磁力总是可以分解为垂直方向和水平方向两个分量, 水平方向分量使悬浮磁体恢复到中心平衡位置.

1）原理框图（图 4.1.1）

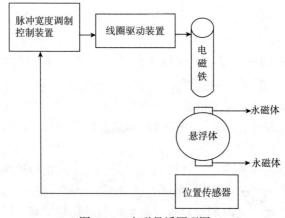

图 4.1.1   电磁悬浮原理图

磁悬浮物在平衡位置时，靠永久磁体与电磁铁之间的作用力吸浮．电磁线圈中的控制电流 i_0 很小，因此系统的功耗较小，电磁线圈中的电流主要用于控制．假设悬浮物在平衡位置受到向下的扰动，悬浮物偏离原来的平衡位置向下运动 y，此时传感器检测出悬浮物偏离其平衡位置的位移 y，控制器将这一信号处理后，输出脉宽调制信号的占空比将增大，此信号输入线圈驱动电路后，将导致电磁力 F 增大，使悬浮物受到的向上的力大于向下的力，则悬浮物回到原来的平衡位置．同理，当悬浮物受到径向的向上的扰动时，吸力减小，悬浮物下移，同样能达到平衡．

2）位置传感器

要想实现对悬浮物的控制，首先要准确地获取悬浮物的状态．传感器的灵敏度、可靠性是成功实施控制的先决条件．由于悬浮的是永磁体，可以选用与磁场相关的传感器．这里选用体积很小的带均衡输出的霍尔效应传感器（95A136），并将其粘贴在电磁铁线圈的最下端中心处，距离悬浮磁体 H．霍尔效应传感器的输出信号与磁通成正比，悬浮磁块离它越近，输出的信号越强．

3）脉冲宽度调制控制

设计中需要将霍尔效应传感器输出的线性信号转变为脉宽调制信号（PWM），用一个脉宽信号驱动电磁铁，并且通过脉冲宽度的变化来控制电磁铁线圈电流的大小．这里用芯片 MIC502 来实现此功能．

MIC502（风扇控制芯片）：此芯片是用来调制基于热敏电阻的 CPU 制冷风扇的速率的．热敏电阻可以被任意的均衡信号代替，比如霍尔传感器产生的信号．这里，风扇控制芯片相当于一个脉冲宽度调制器，有可调脉宽（占空比）的能力，产生的电压送到后面 LMD18201（驱动电路），使得电感线圈中的电流具有线性变化的能力，还可以改变方向．

4）线圈驱动调制控制

由于电磁铁线圈内有铁心，当悬浮磁体离铁心太近时，一定会被铁心吸引. 这时，电磁铁线圈应该产生将它推开的斥力，而对于相反的情况，电磁铁线圈应该产生吸力，把它往上拉. 这就需要电磁铁能够从引力和斥力的调换中改变极性，可以提供从斥力一直连续变化到吸力的输出. 这里选用机器人控制领域常用的元件LMD18201.

LMD18201（电磁铁控制芯片）：一个驱动芯片，有一个内置桥路开关，可以改变输出极性. 此芯片工作基于推拉模式，它有内置半导体的整流组件，用来减少来自电磁铁在 1 kHz 范围内的破坏性障碍，因此，电磁铁能够进行推、拉之间的调整.

将 PWM 信号接到 LMD18201 的 3 号引脚，将 PWM 输入接到 5 V 电源上，如果输入信号占 50%，则相关效应相当于悬挂的永久磁铁的引力和斥力. 当磁铁离霍尔感应器较远时，相应的电路就会调整以吸引磁铁，并改变极性.

5）设计整体电路

电路设计如图 4.1.2 所示.

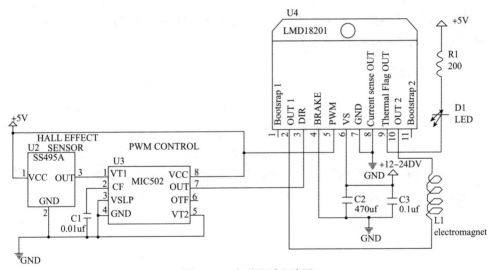

图 4.1.2　电磁悬浮电路图

电磁铁控制芯片 LMD18201 各管脚分别为：1：引导输入；2：输出；3：方向输入；4：中断输入；5：脉宽调制输入；6：虚储存器；7：接地；8：输出感应电流；9：热量输出；10：输出；11：引导输入

6）购买、焊接元器件并进行部分测试

确保 LMD18201 的引脚（长引脚为奇数个）所占空间足够，不能发生弯曲，以使它与基板很好地匹配. 从左到右仔细观察引脚数目，让它们保持独立，C_2 和 C_3 应该离 LMD18201 尽可能近，以使更好地滤波.

一个可选择的发光二极管和一个 220 Ω 的电阻连到 LMD18201 的 9 号引脚，

当芯片过热时，它会发亮提示.

7）安装测试及调整

虽然引入回路控制之后，从理论上来说系统很容易稳定下来，但事实上在实验中要想达到稳定状态，需要注意的问题很多.

首先，电磁铁的轴需要严格沿着竖直方向，霍尔效应传感器要粘在电磁铁底端的正中心.

其次，霍尔片、电磁铁线圈、悬浮磁体各自有自己的极性，只有在特定的组合下才能正常工作. 如果在实验中发现线圈对悬浮磁体没有斥力，很可能是极性的组合需要改变.

另外，本系统对悬浮物的质量也有一定要求，超出一定质量范围的物体无法被悬浮.

在一切正常的条件下，当我们将悬浮磁体沿竖直方向逐渐靠近电磁铁线圈时，若明显感觉到悬浮磁体受到的合力方向发生变化，在感觉到合力方向变化的点附近轻轻松开手，磁体即稳定地悬浮在空中，即使受到轻微的扰动也不会破坏平衡.

8）设计总结

本设计整体电路和装置已经完成，但是还没有完整地得到稳定的电磁悬浮控制系统，检修、调试工作将继续进行.

【思考与探索】

由于磁悬浮系统中的悬浮物只与空气接触，系统具有无接触、无摩擦、使用寿命长、不用润滑、可在特殊环境下（真空中）工作等特殊的优点，因而它在交通、冶金、机械、电器等各个方面有着广阔的应用前景.

本设计调试工作将继续进行，在实现稳定悬浮的基础上，争取使得系统可以承受质量更大的悬浮物，从而使电磁悬浮控制系统具有更大的适用性.

创新设计与制作4.2　电抗对压电陶瓷换能器性能的影响研究

【发展过程与前沿应用概述】

压电陶瓷具有敏感的特性，可以将极其微弱的机械振动转换成电信号，可用于声纳系统、气象探测、遥测环境保护、家用电器等. 因为换能器是一个共振系统，所以匹配电路必将对其共振频率有所影响，因而也影响换能器的振动特性，接下来将对常见的匹配电路对换能器的共振频率的影响进行分析. 最优的匹配电路可以提高声波发生器的发射能量，从而得到更强的回波信号. 对超声换能器电路进行匹配调节的目的是尽可能使信号源的输出功率全部转化为换能器的发射功率，以提高整个发射系统的效率. 对超声电机进行匹配以后，在其压电振子的反谐振频率附近，电动机的驱动电流最小、运行效率最高. 要实现水声信号高保真、低频、宽带、大功率发射，必须实现换能器与线性功率放大器的良好匹配，否则，将会严重影响功率放大器的输出功率.

【创新设计与制作】

1. 匹配电路分析

关于电容、电感匹配电路分析，如下：

考虑在理想情况下，$R_0 \to \infty$、$R_t \to 0$ 换能器的电端阻抗为

$$Z = jX_e = -j\frac{1}{\omega C_0} \cdot \frac{1-\dfrac{\omega_s^2}{\omega^2}}{1-\dfrac{\omega_p^2}{\omega^2}} \tag{4.2.1}$$

换能器导纳为

$$Y = \frac{1}{Z} = jB_e = -j\omega C_0 \cdot \frac{1-\dfrac{\omega_p^2}{\omega^2}}{1-\dfrac{\omega_s^2}{\omega^2}} \tag{4.2.2}$$

其中，$\omega_s^2 = \dfrac{1}{L_1 C_1}$，$\omega_p^2 = \dfrac{C_0 + C_1}{L_1 C_1 C_0}$，式中所描述的电抗曲线见图 4.2.1.

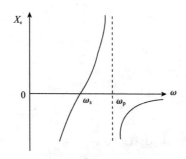

图 4.2.1　压电换能器的电抗曲线

以下分别讨论匹配电感电容对换能器振动特性的影响.

1）串联电感匹配

串联电感匹配方式电路图见图 4.2.2（a），其中 PXE 代表压电换能器，L 为匹配电感，在这种情况下，匹配电感与换能器的总阻抗为

$$Z' = jX_e = j\omega L + jX_e \qquad (4.2.3)$$

依据上式可得到电抗曲线，如图 4.2.2（b）. 从图中可知，串联电感的加入使换能器的串联共振频率 ω_s' 降低，但不影响共振频率 ω_p. 同时在高于 ω_p 的地方出现另一串联共振频率 ω_s''，这是因为换能器在频率高于 ω_p 处呈容性，与串联电感产生新的共振所致. 同时可见串联电感越大，ω_s' 及 ω_s'' 越低.

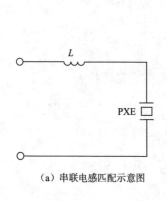

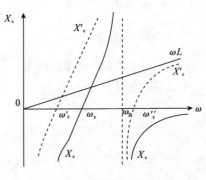

（a）串联电感匹配示意图　　　　　（b）串联电感匹配电抗曲线

图 4.2.2

2）并联电感匹配

并联电感匹配电路框图如图 4.2.3（a），计算机得到并联电感与换能器系统总导纳为

$$Y' = jB_e' = j\left[-\frac{1}{\omega L} + \omega C_0 \cdot \frac{1 - \dfrac{\omega_p^2}{\omega^2}}{1 - \dfrac{\omega_s^2}{\omega^2}} \right] \qquad (4.2.4)$$

依据上式可得到系统的电纳曲线，如图 4.2.3（b）所示.

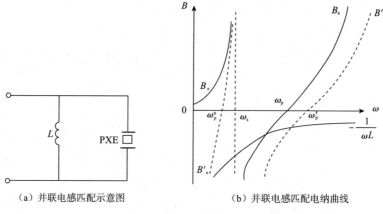

（a）并联电感匹配示意图　　　　（b）并联电感匹配电纳曲线

图 4.2.3

由图 4.2.3 可以看出，当匹配电感与换能器并联时，压电换能器的串联共振频率 ω_s 不变，但并联共振频率 ω_p' 升高，并且产生一低于 ω_s 的并联共振频率 ω_p''. 并联电感越小，并联共振频率 ω_p' 及 ω_p'' 越高.

3）串联电容匹配

串联电容匹配即电容压电换能器串联，示意图为图 4.2.4（a），所以电路的总阻抗为

$$Z' = \mathrm{j}X_e' = \mathrm{j}\left[-\frac{1}{\omega C} - \frac{1}{\omega C_0} \cdot \frac{1 - \dfrac{\omega_s^2}{\omega^2}}{1 - \dfrac{\omega_p^2}{\omega^2}}\right] \qquad (4.2.5)$$

由此式可以得到串联电容匹配电抗曲线如图 4.2.4（b）所示.

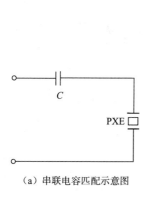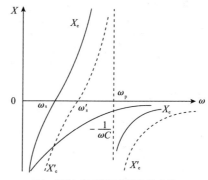

（a）串联电容匹配示意图　　　　（b）串联电容匹配换能器电抗曲线

图 4.2.4

由图可知，串联电容匹配时，换能器串联共振频率 ω_s 升高，而并联共振频率 ω_p 不变；串联电容 C 越小，新的串联共振频率 ω_s' 越高.

4）并联电容匹配

并联电容匹配电路图如图 4.2.5（a）所示，此时电路的总导纳为

$$Y' = jR_e' - j\left[\omega C + \omega C_0 \dfrac{1 - \dfrac{\omega_p^2}{\omega^2}}{1 - \dfrac{\omega_s^2}{\omega^2}}\right] \tag{4.2.6}$$

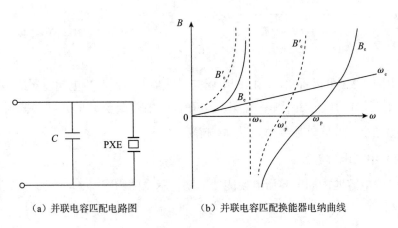

（a）并联电容匹配电路图　　　　（b）并联电容匹配换能器电纳曲线

图 4.2.5

依据此式可得并联电容匹配电路的电纳曲线如图 4.2.5（b）所示. 由图可以得到，当换能器采用并联电容匹配时，其串联共振频率 ω_s 不变，并联共振频率 ω_p' 降低；而且并联电容越大，并联共振频率 ω_p' 就越小.

2. 实验验证

R_1：1.5533 kΩ　　C_1：61.1114 pf　　L_1：214.238 mH　　C_0：3.53668 nf

1）串联电感（图 4.2.6 和表 4.2.1）

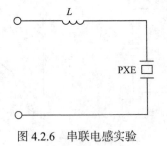

图 4.2.6　串联电感实验

表 4.2.1

单位/kHz	L_2：4.00 mh		L_2：6.00 mh		L_2：8.00 mh	
	低	高	低	高	低	高
1 峰	19.0249	19.5877	19.0651	19.6299	19.0249	19.6681
2 峰	28.4317	28.9945	28.2307	28.9543	27.9493	29.0749
3 峰	42.9841	45.2353	36.3511	44.7931	32.2105	44.6725

2）并联电感（图 4.2.7 和表 4.2.2）

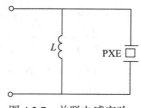

图 4.2.7　并联电感实验

表 4.2.2

单位/kHz	L_2：8.00 mh		L_2：6.00 mh		L_2：4.00 mh	
	低	高	低	高	低	高
1 峰	19.4879	27.9785	19.4078	28.2188	19.4078	28.3790
2 峰	28.7795	32.0635	28.7795	36.3890	28.8596	43.1174
3 峰	43.5179	45.6806	43.5179	45.7607	43.8383	44.4791

3）电容串联（图 4.2.8 和表 4.2.3）

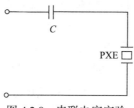

图 4.2.8　串联电容实验

表 4.2.3

单位/kHz	C：2×10^{-4} μf		C：4×10^{-4} μf		C：6×10^{-4} μf	
	低	高	低	高	低	高
1 峰	19.3717	19.7722	19.4518	19.6921	19.3717	19.6921
2 峰	28.6633	29.1439	28.5832	29.1439	28.6633	29.1440
3 峰	44.6834	45.2441	44.6834	45.3242	44.6834	45.3242

4）电容并联（图 4.2.9 和表 4.2.4）

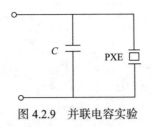

图 4.2.9　并联电容实验

表 4.2.4

单位/kHz	C: 6×10^{-4} μf		C: 4×10^{-4} μf		C: 2×10^{-4} μf	
	低	高	低	高	低	高
1 峰	19.2916	19.6120	19.2916	19.6921	19.2916	19.6120
2 峰	28.5031	29.0638	28.5832	29.0638	28.5031	29.0638
3 峰	43.4018	45.2440	43.4816	45.2440	43.4819	45.2440

【思考与探索】

根据换能器有效机电耦合系数的定义，可得匹配电路及换能器复合系统的有效机电耦合系数的表达式

$$k_{\text{eff}}^2 = \frac{f_{\text{pc}}^2 - f_{\text{sc}}^2}{f_{\text{pc}}^2} \tag{4.2.7}$$

其中，f_{sc} 和 f_{pc} 为匹配电路和换能器系统的串联和并联共振频率，分别对应前面讨论过的 f_{s}' 及 f_{p}'，由前面的讨论，可把匹配电路参数对系统的有效机电耦合系数的影响归纳为以下几点：

（1）当匹配电感与换能器串联时，由于串联共振频率 f_{s}' 降低，而并联共振频率不变，由式（4.2.7）可知，此时系统的有效机电耦合系数升高；

（2）当匹配电感与换能器并联时，由于串联共振频率不变，但并联共振频率 f_{p}' 升高，同样据式（4.2.7）可知，有效机电耦合系数升高；

（3）当匹配电容与换能器串联时，由于串联共振频率 f_{s}' 升高，而并联共振频率 f_{p}' 降低，式（4.2.7）显示系统的有效机电耦合系数下降；

（4）当匹配电容与换能器并联时，系统的串联共振频率 f_{s}' 不变，但并联共振频率 f_{p}' 降低，同理由式（4.2.7）可知系统的有效机电耦合系数下降.

所以无论是采用串联还是并联电感匹配，都能使系统的有效机电系数升高，采用串联或并联电容匹配反而使系统的有效机电耦合系数下降.

创新设计与制作4.3　超声衰减法检测软物质材料动力学形成研究

【发展过程与前沿应用概述】

超声检测技术是利用超声波在介质中的传播特性来实现对非声学量的测定. 超声可以穿透无线电波、光波等无法穿透的物体，故它在航天、医学等领域得到了广泛应用. 利用超声波的衰减特性，可以研究或测量材料的物理特性. 本书主要研究了超声衰减检测法用于探测不同浓度交联剂时丙烯酰胺形成凝胶的变化情况. 流变法就是应用流变仪检测凝胶形成过程中黏弹性等一些参数的变化情况，在凝胶研究中经常应用. 在这个实验中，温度和交联剂的量不同的情况下丙烯酰胺形成凝胶所需的时间也不相同. 结论表明：浓度越大，超声衰减系数越大，凝胶形成的越快；温度越高，丙烯酰胺凝胶形成所需的时间越短；交联剂的量越多，丙烯酰胺凝胶形成所需的时间越短.

凝胶可以定义为在溶剂中溶胀并保持大量溶剂而又不溶解的聚合物. 近十年来，凝胶已逐步发展成为一种广泛应用于医学、药学、农业、生物工程和石油开采等领域的新材料. 聚丙烯酰胺（polyacrylamide, PAM）凝胶是丙烯酰胺（acrylamide, AM）在交联剂戊二醛的作用下经聚合而形成的一种高分子化合物. 聚丙烯酰胺是一种线型的水溶性聚合物，是水溶性高分子中应用最广泛的品种之一，它具有增稠、絮凝和对流体、流变体有调节作用，在石油开采、水处理、纺织印染、造纸、选矿、洗煤、医药、制糖、养殖、建材、农业等行业具有广泛的应用，有"百业助剂"、"万能产品"之称. 本工作就是在使用丙烯酰胺（AM）在有机交联剂戊二醛与引发剂过硫酸铵溶液（APS）作用下，在水溶液中进行自由基共聚反应，检测在合成过程中加入交联剂的量以及温度对丙烯酰胺凝胶形成的影响. 而超声检测是一种无损检测，其突出优点是检测灵敏可靠、操作简单，在不破坏介质特性的情况下实现非接触性测量，环境适应能力强，可实现在线测量；同时超声检测对人体无害，设备便宜，且它可以穿透无线电波、光波等无法穿透的物体，所以本书采用超声检测来研究分析丙烯酰胺形成凝胶的变化过程.

水凝胶可以定义为在水中溶胀并保持大量水分而又不溶解的聚合物. 根据水凝胶对外界刺激的应答表现，可分为两大类：一类是"传统"水凝胶，对环境的变化不特别敏感；另一类是"环境敏感"水凝胶，在相当广的范围内对诸如温度、pH、电场等的变化所引起的刺激有不同程度的应答. 聚丙烯酰胺水凝胶是一种典型的温度敏感水凝胶，在 33℃附近存在较低临界溶液温度（LCST），当温度高于 LCST 时，凝胶收缩，从水溶液中沉淀出来；当温度低于 LCST 时，凝胶吸水再度溶胀. 水凝胶的这种温度敏感特性具有很广阔的应用前景，可广泛用于药物载体、活性酶的固定、组织工程、分子分离体系、化学存储器、记忆元件开关、人造肌肉、传感器和化学转换器等[6]. 目前对该类材料的研究重点多集中在交联聚丙烯酰胺凝胶方面，而该材料在连续调节和改变温度方面存在欠缺. 为此，设计出研究温度连续改变对凝胶形成时间的长短将具有现实意义.

【创新设计与制作】

1. 实验试剂

丙烯酰胺（AM），天津科密欧化学试剂开发中心，分析纯；过硫酸铵（APS），西安化学试剂厂，分析纯；50%戊二醛溶液，天津科密欧化学试剂开发中心，分析纯；去离子水（二次蒸馏水）. 取 10.8153 g 过硫酸铵固体配成 216.3 mg/mL 的过硫酸铵溶液备用；取 5 mL 50% 戊二醛溶液加入去离子水稀释，用容量瓶定容为 50 mL，得到浓度为 5% 的戊二醛溶液备用.

2. 实验器材

图 4.3.1

AR-G2 流变仪（ARG2 Advanced Rheometer Accessories，TA公司）(图4.3.1)；LD OS-3060D 数字示波器；Model 5057PR 超声波脉冲发射及接收器.

3. 实验原理

1）超声衰减法测量原理

超声波在介质中传播时，声波的衰减通常决定于声波散射和吸收. 声波的散射是指声波在各向异性或结构不均匀的组织中及粗大晶粒的界面上散射，使超声波的能量衰减. 声波在不同介质中的衰减常用衰减系数表示（衰减系数 α），超声波在介质中传播时，由于声吸收的影响，无论振幅还是声强，均随传播距离而减弱，设在 x 处平面波的振幅为 A_x，在 $x+dx$ 处振幅减弱为 $Ax - dAx$，则有

$-dAx = \alpha Axdx$，对 x 积分得

$$Ax = A_0 e^{-\alpha x} \tag{4.3.1}$$

式中，A_0 为 $x = 0$ 处超声波振幅；α 为振幅衰减系数，单位为 cm^{-1}.

由式（4.3.1）可解得

$$\alpha = (1/x)\lg(A_0/A_x) \tag{4.3.2}$$

式中，x 单位为 cm 时，则 α 单位为 NP/cm.

实际中常用对数表示 α.

$$\alpha = (20 / x)\lg(A_1 / A_2)$$
(4.3.3)

若 x 单位用 cm, 则 α 单位就用 dB/cm.

实验操作中常将式 (4.3.3) 转化成下式进行计算:

$$\alpha = (20 / d)\lg(A_1 / A_2)$$
(4.3.4)

式中, d 为样品厚度; A_1 和 A_2 为第一和第二回波的振幅. 本书中样品厚度单位为 cm, 回波的振幅单位为 v, 因此声衰减系数单位为 dB/cm[8].

2) TA 公司 AR-G2 流变仪工作原理和性能指标介绍

跨时代的新技术使得 TA 仪器公司新型的 AR-G2 流变仪成为世界上最先进的控制应力、直接应变和控制应变率流变仪. AR-G2 采用了革命性的专利磁悬浮轴承和拖杯马达技术, 实现了纳米级扭距控制, 成为了流变性能表征新的里程碑. 新的 Smart Swap TM (智能交换) 夹具和实时流媒体图像采集, 让操作更加简单. AR-G2 代表新一代的流变仪技术[9].

4. 实验过程

图 4.3.2 是超声衰减测量装置示意图. 由超声波探头发射超声信号检测丙烯酰胺凝胶, 经丙烯酰胺凝胶所在的试管光滑底面反射后回到丙烯酰胺凝胶表面后被超声波探头接收到, 从而在示波器上得到发射及回波信号[10]. 由于丙烯酰胺凝胶对超声波的散射及吸收, 超声波不断衰减, 使超声回波波幅逐次降低 (图 4.3.3).

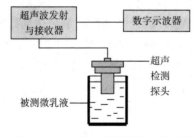

图 4.3.2 超声衰减测量装置示意图　　　图 4.3.3 超声回波信号示波图

1) 超声对不同浓度丙烯酰胺形成凝胶过程的检测

依次称取 2.0008 g, 2.5002 g, 3.0012 g, 4.0014 g 丙烯酰胺固体分别加入 10 mL 去离子水, 再分别加入 1.0 mL 216.3 mg/mL 过硫酸铵溶液, 然后加入 6.0 mL 5%戊二醛; 将溶液加热到 75℃后立即放入冷水中冷却到 40℃, 用检测频率为 2.5 MHz 的探头依次进行超声衰减检测.

2) 流变仪检测不同温度丙烯酰胺形成凝胶过程的影响

依次称取 4.0037 g, 4.0148 g, 4.0006 g, 4.0195 g 四份丙烯酰胺固体分别加入 20 mL 去离子水配成溶液, 再分别加入 1.0 mL 216.3 mg/mL 过硫酸铵溶液和 6.0 mL

5%戊二醛，分别在将溶液用 AR-G2 流变仪恒温到 24℃，28℃，32℃，36℃后，立即用 AR-G2 流变仪进行黏弹性的检测实验.

3）流变仪检测不同交联剂量对丙烯酰胺形成凝胶过程的影响

依次称取 4.0051 g，4.0015 g，4.0148 g，4.0087 g 四份丙烯酰胺固体分别加入 20 mL 去离子水配成溶液，并加入 1.0 mL 216.3 mg/mL 过硫酸铵溶液，再分别加入 5%戊二醛 2 mL，4 mL，6 mL，8 mL，将溶液用 AR-G2 流变仪恒温到 28℃后，立即用 AR-G2 流变仪进行黏弹性的检测实验.

5. 检测结果与分析

1）超声对不同浓度丙烯酰胺形成凝胶过程的检测

图 4.3.4 是在交联剂戊二醛溶液都为 6 mL，引发剂过硫酸铵都为 1 mL，并且在检测探头频率都为 2.5 MHz 的情况下，随着丙烯酰胺量的增加，衰减系数发生明显变化图. 从图中可以看出，总的趋势是逐渐变小，直到基本稳定. 但衰减系数变化在不同的阶段还有一定的差异性，当加入的丙烯酰胺为 2.0 g 时（图 4.3.4 中 a 线表示），衰减系数大约在 50 min 之前变化相当快，在 50 min 以后，丙烯酰胺凝胶逐渐形成，衰减系数逐渐变平稳. 当加入的丙烯酰胺为 2.5 g 时（图 4.3.4 中 b 线表示），衰减系数大约在 40 min 之前变化相当快，在 40 min 以后，丙烯酰胺凝胶开始形成，最终达到稳定. 当加入的丙烯酰胺为 3.0 g 时（图 4.3.4 中 c 线表示），衰减系数大约在 20 min 之前变化相当快，在 20 min 以后，丙烯酰胺凝胶开始形成，最终达到稳定. 当加入的丙烯酰胺为 4.0 g 时（图 4.3.4 中 d 线表示），衰减系数大约在 10 min 之前变化相当快，在 10 min 以后，丙烯酰胺凝胶开始形成，最终达到稳定. 这说明对于浓度不相同的丙烯酰胺溶液来说，它出现形成凝胶的时间不同，而且所经历的过程也有所差异. 实验表明：实验过程中加入的丙烯酰胺的量越大，凝胶形成过程中对其的影响越明显，形成凝胶所需的时间越短，且超声衰减系数也越大.

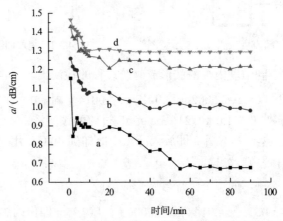

图 4.3.4 丙烯酰胺浓度不同，衰减系数随时间的变化图

（a）加入丙烯酰胺 2.0 g；（b）加入丙烯酰胺 2.5 g；（c）加入丙烯酰胺 3.0 g；（d）加入丙烯酰胺 4.0 g

2）用流变仪测定不同温度对相同浓度丙烯酰胺形成凝胶过程的影响

图 4.3.5 是在丙烯酰胺溶液浓度一定,并且加入的引发剂过硫酸铵溶液为 1 mL 和交联剂戊二醛溶液为 6 mL 的情况下,在不同的温度下检测形成凝胶的黏弹性,以确定凝胶形成的时间长短,由图可以发现,当温度设定为 24℃时(图 4.3.5 中 a 线表示),大约在前 17 500 s 的时间内,丙烯酰胺溶液的黏弹性都几乎没有发生变化,直到接近 17 500 s 的时候,黏弹性才发生明显变化,表明丙烯酰胺溶液开始形成凝胶,直到数值达到峰值之前的一个点,凝胶完全形成.当温度设定为 28℃时(图 4.3.5 中 b 线表示),大约在前 5000 s 的时间内,丙烯酰胺溶液的黏弹性也几乎没有发生变化,但是在接近 5000 s 的时候,黏弹性就开始发生明显变化,表明丙烯酰胺溶液已经开始形成凝胶,到数值达到峰值之前的一个点,凝胶完全形成.当温度设定为 32℃时(图 4.3.5 中 c 线表示),大约在前 4000 s 的时间内,丙烯酰胺溶液的黏弹性也几乎没有发生变化,但是在接近 4000 s 的时候,黏弹性就开始发生明显变化,表明丙烯酰胺溶液已经开始形成凝胶,到数值达到峰值之前的一个点,凝胶完全形成.当温度设定为 36℃时(图 4.3.5 中 d 线表示),大约在前 2000 s 的时间内,丙烯酰胺溶液的黏弹性也几乎没有发生变化,但是在接近 2000 s 的时候,黏弹性就开始发生明显变化,表明丙烯酰胺溶液已经开始形成凝胶,到数值达到峰值之前的一个点,凝胶完全形成.从图中可以看出,温度对丙烯酰胺溶液形成凝胶的过程影响非常大,选择一个恰当的温度对丙烯酰胺凝胶形成实验非常有利.实验表明:随着温度的升高,丙烯酰胺形成凝胶的时间越短.

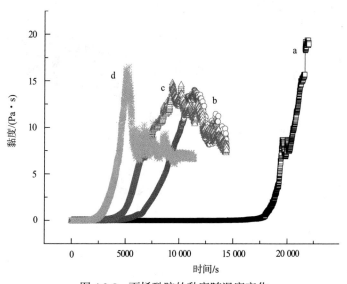

图 4.3.5　丙烯酰胺的黏度随温度变化

（a）温度为 24℃；（b）温度为 28℃；（c）温度为 32℃；（d）温度为 36℃

3）用流变仪测定不同量交联剂对丙烯酰胺溶液形成凝胶的影响

图 4.3.6 是在丙烯酰胺溶液浓度一定，并且加入的引发剂过硫酸铵溶液为 1 mL 和温度为 28℃相同的情况下，在交联剂戊二醛溶液的量不同下检测形成凝胶的黏弹性，以确定凝胶形成的时间长短，由图可以发现，当交联剂的量为 2 mL 时（图 4.3.6 中 a 线表示），大约在前 12 000 s 的时间内，丙烯酰胺溶液的黏弹性都几乎没有发生变化，直到接近 12 000 s 的时候，黏弹性才发生变化，表明丙烯酰胺溶液开始形成凝胶，直到数值达到峰值之前的一个点，凝胶完全形成. 当交联剂的量为 4 mL 时（图 4.3.6 中 b 线表示），大约在前 9200 s 的时间内，丙烯酰胺溶液的黏弹性也几乎没有发生变化，但是在接近 9200 s 的时候，黏弹性就开始发生变化，表明丙烯酰胺溶液已经开始形成凝胶，到数值达到峰值之前的一个点，凝胶完全形成. 当交联剂的量为 6 mL 时（图 4.3.6 中 c 线表示），大约在前 8600 s 的时间内，丙烯酰胺溶液的黏弹性也几乎没有发生变化，但是在接近 8600 s 的时候，黏弹性就开始发生变化，表明丙烯酰胺溶液已经开始形成凝胶，到数值达到峰值之前的一个点，凝胶完全形成. 当交联剂的量为 8 mL 时（图 4.3.6 中 d 线表示），大约在前 5700 s 的时间内，丙烯酰胺溶液的黏弹性也几乎没有发生变化，但是在接近 5700 s 的时候，黏弹性就开始发生变化，表明丙烯酰胺溶液已经开始形成凝胶，到数值达到峰值之前的一个点，凝胶完全形成. 从图中可以看出，交联剂的量对丙烯酰胺溶液形成凝胶的过程影响非常大，选择一个恰当的交联剂的量对丙烯酰胺凝胶形成实验非常有利. 实验表明：随着交联剂的量增加，丙烯酰胺形成凝胶的时间越短.

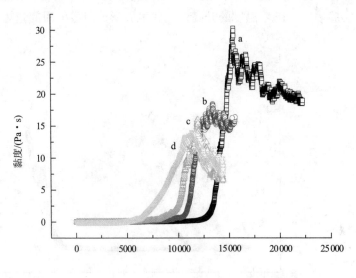

图 4.3.6 丙烯酰胺的黏度随加入戊二醛量变化

（a）加入 2 mL 戊二醛；（b）加入 4 mL 戊二醛；（c）加入 6 mL 戊二醛；（d）加入 8 mL 戊二醛

【**思考与探索**】

通过利用超声衰减法和流变仪测定黏弹性的方法检测丙烯酰胺溶液形成凝胶的过程的研究，我们发现，超声检测对丙烯酰胺凝胶的浓度的不同、温度的不同、交联剂浓度的不同都有很强的敏感度，实验表明：加入的丙烯酰胺的量越大，凝胶形成过程中对其的影响越明显，形成凝胶所需的时间越短，且超声衰减系数也越大；随着温度的升高，丙烯酰胺形成凝胶的时间越短；随着交联剂的量增加，丙烯酰胺形成凝胶的时间越短. 超声很容易检测到丙烯酰胺凝胶形成过程中的特性，因此为丙烯酰胺凝胶的结构及性质的进一步探究又开拓了新的研究方法，从而对丙烯酰胺凝胶的广泛应用奠定了坚实的理论和实验基础.

创新设计与制作4.4 单相电与三相电对直线电机作用下的超导磁悬浮列车模型驱动力的影响

【发展过程与前沿应用概述】

1. 研究背景

自 1825 年世界上第一条标准轨铁路出现以来，轮轨火车一直是人们出行的交通工具. 然而，随着火车速度的提高，列车行使的阻力也随之增大. 所以，当火车行驶速度超过 300 km/s 时，速度就很难提高了；同时轮子和钢轨之间产生的猛烈冲击引起列车的强烈震动，发出很强的噪声，产生严重的噪声污染.

这就需要一种新的交通工具来满足人们对交通工具的需要. 磁悬浮列车就是能满足人们一切需要的一种新的交通工具. 它利用两个同名磁极之间的磁斥力或两个异名磁极之间磁吸力，使电磁力抵消地球引力，使列车悬浮在轨道上，最大限度地减小列车车轮与导轨之间的摩擦，在最大限度上提高列车的速度. 同时由于它的零接触，不会由于车轮与导轨的碰撞而产生很大的噪声，于是磁悬浮列车就成了适应时代需求的新的交通工具.

2. 直线电机与磁悬浮发展简介

直线电机简介：直线电机是一种新型电机——不需要任何中间传动环节，把电能直接转换成做直线运动的机械能的直线驱动装置. 近年来的应用日益广泛，目前，直线电动机主要应用于三个方面：一是应用于自动控制系统；其次是应用于交通运输业的驱动系统；三是应用在需要短时间、短距离内提供巨大的直线运动能的装置中. 磁悬浮列车就是用直线电机来驱动的. 旋转电机是人们比较熟悉的，下面从旋转电机出发来说明直线电机，如果把旋转感应电动机的定子沿径向切开并拉直，展成直线状，而且用一导电片代替转子，于是就得到了一台扁平型直线感应电动机，如图 4.4.1 所示.

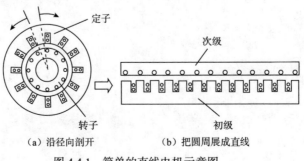

(a) 沿径向剖开　　　　(b) 把圆周展成直线

图 4.4.1　简单的直线电机示意图

磁悬浮简介：磁悬浮技术的研究源于德国，早在 1922 年 Hermann Kemper 先生就提出了电磁悬浮原理，并于 1934 年申请了磁浮列车的专利[3]. 其原理简单的说就是利用两个同名磁极之间的磁斥力或两个异名磁极之间磁吸力，使电磁力抵消地球引力，从而使列车与导轨之间分离，达到悬浮的目的.

当今，世界上的磁悬浮列车主要有两种"悬浮"形式，一种是斥浮型，它利用两同名磁极间的排斥力，使列车悬浮起来，一般利用超导磁体来实现；另一中是吸浮型，它利用两异名磁极之间的吸引力使列车悬浮起来，一般利用常导体来实现.

德国、日本、美国、加拿大、法国、英国等发达国家早在 20 世纪 70 年代后期就相继开始了筹划磁悬浮运输系统的开发. 根据当时轮轨极限速度的理论，科研工作者们认为，轮轨方式运输所能达到的极限速度为 350 km/s 左右，要想超越这一速度运行，必须采取不依赖于轮轨的新式运输系统. 这种认识引起许多国家的科研部门的兴趣，但由于种种原因，后来都中途放弃，目前只有德国和日本仍在继续进行磁悬浮系统的研究，并均取得了令世人瞩目的进展.

德国开发的磁悬浮列车 Transrapid 于 1989 年在埃姆斯兰试验线上达到每小时 436 km 的速度. 日本开发的磁悬浮列车 MAGLEV（magnetically levitated trains）于 1997 年 12 月在山梨县的试验线上创造出 550 km/s 的世界纪录. 德国和日本两国在经过长期反复的论证之后，均认为有可能于 21 世纪中叶以前使磁悬浮列车在本国投入运营.

我国的磁悬浮技术研究虽然起步晚，但也取得了令世人瞩目的成就——2001 年 8 月 14 日，我国第一辆磁悬浮列车在长春客车厂成功下线，它标志着我国是继日本、德国之后，第三个掌握磁悬浮列车技术的国家. 该车最高速度为 100 km/h. 2003 年 1 月 4 日世界上首条用于商业运营的线路——上海的磁浮列车在中国大地上诞生. 目前上海到杭州的磁悬浮线路也在规划之中.（全长 175 km，计划投资 200 亿左右.）

3. 研究内容

本书将以自行设计的简易磁悬浮列车模型为研究对象，研究影响直线电机对磁悬浮列车模型驱动力的因素（如初速度、电压、电容、单相电与三相电的区别）. 本书将着重对单相电与三相电对直线电机作用下超导磁悬浮列车模型驱动力的影响进行研究.

4. 研究方法及要求

试验法：通过实验测量出直线电机对磁悬浮列车的驱动力.
比较法：对比单相电与三相电作用下直线电机对小车的驱动力的大小关系.
分析法：分析造成单相电与三相电做用下直线电机对小车驱动力大小不同的影响的因素.

【创新设计与制作】

1. 直线电机与磁悬浮原理及应用

1）直线电机的工作原理

直线电机的基本组成部分为初级和次级，初级相当于旋转电机定子；次级相当于旋转电机转子（图 4.4.1）. 当需要直线电机工作时，在直线电机初级通入三相对称正弦交流电后，产生沿直线方向正弦分布的气隙磁场. 当三相电流随时间变化时，气隙磁场按定向相序沿直线方向平移，称为行波磁场. 它的移动速度与旋转磁场在定子圆周表面上的线速度一致，即

$$v_s = n_s \cdot 2p\tau/60 = 2f\tau \quad (\text{m/s})$$

式中，v_s 为行波磁场的同步速度，m/s；n_s 为旋转磁场的同步速度，r/min；p 为电机的极数；τ 为电机的极距，m；f 为三相交流频率，Hz

速度为 v_s 的行波磁场切割次级导体，在导体中感应电动势，并产生感应电流，进而与气隙中的磁场相互作用，产生电磁推进力，次级就做直线运动.

2）超导磁悬浮工作原理

超导体是在人类发展低温技术并不断地在新的温度范围里研究物质的物理性质的过程中发现的，超导体具有以下两种基本性质：

（1）零电阻效应-完全导电性.

当一些物质在温度降低到某一临界值（临界温度）时，该物质的电阻会突然降为零. 我们把这种电阻突然降为零而显示出具有超导电性的物质状态定名为超导态，而把电阻发生突变的温度称为超导临界温度 T_c. 超导体的零电阻效应也显示其具有无损耗输运电流的性质. 目前的高压输电线的能量损耗高达 10%以上，如果用超导导线替代它们，可极大降低输电成本. 因此，若普及超导材料制成输电线路，用于长距离直流输电，可以节约大量的能源[2].

（2）完全抗磁性.

1933年，德国物理学家迈斯纳等对锡单晶球超导体做磁场分布的实验测量. 他们发现，无论先降温，使超导体进入超导态，然后再加磁场，还是先加上磁场，然后降低温度，使超导体进入超导态，磁场都会被排斥出去，超导体内部磁场强度总等于零，即 $B = 0$. 这就是说，不管超导体内有无磁场，无论以什么途径进入超导态，超导体不允许磁场存在于它的内部，即超导体具有完全抗磁性. 超导体的这种完全抗磁性根源于导体表面的屏蔽电流. 当超导体进入超导态时，在其表面将感应出一定的超导电流. 该电流所产生的磁场在超导体内与外磁场方向相反，彼此恰好抵消，从而使超导体内的总磁场强度为零，起到屏蔽外磁场的作用.

超导体的完全抗磁性会产生磁悬浮现象，若把超导材料放在一块永久磁体上，

磁体和超导体之间就会产生斥力，使超导体悬浮在磁体上方，这就是超导磁悬浮.

3）磁悬浮列车的工作原理

磁悬浮列车的基本工作原理是利用两个同名磁极之间的磁斥力或两个异名磁极之间磁吸力，使电磁力抵消地球引力，从而使列车与导轨之间分离，从而最大限度地减小列车与导轨间的摩擦力，同时最大限度地提高列车的速度.

当今，世界上的磁悬浮列车主要有两种"悬浮"形式，一种是斥浮型，它利用两同名磁极间的排斥力，使列车悬浮起来. 这种磁悬浮列车车厢的两侧，安装有磁场强大的超导电磁铁. 车辆运行时，这种电磁铁的磁场切割轨道两侧安装的铝环，致使其中产生感应电流，同时产生一个同极性反磁场，并使车辆推离轨面在空中悬浮，如图 4.4.2 所示.

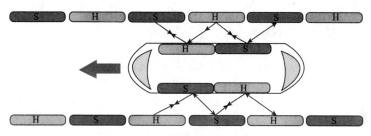

图 4.4.2　同极性反磁场示意图

另一种是吸浮型，它利用两异名磁极之间的吸引力使列车悬浮起来，具体情况是将电磁铁置于轨道下方并固定在车体转向架上，两者之间产生一个强大的磁场，相互吸引时，列车就能悬浮起来. 这种吸力式磁悬浮列车无论是静止还是运动状态，都能保持稳定悬浮状态. 这次，我国自行开发的中低速磁悬浮列车就属于这个类型.

磁悬浮列车具体又可以分为常导型和超导型两大类. 常导型也称异磁吸型，以德国为代表. 它是利用普通直流电磁铁电磁吸力的原理将列车悬起，一般由同步或异步直线电机驱动，悬浮的气隙较小，一般为 10 mm 左右. 常导型高速磁悬浮列车的速度可达 400～500 km/s，适合于城市间的长距离快速运输. 而超导型磁悬浮列车也称超导斥浮型，是以日本为代表，它是利用超导磁体和低温技术来实现列车与线路之间悬浮运行的. 由于超导磁体的电阻为零，在运行中几乎不消耗能量，而且磁场强度很大，在超导体和导轨之间产生的强大排斥力可使车辆浮起，一般悬浮气隙较大，为 100 mm 左右，速度可达 500 km/h 以上.

2. 直线电机在单相电及三相电工作电路设计

直线电机有三组线圈，通入三相对称正弦电流后，便产生行波磁场. 次级感应电流再与气隙磁场相互作用便产生电磁推力，即电机开始工作. 因此，若要直线电机在普通单相电下工作，需要将单相电转化为非标准三相电. 单相电作用下的工作电路如图 4.4.3 所示.

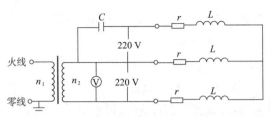

图 4.4.3   单相电转化为非标准三相电

将普通单相电的火线并联一个电容，由于电容对交流电电压变化的阻抗作用，导致这两根火线中的电压变化出现相位差. 这样，三根线彼此之间都有电压差，可视为三相电的线电压. 按图 4.4.3 连接，直线电机就可以工作. 改变电容 C 的大小，可以调整三相电之间的相位差，从而影响直线电机气隙中行波磁场的特性，最终会改变电机的驱动力.

标准三相电作用下直线电机的工作电路如图 4.4.4 所示.

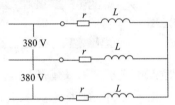

图 4.4.4   直线电机在标准三相电下的工作电路图

给直线电机加交流三相电，通过观察比较小车的爬坡高度，来定性地说明单相电与三相电对直线电机作用下超导磁悬浮列车模型驱动力的影响.

3. 磁悬浮列车模型的具体设计

磁悬浮列车轨道模型设计如图 4.4.5 所示.

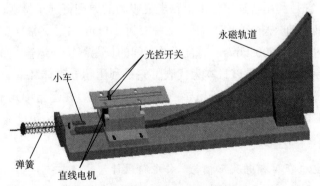

图 4.4.5   磁悬浮列车轨道模型设计图

小车底部有高温超导体样品，注入液氮后，超导体进入超导态，小车就可以悬浮在永磁体轨道上. 该模型通过改变磁悬浮列车模型的初速度来改变直线电机对小车的作用时间，通过测量小车的爬坡高度来间接计算直线电机的驱动力的大小. 初速度利用机械能守恒定律, 由弹簧的弹性势能转化小车的初动能来提供. 在实验过程中应尽可能地保持弹簧的拉伸长度一致, 以保持小车具有相同的初速度.

4. 影响磁悬浮列车模型性能的参数分析

1) 单相电与三相电作用下直线电机对磁悬浮列车模型驱动力影响的实验

（1）不给直线电机通电, 测量在没有直线电机作用下小车的爬坡高度 h_0 的大小. 通过改变弹簧的拉伸长度 X 来实现.

（2）给直线电机通单相电转化成非标准三相交流电, 调节电容. 观察小车在同一初速度下的爬坡高度, 找到一个最佳状态——直线电机对小车的驱动力最大. 改变小车的初速度（通过改变弹簧的拉伸长度来实现）, 测量直线电机在单相电作用下不同的初速度, 测量小车的爬坡高度 H_1 的大小. 间接测量直线电机对小车驱动力的大小 f_1（用爬坡高度表示）.

（3）给小车通三相交流电, 测量不同的初速度, 测量小车的爬坡高度 H_2 的大小. 间接测量直线电机对小车驱动力的大小 f_2（用爬坡高度表示）.

2) 对实验数据进行处理和分析

通过实验观测, 小车质量 $m = 0.15$ kg, 小车总长 $s = 7$ cm. 在单相电作用下, 当电容 $C = 20$ μF 时, 直线电机对小车的驱动力最大. 改变初速度, 测小车的爬坡高度, 如表 4.4.1 所示.

表 4.4.1

X/m	h_0 /m	H_1 /m	H_2 /m	f_1 /m	f_2 /m
0.07	0.042	0.062		0.020	
0.08	0.05	0.072	0.155	0.022	0.105
0.09	0.06	0.081	0.161	0.018	0.101
0.10	0.073	0.093	0.164	0.020	0.091
0.11	0.09	0.108	0.184	0.018	0.094
0.12	0.106	0.119	0.186	0.013	0.080
0.13	0.137	0.134	0.192	0.007	0.055
0.14	0.143	0.148	0.200	0.005	0.057

根据机械能守恒定律

$$\frac{1}{2}kx^2 = \frac{1}{2}mv^2 = mgh_0$$

$$k = \frac{2mgh_0}{x^2}, \quad v = \sqrt{\frac{k}{m}}x, \quad F = \frac{mgf}{s}$$

由表 4.4.1 计算的表 4.4.2，$C = 20\ \mu F$.

表 4.4.2

X/m	初速度 $v/$（m/s）	力（F_1）单相电/N	力（F_2）三相电/N
0.07	0.89	0.42	
0.08	0.97	0.46	1.995
0.09	1.09	0.44	1.981
0.10	1.21	0.42	1.971
0.11	1.33	0.38	1.774
0.12	1.45	0.27	1.47
0.13	1.57	0.15	1.197
0.14	1.69	0.11	1.14

由上表数据做图，当 $C = 20\ \mu F$ 时，单相电与三相电作用下初速度与直线电机作用力的关系如图 4.4.6 所示.

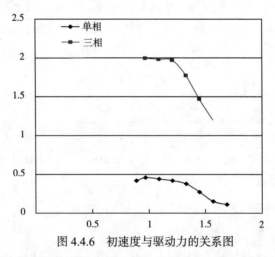

图 4.4.6　初速度与驱动力的关系图

横轴表示初速度，纵轴表示直线电机对超导磁悬浮列车模型的驱动力

结果分析：由以上数据分析可以得出以下结论，直线电机对磁悬浮列车的驱动力与速度有关，直线电机对列车的驱动力随着初速度的逐渐增大而减小. 同时由图像可以看出，在单相电作用下的直线电机对列车的驱动力较小，而三相电作用下的直线电机对列车的驱动力就大得多. 因为随着初级端电压的增大，初级线圈中的电流也会增大，致使气隙中行波磁场的振幅增大，次级的感应电流也随之增大，最终造成次级所受驱动力变大. 三相电的电压为 120 V，要比单相电作用下大得多，所以会出现图中所看到的现象.

通过实验，也发现了我们在设计过程中存在一些不足. 例如，我们的初速度提供装置，初速度的大小受人为影响较大，且每次撞击小车过程中的能量损耗没有考虑进去，小车的爬坡高度也是通过目测获得的，这里面的人为因素也要考虑进去. 而小车在试验过程中质量也在不断变化，所以通过实验提出了一些对实验的改进方案：

　　小车改由装置左端弧形轨道的一固定高度释放. 这就可以保证小车的每次在通过直线电机时所具有的初速度相同，从而避免由于初速度的不恒定造成对直线电机驱动力测试结果的影响. 或者在小车通过直线电机的前端与后端分别安装一个光电计数器，并在小车上做一定的改进，用两个光电计数器分别测出小车通过直线电机前后的速度，从而精确地计算出直线电机对小车的驱动力.

【思考与探索】

　　试验设计了超导磁悬浮列车模型，测试了模型由在单相电网中和在标准三相电网中运作的直线电机驱动. 对作用在列车模型上的直线电机驱动力进行实验分析，通过实验得出在相同初速度下，直线电机对超导磁悬浮列车模型的驱动力随初速度的增大而变化，当增大到一定的程度，随初速度的增大而逐渐减小. 而且三相电作用下的直线电机对小车的作用比单相电作用下大得多. 把实验结果和标准三相电作用下直线电机的理论结果作比较，可以看出，虽然单相电网中运作的直线电机驱动力比三相电中的要小，但电机还是可以正常工作的. 因此，在一些只有单相电源的场所，通过电容法改装单相电驱动三相电机是可行的.

　　本实验所设计的磁悬浮列车模型可以应用于教学演示实验，它能够让学生形象地观察到磁悬浮现象以及直线电机的驱动效果，深入理解其内在原理，激发学习兴趣. 同时也可用作大学生的综合试验教学，我们发现磁悬浮列车的研究和制造涉及自动控制、电力电子技术、直线推进技术、机械设计制造、故障监测与诊断等众多学科，技术十分复杂，对大学生学习如何提高运用自身知识解决问题的能力也有很大的教育意义. 并且磁悬浮列车的研究和制造是一个国家科技实力和工业水平的重要标志. 与普通轮轨列车相比，磁悬浮列车具有低噪声、无污染、安全舒适和高速高效的特点，因此磁悬浮列车发展是适应时代的需要，是未来交通工具发展的方向.

创新设计与制作4.5　初速度对直线电机作用下的超导磁悬浮列车模型驱动力的影响

【发展过程与前沿应用概述】

1. 研究背景

随着人们安全，环保意识的增强，磁悬浮列车以其安全、高速、环保的优点而成为世界的焦点. 磁悬浮列车与当今的高速列车相比，具有许多无可比拟的优点：由于磁悬浮列车是轨道上行驶，导轨与机车之间不存在任何实际的接触，成为"无轮"状态，故其几乎没有轮、轨之间的摩擦，时速高达每小时几百公里；磁悬浮列车可靠性大、维修简便、成本低，其能源消耗仅是汽车的 1/2、飞机的 1/4；噪音小，当磁悬浮列车时速达 300 公里以上时，噪声只有 65 分贝，仅相当于一个人大声地说话，比汽车驶过的声音还小；由于它以电为动力，在轨道沿线不会排放废气，无污染，是一种名副其实的绿色交通工具.

1911 年，俄国托木斯克工艺学院的一位教授曾根据电磁作用原理，设计并制成一个磁垫列车模型. 该模型行驶时不与铁轨直接接触，而是利用电磁排斥力使车辆悬浮而与铁轨脱离，并用电动机驱动车辆快速前进.

1960 年美国科学家詹姆斯·鲍威尔和高登·丹提出磁悬浮列车的设计，利用强大的磁场将列车提升至离轨几十毫米，以 300 km/h 的速度行驶而不与轨道发生摩擦. 遗憾的是，他们的设计没有被美国所重视，而是被日本和德国捷足先登. 德国的磁悬浮列车采用磁力吸引的原理，克劳斯·马菲公司和 MBB 公司于 1971 年研制成功常导电磁铁吸引式磁浮模型试验车. 英国于 1984 年在伯明翰建成低速磁力悬浮式铁路并投入使用，其磁浮列车称为"玛戈莱夫"，由一台异步线性电动机驱动，运行时高出轨面 15 mm，它由两个车厢组成，每个车厢能载 40 名乘客. 列车上无驾驶员，由计算机自动控制.

随着超导和高温超导热的出现，推动了超导磁悬浮列车的研制. 这种超导磁悬浮列车利用超导磁石使车体上浮，通过周期性地变换磁极方向而获得推进动力. 日本于 1977 年制成了 ML500 型超导磁浮列车的实验车，1979 年宫崎县建成全长 7000 m 的试验铁路线，1979 年 12 月达到了 517 km/h 的高速度，证明了用磁悬浮方式高速行驶的可能性. 1987 年 3 月，日本完成了超导体磁悬浮列车的原型车，其外形呈流线形，车重 17 吨，可载 44 人，最高时速为 420 km. 车上装备的超导体电磁铁所产生的电磁力与地面槽形导轨上的线圈所产生的电磁力互相排斥，从而使车体上浮. 槽形导轨两侧的线圈与车上电磁铁之间相互作用，从而产生牵引力使车体一边悬浮一边前进. 由于是悬空行驶，因而基本上不用车轮. 但在起动时，还需有车轮做辅助支撑，这和飞机起降时需要轮子相似. 这列超导磁悬浮列车由于试验线路太短，未能充分展示出它的卓越性能.

我国从 20 世纪 70 年代开始进行磁悬浮列车的研制，首台小型磁悬浮原理样车在 1989 年春 "浮" 起来了. 1995 年 5 月，我国第一台载人磁悬浮列车在轨道上空平稳地运行起来. 这台磁悬浮列车长 3.36 m，宽 3 m，轨距 2 m，可乘坐 20 人，设计时速 500 km. 1996 年 7 月，国防科技大学紧跟世界磁悬浮列车技术的最新进展，成功地进行了各电磁铁运动解耦的独立转向架模块的试验. 目前，美国正在研制地下真空磁悬浮超音速列车. 这种神奇的 "行星列车" 设计最高时速为 2.25 万 km，是音速的 20 多倍. 它横穿美国大陆只需 21 min，而喷气式客机则需 5 h. 这项计划要求首先在地下挖出隧道，铺设 2~4 根直径为 12 m 的管道，然后抽出管道中的空气，使其接近真空状态，最后再用超导方式行驶磁悬浮列车.

2. 磁悬浮与直线电机简介

磁悬浮原理就是利用磁铁 "同性相斥，异性相吸" 的性质，使得一部分磁铁或通电线圈处于悬浮状态. 自从人们发现这一悬浮现象后，科学家就对这一现象及其原理和应用进行了深入研究. 现在这一理论已经被广泛应用于各个方面. 比如，设计出磁悬浮列车、制造出磁悬浮轴承、磁悬浮风力发电机[3]，还有磁悬浮玩具等.

直线电机就好比把一台旋转运动的感应电动机沿着半径的方向剖开，并且展平，这就成了一台直线感应电动机. 直线电机是一种新型电机，近年来应用日益广泛. 尤其是自从直线电机被用来作为磁悬浮列车的驱动器后，更是得到快速发展. 直线电机除了用于磁悬浮列车外，还广泛地用于其他方面，如用于传送系统、电气锤、电磁搅拌器等. 在我国，直线电机也逐步得到推广和应用. 直线电机的原理虽不复杂，但在设计、制造方面有其自己的特点，产品尚不如旋转电机那样成熟，有待进一步研究和改进.

3. 研究内容、方法及要求

1）研究内容

自行设计超导磁悬浮列车模型. 通过该模型研究在其他条件不变的情况下初速度对驱动力的影响.

2）研究方法及要求

本书主要采用实验研究的方法，最后要求对实验所得结果进行定性的分析.

【创新设计与制作】

1. 直线电机与磁悬浮列车原理

磁悬浮列车原理：磁悬浮列车的原理并不深奥. 它是运用磁铁 "同性相斥，异性相吸"的性质，使磁铁具有抗拒地心引力的能力，即"磁性悬浮". 科学家将"磁性悬浮"的原理运用在铁路运输系统上，使列车完全脱离轨道而悬浮行驶，成为"无轮"列车，时速可达几百公里以上. 这就是所谓的"磁悬浮列车"，亦称之为"磁垫车". 由于磁铁有同性相斥和异性相吸两种形式，故磁悬浮列车也有两种相应的形式：一种是利用磁铁同性相斥原理而设计的电磁运行系统的磁悬浮列车，它利用车上超导体电磁铁形成的磁场与轨道上线圈形成的磁场之间所产生的相斥力，使车体悬浮运行的铁路；另一种则是利用磁铁异性相吸原理而设计的电动力运行系统的磁悬浮列车，它是在车体底部及两侧倒转向上的顶部安装磁铁，在 T 形导轨的上方和伸臂部分下方分别设反作用板和感应钢板，控制电磁铁的电流，使电磁铁和导轨间保持 10～15 mm 的间隙，并使导轨钢板的吸引力与车辆的重力平衡，从而使车体悬浮于车道的导轨面上运行. 本实验中就是运用超导体的完全抗磁性，使得超导体在磁铁的斥力下而悬空，从而达到列车模型与轨道之间无摩擦的理想状态.

直线电机原理：直线电机的原理并不复杂. 设想把一台旋转运动的感应电动机沿着半径的方向剖开，并且展平，这就成了一台直线感应电动机. 在直线电机中，相当于旋转电机定子的，叫初级；相当于旋转电机转子的，叫次级. 初级中通以交流，次级就在电磁力的作用下沿着初级做直线运动. 这时初级要做得很长，延伸到运动所需要达到的位置，而次级则不需要那么长. 实际上，直线电机既可以把初级做得很长，也可以把次级做得很长；既可以初级固定次级移动，也可以次级固定、初级移动. 一般情况是初级固定，次级移动. 当给直线电机接通三相交流电后，由于三相电各相初相不同，则直线电机就会产生一个行波. 行波带动次级运动. 这就是直线电机的工作原理. 直线电机是一种新型电机，近年来应用日益广泛. 直线电机主要应用于三个方面：一是应用于自动控制系统，这类应用场合比较多；其次是作为长期连续运行的驱动电机；三是应用在需要短时间、短距离内提供巨大的直线运动能的装置中，如磁悬浮列车、直线电机驱动的电梯、高功率的电动机等. 我们用来研究的磁悬浮列车模型就是用直线电机来驱动的.

本实验中，磁悬浮列车模型的驱动力就是由单相直线电机提供的. 当直线电机通电后，就会形成一个行波. 当磁悬浮列车模型通过直线感应电机时，就会在模型所携带的铝片内形成感应电流——涡流. 根据楞次定律，感应电流的效果总是反抗引起感应电流的原因. 此时，模型相当于反向切割直线感应电机所产生的磁场，所以模型就受到直线感应电机向前的推力. 其推力的计算公式为

$$F_0 = \left(\frac{1}{r_2} + \frac{1}{r_e}\right)\frac{sV_1^2}{\left\{1 + \left(\frac{s}{r_2} + \frac{s^2+B}{r_e} - jb_0\right)Z_1\right\}^2 v_s} \tag{4.5.1}$$

其中，V_1 为初级每相端电压有效值；E_1 为初级每相感应电动势有效值；r_e 为初级

每相绕阻；v_{s} 为同步速率，即行波速率；s 为滑差率，即 $s = \dfrac{v_{s} - v}{v_{s}}$；$v$ 为次级速度.

2. 工作电路设计

如图 4.5.1 所示，本电路即为实验工作电路. n_{1}，n_{2} 为变压器，用来调节工作电压；r 为直线电机电阻；L 为线圈电感；C 为电容器，用来将单相电转变成非标准三相电，以支持直线电机工作.

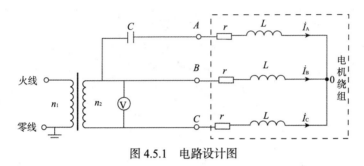

图 4.5.1　电路设计图

3. 超导磁悬浮列车模型的设计

如图 4.5.2 所示，此图即为实验模型图. 当磁悬浮小车通过被其探测到时，控制电路就会工作. 磁悬浮导轨是由每排 3 个磁铁排列而成，即 N-S-N 型导轨，当给小车模型填入液氮后，小车处于超导态，就会悬浮在永磁轨道之上. 直线电机的作用是当小车通过时给小车推力. 弹簧将为小车模型提供初速度.

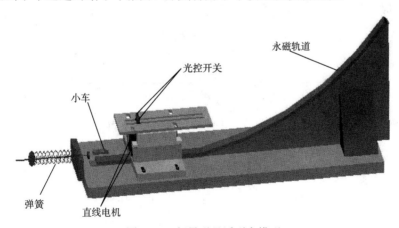

图 4.5.2　超导磁悬浮列车模型

4. 影响磁悬浮列车模型性能的参数分析

1）初速度对磁悬浮列车模型驱动力影响的实验

设弹簧劲度系数为 K，离开平衡位置的距离为 X，小车的重量为 M，初速度为 V，未经直线电机作用爬升高度为 h_{0}，小车经过直线电机作用后爬升高度为 h，电

机驱动力为 F，重力加速度为 g. 由机械能守恒定律得

$$\frac{1}{2}KX^2 = mgh_0 \qquad (4.5.2)$$

$$\frac{1}{2}KX^2 = \frac{1}{2}MV^2 \qquad (4.5.3)$$

变形得

$$V = \sqrt{\frac{K}{M}}X \qquad (4.5.4)$$

又由能量守恒原理得

$$\frac{1}{2}KX^2 + FS = Mgh \qquad (4.5.5)$$

解得

$$F = \frac{Mgh - \frac{1}{2}KX^2}{S} \qquad (4.5.6)$$

将 $h_0 = 0.09\ m$，$X = 0.11\ m$，$g = 9.8\ m$，$m = 0.15\ kg$ 代入式（4.5.2）解得 $k = 21.9$.

实验中测得 X、h、h_0、S 的值，并利用式（4.5.4）和式（4.5.6）计算得 V、F 的值，如表 4.5.1 所示.

表 4.5.1 实验数据

X/m	h_0/m	h/m	v_0 /（m/s）	F/N
0.07	0.042	0.062	0.85	0.42
0.08	0.05	0.072	0.97	0.46
0.09	0.06	0.081	1.09	0.44
0.10	0.073	0.093	1.21	0.42
0.11	0.09	0.108	1.33	0.38
0.12	0.106	0.119	1.45	0.27
0.13	0.127	0.134	1.57	0.15
0.14	0.143	0.148	1.69	0.11

2）对实验数据进行处理和分析

（1）根据表 4.5.1 中数据画出 F-V 曲线图，如图 4.5.3 所示.

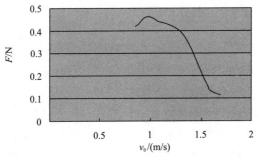

图 4.5.3　驱动力随初速度变化曲线图

（2）对曲线图进行定性分析：根据式（4.5.1）我们可画出在标准三相电作用下理论上的初速度-推力曲线图，如图 4.5.4 所示.

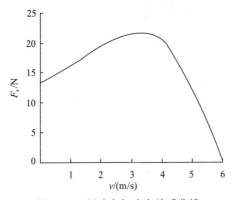

图 4.5.4　驱动力与速度关系曲线

当初速度逐渐增大时，滑差 s 逐渐减小. 由式（4.5.1）可知，随着 s 的减小，推力 F 开始先是增大，但随着 s 的继续减小，F 则开始减小. 由上图可以直观地看出，推力 F 与初速度的关系. 根据直线电机工作原理，我们知道随着初速度的增大，推力应该不断减小. 然而，我们却必须考虑到直线电机的边缘损耗 $W_l = \dfrac{\lambda}{6}\left(2S^2 - S + \dfrac{3}{\varepsilon^2\pi^2}\right)V_s^2\beta_\mu^2$. 随着初速度的增大，边缘损耗功率开始不断减小，而后又不断增大. 这就造成总体上直线电机推力开始是增大，而后又减小.

对比图 4.5.3 和图 4.5.4 可以看出，两图既有相符又有不同. 相符处在于推力都是随着初速度的增大先增大后减小，不同处在于实验所得结果没有理论值平滑. 之所以出现这种情况，是由于实验的过程中，磁悬浮列车模型内装的液氮不断挥发，造成其质量在不断减小，使得难以保证每次测量时小车的质量完全相同；第二，随着初速度的增大，小车受到的空气阻力也不断增大，也会造成实验的误差；第三，小车经电机加速后爬升高度，我们采取目测，其中夹杂了人为因素，会导致误差.

【思考与探索】

通过实验可看出本次实验所得结果与理论基本相符，可以明显地得出直线电机的驱动力随初速度的变化趋势. 这说明本实验是成功的, 也说明了模型设计和电路设计的合理性. 但模型的精确性还有待提高.

本研究探索了磁悬浮原理和直线电机的基本原理及其应用，并且介绍了磁悬浮列车的发展过程及当前的发展状况. 我们通过自行设计的磁悬浮列车模型和工作电路成功地进行了对直线电机驱动力随初速度的变化的研究，成功地得到了驱动力随初速度的变化趋势. 通过这次实验, 提高了我们进行实验研究的能力, 并且使我们在实验的过程中对磁悬浮列车有了更深的了解.

创新设计与制作4.6 电压对单相直线电机作用下超导磁悬浮列车模型驱动力的研究

【发展过程与前沿应用概述】

1. 研究背景

磁悬浮列车改变了传统车辆靠轮轨摩擦力推进的方式,采用电磁力悬浮车体、直线电机驱动技术,在高速行驶时以不到几厘米的间隙悬浮在导向路面上,从而实现无接触、不带燃料的高速运行. 它的出现,是人类地面交通技术史上的一次重大突破,被誉为 21 世纪理想的交通工具. 磁悬浮列车的突出优点是速度快(可达 500 km/h)、噪声污染轻、能源消耗小以及安静舒适等. 世界许多发达国家均在这一领域花费很大精力进行研究和开发,并取得了重大发展. 本书设计了一个简易的超导磁悬浮列车模型,定量研究了驱动列车模型的直线电机驱动力与电压之间的关系.

2. 直线电机与磁悬浮列车简介

直线电机是一种不需要任何中间传动环节,把电能直接转换成直线运动的机械能的驱动装置. 在直线运动方面,它有效克服了传统传动方式"旋转电机+滚珠丝杆",传动链尺寸大、传动效率低、能耗高、精度差、污染环境等缺点. 随着工业技术快速发展带来的机械装备中对直线运动的高精度要求,直线电机驱动系统日益被人们所认同. 目前,直线电动机主要应用于三个方面:一是应用于自动控制系统;二是应用于交通运输业的驱动系统;三是应用在需要短时间、短距离内提供巨大的直线运动能的装置中. 高速磁悬浮列车是直线电动机实际应用的最典型例子.

对于磁悬浮列车的研究由来已久,其依靠电磁吸力或电磁斥力将列车悬浮于空中并进行导向,实现列车与地面轨道间的无机械接触. 目前世界上磁悬浮列车有两种类型:一是以德国为主要代表的常导吸浮型,其列车的悬浮方式采用电磁悬浮(EMS),用一般导体线圈,以异性磁极相吸的原理,把列车吸引上来,悬浮运行. 一般由同步或异步直线电机驱动,悬浮高度较小,为 10~15 mm,时速可根据需要设计为 100~500 km/h. 二是以日本为主要代表的超导斥浮型,其列车的悬浮方式采用电动悬浮(EDS),用低温超导线圈,以同性磁极相斥原理,在车轮和钢轨之间产生排斥力,使列车悬浮运行. 一般由同步直线电动机驱动,悬浮高度较大,为 100 mm 左右,时速以高速为多,可达 500 km/h 以上.

【创新设计与制作】

1. 超导磁悬浮原理

超导体是人类在发展低温技术并不断在新温度范围里研究物质的物理性质的过程中发现的，其具有以下两种基本性质：

1）零电阻效应——完全导电性

在通常状态下，任何物质都有电阻，根据其导电性，物质可分为导体、半导体和绝缘体，但对超导体而言，当其温度 $T > T_c$（超导临界温度）时，它们处于正常态，其电阻 R 与其尺寸形状和材料的性质有关即 $R = \rho L / S$. 当温度降低到 $T < T_c$ 时，其电阻突然消失，处于超导态. 曾经有人把一个超导圆线圈放在磁场中，突然降温至 T_c 以下，再把磁场去掉，根据电磁感应原理，线圈内磁通量变化时，在超导线圈中要产生感应电流，由于超导线圈电阻为零，结果发现这个感应电流居然在经过一年以上的时间里未见有丝毫衰减. 即超导闭合回路中一旦有电流产生，便会有永久的电流存在，超导体显示出一种完全导电性.

利用超导体的这种性质我们可以制造超导磁体. 由于超导体电阻为零，所以它可以承载大电流产生强磁场，构成超导磁体且无焦耳热损耗. 超导线圈产生的磁场可高达 10～100 T，并且只要超导电性不被破坏，就可保持恒定的磁场不衰减.

超导体的零电阻效应也显示其具有无损耗输运电流的性质. 目前，高压输电线的能量损耗高达 10% 以上，如果用超导导线替代它们，可极大降低输电成本. 因此，若普及超导材料制成输电线路，用于长距离直流输电，可以节约大量的能源，前景极为可观.

2）迈斯纳效应——完全抗磁性

在超导体中，由于 $\rho = 0$，即 $\sigma \to \infty$，由欧姆定律 $j = \sigma E$，可得超导体内场强 E 为零，即

$$E = 0$$

再由法拉第电磁感应定律的微分形式 $\nabla \times E = -\dfrac{\partial B}{\partial t}$ 可得，在超导体中有

$$\frac{\partial B}{\partial t} = 0$$

这就是说，在超导体中不可能有随时间变化的磁感应强度，即超导体内部磁场强度是个定值.

1933 年，德国物理学家迈斯纳等对锡单晶球超导体做磁场分布的实验测量. 他们发现，无论先降温，使超导体进入超导态，然后再加磁场；还是先加上磁场，然后降低温度，使超导体进入超导态，磁场都会被排斥出去，超导体内部磁场强

度总等于零. 这就是说，不管超导体内有无磁场，无论以什么途径进入超导态，超导体都不允许磁场存在于它的内部，即超导体具有完全抗磁性，也叫迈斯纳效应. 完全抗磁性是超导体的第二个基本特性，它是无法用零电阻效应解释的. 零电阻效应只能说明超导体内部的磁通冻结不变，而完全抗磁性则表明超导体内的不变磁通只能为零. 只有同时具有零电阻和完全抗磁性的材料才有希望成为真正的超导体. 超导体的这种完全抗磁性根源于导体表面的屏蔽电流. 当超导体进入超导态时，在其表面将感应出一定的超导电流（称为迈斯纳电流）. 该电流在超导体内产生的磁场与外磁场方向相反，彼此恰好抵消，从而使超导体内的总磁场强度始终为零，起到屏蔽外磁场的作用.

　　超导体的抗磁性会产生磁悬浮现象. 把处于超导态的超导体放在永久磁体的上面，超导体和磁体之间就会产生排斥力，使超导体悬浮在磁体上方，这就是超导磁悬浮（图 4.6.1）. 这种悬浮力的本质是超导体表面的屏蔽电流在超导体外产生的磁场与外磁场的相互作用力.

图 4.6.1　超导体悬浮在永磁体上

　　超导磁悬浮现象在工程技术中有许多重要的应用，如用来制造磁悬浮列车和超导无摩擦轴承等. 本文所设计的超导磁悬浮列车模型就是把装有超导体的小车放在永磁体铺成的轨道上运行的.

　　2. 直线电机工作原理

　　将一台旋转式感应电动机沿径向剖开，并将电机的圆周展成一条直线，就得到了最原始的单边型直线感应电动机（图 4.6.2）. 直线电动机中与旋转电机的定子侧对应的一侧称为初级，与转子侧对应的一侧称为次级. 直线电机既可以让次级运动，也可以固定次级，让初级运动.

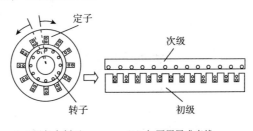

（a）沿径向剖开　　　（b）把圆周展成直线

图 4.6.2　直线电机的由来

当直线电机通入三相对称正弦交流电后，会在初级与次级之间的气隙中产生沿直线方向正弦分布的气隙磁场. 当三相电流随时间变化时，气隙磁场按定向相序沿直线方向平移，称为行波磁场. 它的移动速度与旋转磁场在定子圆周表面上的线速度一致，即

$$v_s = n_s \cdot 2p\tau/60 = 2f\tau \quad (\text{m/s})$$

式中，n_s 为旋转磁场的同步速度，r/min；p 为电机的极数；τ 为电机的极距，m；f 为三相交流频率，Hz.

次级导体在速度为 v_s 的行波磁场中切割磁感线，产生感应涡流，进而与气隙中的磁场相互作用，便受到电磁推进力，进行直线运动（图 4.6.3）. 在电机结构上，直线电机的初级与旋转电机定子之间的差别在于，前者铁芯的纵向两端是开断的，形成了两个纵向边缘，这种结构直接导致了直线电机磁路的开断，使铁芯内安放的三相绕组之间的互感不相等. 当接上三相对称电源后各相电流并不对称，因而在气隙中除正向行波磁场外，还会产生反向行波磁场和脉动磁场. 即使在三相绕组中流过对称电流，由于纵向边端的影响、奇数极的采用等，都会在气隙中引起脉动磁场. 因此，分析直线电机就不得不考虑其边缘效应的影响.

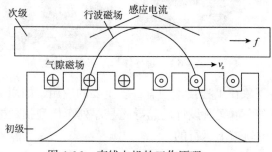

图 4.6.3 直线电机的工作原理

因为直线电机可以认为是旋转电机的一种演变，其稳态特性近似计算方法可沿用旋转感应电机的等效电路法，只不过要把边端效应考虑进去. 直线电机边端效应引起的边端功率 P_e 主要包括有效输出功率 P_f 和损耗功率 P_1，因而需将反映其功率的等效电阻 R_e、R_f 和 R_1 引入数学模型. 引入边端效应后的等效电路如图 4.6.4 所示.

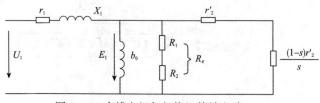

图 4.6.4 直线电机每相绕组等效电路

图中，r_1、x_1 为初级每相绕组电阻、初级每相漏电抗（Ω）；b_0 为励磁电纳（Ω）；r_2' 为次级导体电阻初级换算值（Ω）；s 为滑差，$s = (v_s - v)/v_s$；v 为次级速度；$R_e = r_e[1/(s^2 + \beta)]$；$R_f = r_e[s(1-s)/(s^2 + \beta)^2]$；$R_1 = r_e[(2s^2 - s + \beta)/(s^2 + \beta)^2]$. 其中，$\beta = (3/\varepsilon^2 \pi^2)$，$r_e$ 为与电机极数、气隙、绕组匝数等参数有关的等效电阻值. 由图 4.6.5 可得初级每相端电压有效值 U_1 和感应电动势有效值 E_1 的关系为

$$U_1 = E_1[1 + (s/r_2 + 1/R_e - jb_0)z_1]$$

其中，$z_1 = r_1 + jx_1$.

此时，直线电机的驱动力包括两部分，一是电机中心区域产生的驱动力 F_c，另一个是因边端效应产生的驱动力 F_e，则电机总的直线驱动力 F 为

$$F = F_e + F_c = \frac{sE_1^2}{r_2 v_s} + \frac{sE_1^2}{r_e v_s} = \frac{sU_1^2\left(\dfrac{1}{r_2} + \dfrac{1}{r_e}\right)}{v_s\left[1 + \dfrac{sz_1}{r_2} + \dfrac{(s^2 + \beta)z_1}{r_e} - jb_0 z_1\right]^2}$$

式中，v_s 为行波磁场的同步速度. 由此式可以看出电机总的驱动力 F 与初级每相端电压有效值 U_1 的平方成正比.

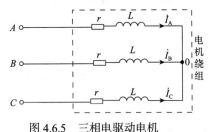

图 4.6.5 三相电驱动电机

3. 直线电机在单相电中运行的电路设计

把直线电机的三相绕组联成星型接入三相对称交流电中（图 4.6.5），若不考虑边端效应，便会在电机的绕组中产生三相对称正弦电流，对称电流激励的磁场相互迭加，就在气隙中产生行波磁场. 次级感应电流再与行波磁场相互作用便产生电磁推力，即电机开始工作. 本书需要直线电机在普通单相电下工作，进行以下电路设计如图 4.6.6 所示.

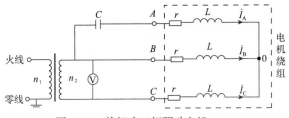

图 4.6.6 单相改三相驱动电机

将普通单相电的火线并联一个电容，作为一根新的火线，由此便得到 3 个接线端口（图 4.6.6 中 A、B、C），分别与直线电机的三相绕组相联. 由于电容对交流电电压变化的阻抗作用，必然导致 OA 两端电压与 OB 两端电压变化不同步，所以电流 $\dot{i}_A$ 与电流 $\dot{i}_B$ 的变化也会不同步，存在相位差. 而 $\dot{i}_A + \dot{i}_B + \dot{i}_C = 0$，即 $\dot{i}_C = -(\dot{i}_A + \dot{i}_B)$，所以 $\dot{i}_C$ 的变化与 $\dot{i}_A$ 和 $\dot{i}_B$ 都不同步. 即 $\dot{i}_A$ $\dot{i}_B$ $\dot{i}_C$ 彼此间都存在相位差，只是相位差不会满足 120°，这样的电流也可以在气隙中形成行波磁场，产生电磁推力. 但是，这种力比三相电中的力要小很多. 此时，我们可以把 ABC 三端口视为一种非标准三相电源. 改变电容 C 的大小可以调整这种电源各相之间的相位差以及电流 $\dot{i}_A$ $\dot{i}_B$ $\dot{i}_C$ 之间的相位差，从而影响直线电机气隙中行波磁场的特性，最终会改变电机的驱动力.

4. 磁悬浮列车模型设计

模型如图 4.6.7 所示，在小车底部有超导体，倒入液氮后，超导体进入超导态，小车就可以悬浮在永磁体轨道上，改变轨道后方的弹簧长度可以给小车不同的初速度. 小车内部两侧有铝片，可以受到电机驱动力. 当光电开关探测到小车头部经过电机时，就自动闭合电机开关，电机开始工作，给小车作用驱动力，直到小车尾部经过探头. 小车会沿着轨道爬升一定的高度.

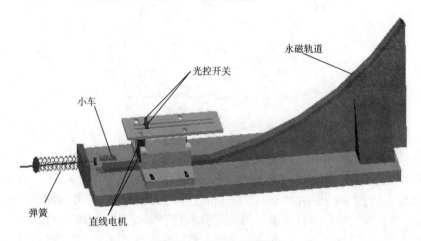

图 4.6.7　磁悬浮列车模型

5. 实验和分析

1）直线电机的工作电压对磁悬浮列车模型驱动力影响的实验

采用 20 μF 的电容按图 4.6.6 连好电路，弹簧每次拉伸 11 cm（不开电机小车爬升高度 $h_0 = 9$ cm），利用变压器改变直线电机工作所在的单相电电压（即图 4.6.6 中 $\dot{U}_{BC}$ 的有效值），记录小车爬升高度 h_1 的变化.

表 4.6.1 实验原始数据

电压 U/V	爬升高度 h_1 /cm			平均爬高 $\overline{h_1}$	$\Delta h = \overline{h_1} - h_0$
50	9.2	9.1	9.2	9.17	0.17
70	9.4	9.2	9.3	9.3	0.3
90	9.4	9.4	9.5	9.43	0.43
110	9.6	9.5	9.6	9.57	0.57
140	9.8	9.8	9.9	9.83	0.83
170	10.0	10.1	10.2	10.1	1.1
200	10.4	10.5	10.4	10.43	1.43
220	10.9	10.7	10.8	10.8	1.8
230	10.8	11.0	11.2	11	2
250	11.5	11.4	11.6	11.5	2.5

2）对实验数据进行处理和分析

弹簧拉伸 $x = 11$ cm，不开电机，小车爬高 $h_0 = 9$ cm，因此有

$$\frac{1}{2}kx^2 = mgh_0 \tag{4.6.1}$$

当开动电机时，小车爬高为 h_1，则有

$$\frac{1}{2}kx^2 + Fs = mgh_1 \tag{4.6.2}$$

其中，f 为电机驱动力；s 为电机驱动力的作用距离，即为小车长度.
式（4.6.2）-式（4.6.1）得

$$Fs = mgh_1 - mgh_0 = mg\Delta h \tag{4.6.3}$$

所以

$$F = \frac{mg\Delta h}{s} \tag{4.6.4}$$

将 $m = 0.15$ kg，$s = 0.07$ m，$g = 9.8$ m/s^2 代入上式，得

$$F = 21 \cdot \Delta h \tag{4.6.5}$$

用式（4.6.5）处理表 4.6.1，得表 4.6.2.

表 4.6.2 电压对应的驱动力

电压 U/V	驱动力 F/N
50	3.57
70	6.3
90	9.03
110	11.97
140	17.43
170	23.1
200	30.03
220	37.8
230	42
250	52.5

由图 4.6.8 可以看出,驱动力是随着电压的增大而增大的. 这是因为随着初级端电压的增大,初级线圈中的电流也会增大,致使气隙中行波磁场的振幅增大,次级的感应电流也随之增大,最终造成次级所受驱动力变大. 根据前面等效电路法分析直线电机的结果,可以看出直线电机驱动力 F 与其工作电压平方成正比,即 $F \propto U^2$,而本实验所得拟合公式为 $F=0.0065U^{1.6057}$,造成这种差别的原因有以下几个方面.

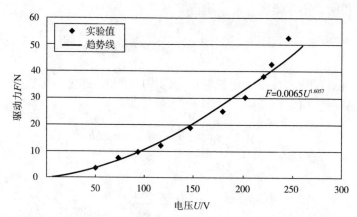

图 4.6.8 弹簧拉伸 11 cm,电容为 20 μF 时得到的 F–U 曲线

传统等效电路法分析的是在标准三相电下工作的直线电机,而本实验所用的直线电机是在单相电接电容改装后的非标准三相电下工作的. 由前面分析可知,这种三相电各相相位差不会满足 120°,因此在这种三相电下工作的直线电机性能不如标准三相电工作下的电机,即在相同的初级电压下,本实验直线电机的驱动力

会比等效电路法所得的结果小，这与实验结果是相符的.

　　另外，标准三相电不仅满足各相相位差为 120°，而且各相端电压有效值相等，即标准三相电是三相对称交流电，而本书改装所得的非标准三相电，不但不满足各相相位差为 120°，也不满足各相端电压相等. 这可由以下分析所得.

　　利用基尔霍夫定律分析图 4.6.6 中的电路图：

$$\dot{U}_{BC}=(r+X_L)(\dot{I}_B-\dot{I}_C)$$

$$(X_C+r+X_L)\dot{I}_A=(r+X_L)\dot{I}_B$$

$$\dot{I}_A+\dot{I}_B+\dot{I}_C=0$$

$$\dot{U}_{AB}=-X_C\dot{I}_A$$

$$\dot{U}_{AC}=\dot{U}_{AB}+\dot{U}_{BC}$$

由以上各式可以解出：

$$\dot{U}_{AB}=\frac{-X_C}{2X_C+3(r+X_L)}\dot{U}_{BC}\,,\quad \dot{U}_{AC}=\frac{X_C+3(r+X_L)}{2X_C+3(r+X_L)}\dot{U}_{BC}$$

其中，r 为线圈内阻；$X_C=1/j\omega C$ 为电容容抗，$X_L=j\omega L$ 为线圈感抗，$\dot{U}_{BC}$ 为 BC 两点的电压，其有效值就是实验时所记录的直线电机工作电压. 将 L 和 C 的值代入，可以看出，$|\dot{U}_{AB}|<|\dot{U}_{BC}|$，$|\dot{U}_{AC}|<|\dot{U}_{BC}|$. 即改装所得的非标准三相电只有 BC 端的电压有效值等于实验所记录的电压值 U，其余两相的电压有效值实际上都比 U 小，这必然造成实验所得的电机驱动力结果比三相对称交流电下的理论结果小.

　　同时可以看出，本实验所得结果与选用的电容有关. 如果改变电容，使改装后的三相电变得更加理想，那我们得到的结果会与理论更加趋近. 因此，在一些只有单相电源的场所，通过接电容法改装单相电驱动三相电机是可行的，电机是可以工作的，只是其输出功率达不到额定功率.

【思考与探索】

　　本文设计了超导磁悬浮列车模型，此模型由在单相电网中运作的直线电机驱动. 对作用在列车模型上的直线电机驱动力进行实验分析，得出驱动力与电压的关系式，可以看出驱动力是随着电压的增大而增大的，把此实验结果和三相电网中直线电机的理论结果相比较并分析其产生差别的原因，可以看出，虽然单相电网中运作的直线电机驱动力比三相电中的要小，但电机还是可以工作的. 因此，在一些只有单相电源的场所，通过接电容法改装单相电驱动三相电机是可行的.

　　另外，本实验所设计的磁悬浮列车模型可以应用于启发式教学，它能够让学生形象的观察到磁悬浮现象以及直线电机的驱动效果，深入理解其内在原理，激发学习兴趣.

创新设计与制作4.7　　两个永久磁体的稳定磁悬浮研究

【发展过程与前沿应用概述】

在看不见的物质支持下实现别的看得见的物体在空气中的悬浮，这总会激起人们的极大兴趣. 当然，我们利用超导材料早就可以实现这种现象，但是对于超导材料而言，条件要求过高，故造价高，不利于投入生产. 所以我们急需一种新型技术来代替它. 现在科学家利用抗磁性物质便可实现在室温下的稳定磁悬浮，这是一个非常易于论证的实验，令人吃惊的是：没有超导材料及其他任何能量的介入，在室温里通过恰当的置入抗磁性物质即可实现稳定的磁悬浮现象. 被悬浮的磁体甚至可以稳定的悬浮于手指之间.

问题的关键在于人们普遍认为：这种空中稳定的磁悬浮几乎是不可能的，即只有磁力和重力的作用下，根据现实生活中见到的现象，如果被悬浮的磁体离悬浮磁体过近，则此时磁力大于重力，且随着距离的进一步缩小，磁力将会越来越大，那么被悬浮磁体将会做变加速移动，直至与悬浮磁体向遇. 反之，如果被悬浮磁体远离悬浮磁体则重力会大于磁力，此时被悬浮磁体将会向下做变加速运动，直至落地.

倘要实现稳定悬浮，则必须在重力和磁力相互平衡的点，否则将会向上加速或向下加速直至与别的物体接触.

问题是：即使在一个极小的力的作用下，也会使物体加速，不会达到平衡，也就不会稳定，即在现实生活中是不能实现稳定的磁悬浮的.

近来，这个问题已经得到了解决，且实现了稳定的磁悬浮，那就是在被悬浮磁体的下侧放入抗磁性物质，但我们为了防止被悬浮磁体向上急速运动导致与悬浮磁体相撞使磁体粉碎（磁体极易碎），采用将被悬浮磁体置入抗磁性物质之间的方式，即用了两块抗磁性物体.

现实生活里有好多物质都是抗磁性的，如水、木材、植物、动物、金刚石、金属铋、金等.

抗磁性物质通常被认为没有磁性，但事实上，它们被磁化后还是有磁性的，只不过磁性特别微弱而已，抗磁性物质在磁体的磁场作用下，抗磁性物质的电子轨道会发生改变从而使其产生很微弱的磁场. 磁化率 χ 是衡量抗磁性物质的抗磁性的主要物理量，表 4.7.1 是一些现实生活中常见的抗磁性物质的磁化率.

表 4.7.1　现实生活中常见的抗磁性物质的磁化率

物质	$-\chi$（$\times 10^{-6}$）
水	8.8
金	34
金属铋	170
石墨	160

由表 4.7.1 易知：在现实生活中的抗磁性物质里，石墨和金属铋是强抗磁性物质的代表. 抗磁性物质产生的磁力很弱，是顺磁性的几亿分之一，而且，石墨和金属铋的抗磁性又是其他的抗磁性物质的将近 20 倍，故我们选取石墨或者金属铋作为实验所用的抗磁性物质. 虽然说抗磁性物质放在磁场中只会产生一个非常微弱的磁场区域，但是它可以帮助我们实现空气中的稳定磁悬浮.

【创新设计与制作】

1. 实验前期准备

1）抗磁性物质的选取及加工

在此实验里要选抗磁性较好的石墨或者金属铋，但是由于石墨不好加工，所以选金属铋作为实验用的抗磁性物质，它易于寻找、易于加工，小孩玩具枪的子弹就是铋，而且它的熔点只有 271℃，易于加工成型. 在此使用中我们将其熔化后倒入事先准备好的圆型模具里，制成铋饼.

2）悬浮磁体的选取

理论上可以选取任意的磁性物质，但是由于要磁化抗磁性很强的物质，所以我们要选取磁性较强的磁体，当然，形状随意.

3）主体支架的选取及加工

由于顺磁性物质会被磁体磁化，以至影响实验，所以选木头作为主体支架的材料，且木材也易于寻找，我们将其做成"木架台".

4）调节杆的选取及加工

由于最佳悬浮处就那么一个点，故调节杆的机械性能必须非常好，在此选螺丝杆作为调节杆，然后将悬浮磁体和调节杆连到一起即可.

2. 实验理论

建立的物理模型如图 4.7.1 所示.

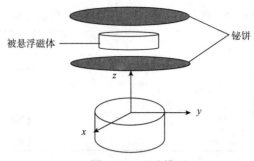

图 4.7.1　理论模型

建立如图 4.7.1 所示的柱坐标（注：以下 $\boldsymbol{\mu}$ 表示被悬浮磁体的磁矩，μ 为铋的磁导率，B 为磁体的磁感应强度），易知被悬浮磁体的内能 $U(r, z)$ 为

$$U(r,z) = mgz - \boldsymbol{\mu} \cdot \boldsymbol{B}(r,z) = mgz - \frac{\mu-1}{\mu+2}B^2(r,z)$$

由于磁体的磁感应强度关于 Z 轴对称，所以点（0，z_0）处的平衡条件是

$$F_z = -\frac{\partial U(0,z_0)}{\partial z} = 0 = -mg + \frac{\mu-1}{\mu+2}\frac{\partial B^2(0,z_0)}{\partial z}$$

$$F_r = -\frac{\partial U(0,z_0)}{\partial r} = 0 = \frac{\mu-1}{\mu+2}\frac{\partial B^2(0,z_0)}{\partial r}$$

稳定平衡条件是

$$\frac{\partial^2 U(0,z_0)}{\partial z^2} = -\frac{\mu-1}{\mu+2}\frac{\partial^2 B^2(0,z_0)}{\partial z^2} > 0$$

$$\frac{\partial^2 U(0,z_0)}{\partial r^2} = -\frac{\mu-1}{\mu+2}\frac{\partial^2 B^2(0,z_0)}{\partial r^2} > 0$$

对于抗磁性物质，磁导率 $\mu < 0$，易知：

$$\frac{\partial^2 B^2(0,z_0)}{\partial z^2} > 0$$

$$\frac{\partial^2 B^2(0,z_0)}{\partial r^2} > 0$$

所以在室温下可以实现空气中的稳定磁悬浮.

3. 实验步骤

（1）将螺杆固定在支架上，将支架放置到水平面上，要求悬浮磁体的底面与水平面保持平行. （图 4.7.2，图 4.7.3）

（2）将两个抗磁性物质铋饼用抗磁性物质撑开一定高度（此高度可以任意的

变化）. 然后将被悬浮磁体置入其中，将它们放到悬浮磁体的正下方.

（3）调节螺杆，并观察下边磁体的悬浮情况.

（4）重复（2）、（3）的步骤直到悬浮磁体很好地被悬浮于空中即可（图 4.7.4）.

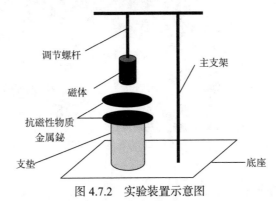

图 4.7.2　实验装置示意图

图 4.7.3　实验主装置实图

（a）两个不同尺寸正方体状磁体悬浮实图

（b）圆盘状磁体悬浮实图

图 4.7.4

4. 实验注意事项

悬浮磁体的位置非常重要，特别是用抗磁性材料时，如果我们让其高度过于接近下面的磁体，那么下面的磁体在磁力作用下，很有可能跳跃到上面磁体上，将两块磁体撞坏（磁体极易破碎）。

【思考与探索】

可以利用这项技术制成磁悬浮轴承,磁悬浮飞轮储能装置等. 磁悬浮轴承面向电力工程的应用具有广阔的前景，根据磁悬浮轴承的原理，可以开发研制大功率的磁悬浮轴承和飞轮储能系统，但要真正开发出产品，这项技术还需要进一步完善.

利用磁力使物体处于无接触悬浮状态的设想是人类的一个古老的梦，此实验通过巧妙地置入抗磁性物质实现了在室温条件下的稳定磁悬浮，随着此项技术的不断完善，它将有可能使我们在地球上也能很容易地实现只有在太空才有的失重现象，将大大改进一些实验效果，促进其应用.

创新设计与制作4.8　基于FPGA的视频目标实时跟踪系统设计与制作

【发展过程与前沿应用概述】

构建了基于 FPGA 的视频目标实时跟踪系统. 该系统充分利用 DE2 开发板上的硬件资源，同时由 NIOS II 软核实时处理视频图像数据. 硬件部分涉及同步静态存储器、（NTSC/PAL）视频编码器、高速 CPU、中断、多功能输入输出等多项技术；软件部分运用差分算法提取真实场景下的目标信息，通过 FIR 滤波器和中值滤波器消除噪声，最后由 NIOS II 软核运行跟踪程序，检测出目标位置并控制电机转动，实现目标跟踪. 实验过程表明，在近距离内对运动物体跟踪效果良好.

视频运动目标跟踪作为计算机视觉研究的核心课题之一，是一门新兴的技术. 它融合了图像处理、模式识别、人工智能、自动控制以及计算机等许多领域的先进技术. 与雷达系统相比，视频跟踪系统为被动式工作系统，工作时不向外辐射无线电波，不易被敌方的电子侦察装置发现，也不易受到敌方电子干扰装置释放的电磁波所影响，因此隐蔽性好、抗干扰能力强. 由于从视频监视器上能直接看到目标图像，从而能方便、直观地辨认目标. 另外在近距离跟踪方面，视频跟踪系统具有较高的精确性、稳定性和可靠性.

过去，计算机性能尤其是速度限制了图像处理应用的复杂性，因此大多数系统或者太慢，或者限定条件过多.　近年来，随着微电子和计算机领域的原理创新、技术创新、应用创新层出不穷，极大地推动了科学技术的发展. 在该领域中，嵌入式系统、SOPC、IP 等新技术异峰突起，计算机性能不断提高，利用计算机对监控系统中的视频信息进行快速分析，从而使监控系统的智能化成为可能.

嵌入式系统就是内嵌到对象体系中的微型专用计算机. 它具有比通用计算机更简洁、更个性化的功能，可运行操作系统，又兼有单片机体积小、低功耗等特点. 嵌入式处理器是嵌入式系统的核心，有硬核和软核之分. 本系统采用的是 Altera 公司开发的 NIOS II 嵌入式软核处理器. NIOS II 嵌入式处理器是一种可配置的采用流水线技术、单指令的 RISC（reduced instruction set computing）处理器，其中大部分指令可以在一个时钟周期内完成，可与用户自定义逻辑结合构成一个基于 FPGA 的片上系统.

FPGA 是 field programmable gate array 的缩写，即现场可编程门阵列，内部包括可配置逻辑模块、输入输出模块和内部连线，由存放在片内 RAM 中的程序来设置其工作状态. 加电时，FPGA 芯片将 EPROM 中的程序读入 RAM，配置完成后，FPGA 进入工作状态；掉电后，FPGA 恢复成白片，可重复使用.

事实上，采用 NIOS Ⅱ 处理器的自定义指令，并用硬件实现部分算法，可以大大提高数据的处理速度，保证较好的实时性. 同时，在外围电路不变的情况下，通过改变 FPGA 内部的电路设计，能使系统功能升级和增强，因此采用 NIOS Ⅱ 软核处理器在 FPGA 上设计一种运动目标检测跟踪的片上系统成为可能.

【创新设计与制作】

1. 整体设计方案

设计目标：运用图像处理技术对视频图像信号进行分析和运算，实现对目标的自动检测、定位、锁定和跟踪的目的.

系统实现方案：用摄像头监控某一固定场所，工作时先把背景存储（自检），然后实时采集图像与背景来比较检测目标，一旦发现目标，VGA 上就会出现红色矩形框将其标识，并根据目标的运动情况控制电机转动. 在系统的整个工作过程中，VGA 上时刻显示摄像头拍到的实时图像. 图 4.8.1 为系统整体实现框图.

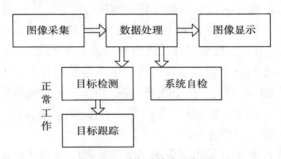

图 4.8.1　系统整体实现框图

整个设计过程分为三部分：

第一部分是建立一个图像显示的直通模块：由摄像头采集实时图像，图像为模拟信号，利用相关芯片将模拟信号转换为数字信号，再转换为灰度信号，最后转换为彩色信号，显示到 VGA 上. 系统检测目标时从中提取灰度信号进行数据处理，整个工作过程可以分为自检和跟踪两部分.

第二部分是系统自检，自检过程中共连续采集了 10 幅模版（可在程序中根据实际情况规定），监控区就是 10 幅模版覆盖的区域. 电机每转动一次采集一幅，为了提高准确度每一幅采集 16 次，将这 16 幅图像的灰度信号求算术平均值后存入存储器. 当采集完 10 幅模版后电机转回到初始位置，也就是第一幅的位置，自检结束.

第三部分进入正常工作，在初始位置不断采集实时图像进行目标检测，将采集的图像与对应的模版相减生成差值图像，差值图像中的像素点值超出阈值的为"1"，否则为"0"，差值图像转换为二值图像，再用滤波器消除噪声（消除只有极少个"1"的区域），看降噪后的图像中是否还有连续的多个"1"，有则出现目标,否则继续检测. 当检测到目标后,比较目标的中心轴与屏幕中心轴的偏离情况,偏左则控制电机向左转,偏右则向右转,使图像始终处于显示屏的中央,并且用红色矩形框将目标标识,矩形框的大小和位置随目标而变,由此实现在监控范围内的目标跟踪.

2. 硬件设计描述

本系统基于 FPGA 实现,硬件设计包括主控制器（DE2 板子）、NTSC 制摄像头和云台. 摄像头用于现场采集实时图像,主控制器则处理输入的图像数据,检测出目标位置,发送控制信号到云台,控制电机转动,达到对目标的实时跟踪.

1）DE2 开发板

DE2 板子为用户提供了用于多媒体开发的多种特性. 其结构如图 4.8.2 所示.

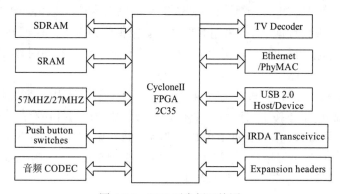

图 4.8.2　DE2 开发板区块图

DE2 板子主要包括 Cyclone Ⅱ 2C35 系列 FPGA、存储器、时钟输入、按键、音频 CODEC、电视编码电路、以太网控制器、USB 主从控制器、IRDA 收发器、40 脚扩展接口等部分,可根据实际需要来配置相应的硬件. 同时 Quartus Ⅱ 软件提供了可编程片上系统设计的一个综合开发环境,包括系统级设计、嵌入式软件开发、可编程逻辑器件设计、综合、布局、布线、验证和仿真. 其完整、易于操作的图形用户界面可以完成整个设计流程中的各个阶段. 下面对本设计中用到的主要器件做一简要介绍:

（1）Cyclone Ⅱ 2C35FPGA：有 350000 个逻辑单元,包括 35 个嵌入式乘法器,可以实现通用数字信号处理功能,比基于逻辑单元的乘法器性能更高,占用逻辑单元更少;有专用的 I/O 接口,可以和外部存储器进行高速可靠的数据传输;嵌入式存储块,控制 IP 核产生的地址并控制信号发送给片外存储器,同时也可产生系统时钟;4 个增强型锁相环,提供先进的时钟管理能力,可分频、倍频、锁定检测、外部时钟输入、编程占空比等;多个通用 I/O 口,使用时可以规定其数据位数和有效跳变沿（上升沿、下降沿、高电平、低电平）.

另外,Cyclone Ⅱ 器件支持 NIOS Ⅱ 嵌入式处理器,一个器件内可以实现多个

NIOS Ⅱ 内核，每个内核可以运行一个操作系统、通过以太网连接提供远程升级和 FPGA 配置，对数据和 I/O 进行处理.

（2）SDRAM：DE2 板子提供了 8Mbyte SDRAM，即单数据速率同步动态 RAM 存储芯，标准是 1M×4×16 位，最大时钟速度是 167 MHz. 鉴于 SDRAM 容量比较大，本系统将 SDRAM 分为两部分，前 4M 用于运行程序，后 4M 用于存储模版.

（3）时钟输入：板子上带有 3 个时钟输入：50 MHz 晶振，27 MHz 晶振和 SAM 外部时钟输入. 本设计中将 50 MHz 晶振倍频为 80 MHz 作为系统时钟，而 27 MHz 晶振用于提供图像显示时的时钟.

（4）NTSC/PAL 电视编码电路：DE2 配置了 ADV 7181 作为电视解码芯片，编码电路集成了 3 个 54 MHz 的 9 位 AD，由单个 27 MHz 晶振输入提供时钟. ADV 7181 是一款集成的视频解码器，可以自动检测与世界标准 NTSC、PAL、和 SECAM 兼容的标准模拟基带电视信号，并将其转化为与 16 位/8 位的 CCIR601/CCIR656 兼容的 4：2：2 视频数据. 系统采用 NTSC 制摄像头作为输入，先模数转换，然后由 ITU656 模块转换为灰度信号，再由 YCrCb 模块转换为色彩空间信号，再数模转换，最后显示到 VGA 上.

（5）按键和扩展口：板子上有 4 个按键，每一个均采用施密特触发器实现防抖，常态是高电平，按下时产生一个有效低电平脉冲；另外还有两个带二极管保护的 40 脚扩展接口，兼容标准 IDE 硬件驱动的排线电缆. Cyclone Ⅱ 引出 72 个 I/O 管脚到 2 个 40 脚扩展接口. 系统用按键中的 K3 键来重新启动系统，按下有效；扩展口通过排线输出控制信号传输给电机.

2）摄像头与图像显示

摄像头为 NTSC 制式，分辨率是 640×480，采集速度为 30 帧/秒.

NTSC 制摄像头采集现场实时图像输入系统，图像为模拟信号，利用 TV_Decoder7181 解码器将摄像头采集到的视频信号解码为符合 ITU656 标准的数字信号（4：2：2），数字信号经过硬件模块 ITU656 转换为 YCrCb 灰度信号（4：2：2），然后再通过色彩空间转换技术将 YCrCb 信号转换成 RGB 信号（10：10：10），由场同步信号 Vsync，行同步信号 Hsync，消隐信号 BLANK 控制有效像素产生，经 TV 编码器 7132 编码，最后送至 VGA 显示器显示. 图 4.8.3 为图像显示的硬件实现框图.

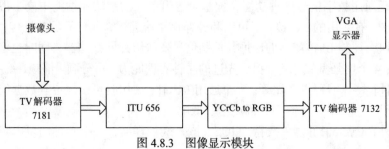

图 4.8.3　图像显示模块

消隐信号和行场同步信号的时序和有效像素的关系如图 4.8.4 所示. 像素时钟 DCLK 为 25.175 MHz, 场频为 59.94 Hz. 图 4.8.4 中, Vsync 为场同步信号, 场周期 Tvsync 为 16.683 ms, 每场有 525 行, 其中 480 行为有效显示行, 45 行为场消隐期. 场同步信号 Vs 每场有一个脉冲, 该脉冲的低电平宽度 twv 为 63 us (2 行). 场消隐期包括场同步时间 twv、场消隐前肩 thv (13 行)、场消隐后肩 tvh (30 行), 共 45 行. 行周期 THSYNC 为 31.78 us, 每显示行包括 800 点, 其中 640 点为有效显示区, 160 点为行消隐期 (非显示区). 行同步信号 Hs 每行有一个脉冲, 该脉冲的低电平宽度 twv 为 3.81 us (即 96 个 DCLK); 行消隐期包括行同步时间 twh, 行消隐前肩 thc (19 个 DCLK) 和行消隐后肩 tch (45 个 DCLK), 共 160 个像素时钟. 复合消隐信号是行消隐信号和场消隐信号的逻辑与, 在有效显示期复合消隐信号为高电平, 在非显示区域它是低电平. 图 4.8.4 为 VGA 显示时序图.

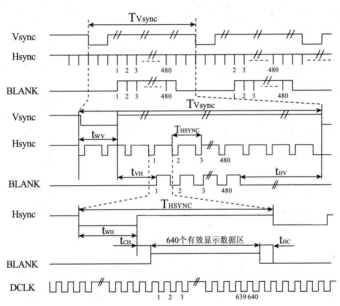

图 4.8.4　VGA 显示时序图

3) 电机驱动器 (SM-202A)

伺服机构采用步进电机控制, 步进电机是一种电脉冲——角位移的转换元件, 转动步长是 6.5 度/次, 转动精度是 1.8 度/步, 它易于控制, 无积累误差, 和计算机接口也很方便. 在实际操作时, 通过输入 CP (脉冲信号)、DIR (方向信号) 和 ENA (使能信号), 就可以高精度地控制其转动. 如图 4.8.5 所示, 电机通过三根排线与处理器相连, 外加 25 V 直流电源.

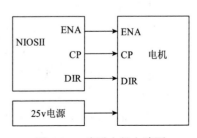

图 4.8.5　步进电机电路图

电机三个接口的控制方式如表 4.8.1 所示.

表 4.8.1　电机功能控制表

ENA	CP	DIR	转动方向
0	×	×	不动
1	1	×	不动
1	0	0	左转
1	0	1	右转

3. 软件及算法设计

本系统的总体结构框图如图 4.8.6 所示.

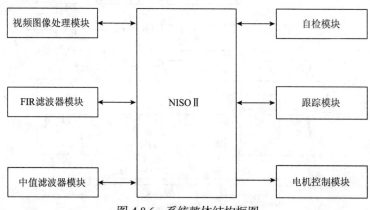

图 4.8.6　系统整体结构框图

从图 4.8.6 中可以看出，系统以 NIOS Ⅱ 处理器为核心，通过视频图像处理模块来实现实时图像显示，目标检测时由 FIR 滤波器模块和中值滤波器模块来消除噪声，工作时由自检模块完成背景存储，发现目标后通过跟踪模块和电机控制模块实现目标跟踪.

1）整体流程图

系统上电后检测 K3 键是否按下，仅当按下后才能开始工作. 工作过程中首先是自检，存储背景图像作为模版. 然后输入实时图像，和模版相减得到差值图像，检测是否有目标出现，如果出现就开始跟踪，否则继续检测. 另外，在工作过程中可以随时按下 K3 键来重新启动系统，不用切断电源便可再次自检然后正常工作. 整体流程如图 4.8.7 所示.

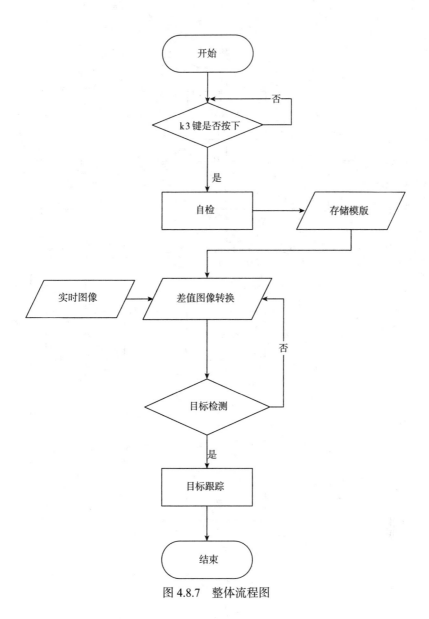

图 4.8.7 整体流程图

2）图像转换流程图

　　图像转换是在目标检测过程中将采集的实时图像与模版相比较，两者相减生成差值图像，根据差值图像中像素点的灰度值做图像直方图，求出阈值，将灰度图像中灰度值超出阈值的定为"1"，其他为"0"，最后把差值图像转换为二值图像．这样将原来深度为 8 位的数据转换为 1 位，大大降低了运算量．图 4.8.8 所示为图像转换流程图．

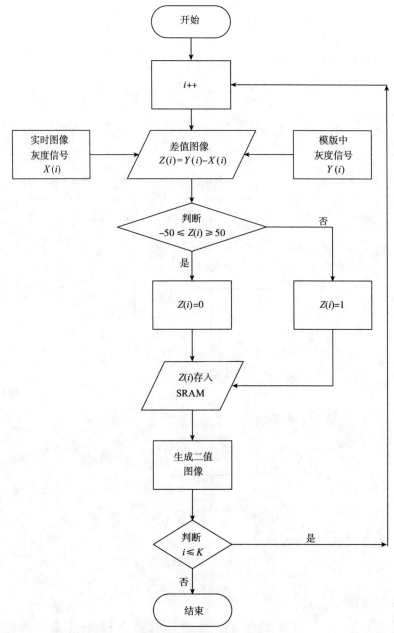

图 4.8.8　图像转换流程图

3）自检流程图

系统自检时由 NIOS Ⅱ嵌入式软核处理器控制. 自检过程中连续存储了 10 幅模版，电机转动了 10 次，对每一幅实时图像都采集 16 次，然后求其各像素点的算术平均值（提高模版准确度），再存入存储器 SDRAM. 其中，K 的值为 640 × 480/4，即隔行隔列采集数据，在误差可忽略的情况下使数据处理速度提高了 4 倍. 图 4.8.9 所示为自检流程图.

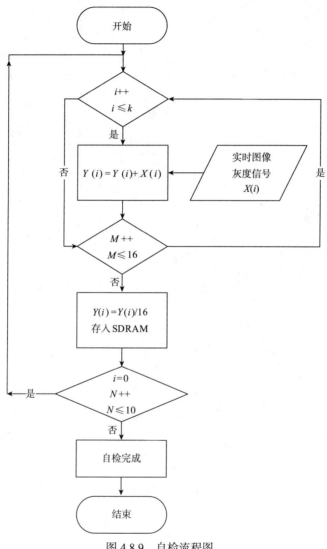

图 4.8.9　自检流程图

4）目标检测流程图

实时图像和模版生成的二值图像中，存在一些孤立的有效点（值为 "1" 的点），不是真正的目标位置，而是噪声点，采用中值滤波器和 FIR 滤波器将二值图像中的此类点滤除. 只有出现连续 20 个有效点时才视为出现目标. 图 4.8.10 所示为目标检测流程图.

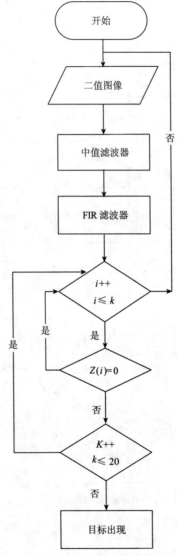

图 4.8.10 目标检测流程图

下面简要介绍系统中这两个滤波器的原理及效果.

A. 中值滤波器

在图像中，相邻像素的像素值相同或相近，而在图像中引入的脉冲噪声多表现为或亮（正脉冲噪声）或暗（负脉冲噪声）的像素点，其灰度值分布在灰度级的两端. 系统采用 3×3 矩阵中值滤波器，方法是将 9 个数组成按大小顺序排列的数组，中间位置上的数据为中值（median），用下面的表格来说明求中值的过程.

表 4.8.2　模板

$(m-1, n-1)$	$(m, n-1)$	$(m+1, n-1)$
$(m-1, n)$	(m, n)	$(m+1, n)$
$(m-1, n+1)$	$(m, n+1)$	$(m+1, n+1)$

假设上述模板的原始像素值为（表 4.8.3）：

表 4.8.3　原始像素值

75	76	76
76	76	77
76	77	77

引入脉冲噪声后（见表 4.8.4）：

表 4.8.4　加入脉冲噪声后的像素值

245	76	76
76	255	77
76	77	77

对表 4.8.3 中的 9 个数据由小到大排序：

　　76，76，76，76，77，77，77，245，255

把排序后的中间值（即第五个数 77）作为 3×3 模板中心位置像素的像素值即中值，比较得出原像素值为 $f(m, n) = 76$，引入噪声滤波后的像素值为 $h(m, n) = 77$，结果相当，有效地滤除了噪声点.

　　B. 22 阶 FIR 滤波器

　　为了进一步增强跟踪过程的抗干扰能力，对投影得到的数据通过一个 22 阶的 FIR 滤波器，进行二次滤波. 图 4.8.11 为 FIR 滤波器结构图.

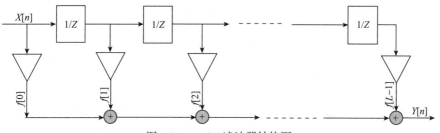

图 4.8.11　FIR 滤波器结构图

此 FIR 滤波器滤波的系数为：

　　0.2717，0.3731，0.6352，1.0737，1.6799，2.4203，3.2389，4.0638，4.8155，

5.4178，5.8071，5.9418，5.8071，5.4178，4.8155，4.0638，3.2389，2.4203，1.6799，
1.0737，0.6352，0.3731，0.2717
滤波器的仿真结果如图 4.8.12 所示：

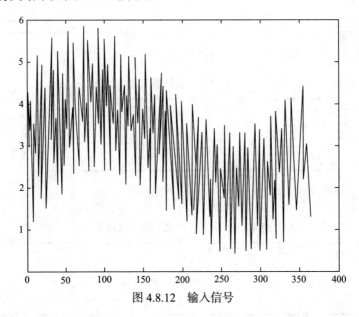

图 4.8.12　输入信号

从 FIR 滤波器滤波效果图 4.8.13 可知，此滤波器完全可以将背景中的干扰滤除掉，从而能精确地检测出目标.

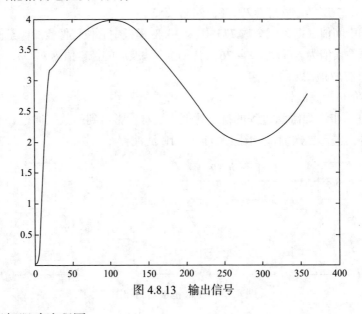

图 4.8.13　输出信号

5）目标跟踪流程图

检测到目标出现后，判断目标的位置，取出目标宽度的最大值（$X2$-$X1$ 的值），

再求出其中心轴的位置，比较中心轴和显示器中心（像素点横坐标为 320）的偏离情况，偏左则向电机发出左转的信号，否则右转，使目标始终处于屏幕的中央，实现跟踪. 同时检测目标的位置和大小，用红色的标识框将其标出，输出到 VGA 显示器上，实现目标跟踪流程如图 4.8.14 所示.

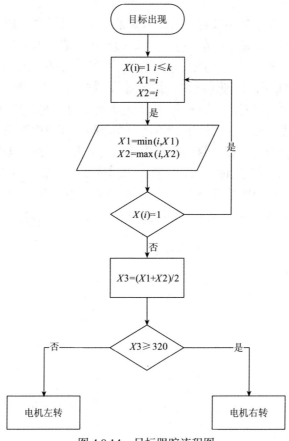

图 4.8.14　目标跟踪流程图

4. 实验效果

在实验真实场景中对人体（目标）的跟踪效果可以看到当目标出现时，系统能及时的检测到目标，并用红色标识框将其标识后显示到 VGA 上. 在实验过程中还会发现，电机会带动摄像头随着目标的移动情况而转动，使目标时刻显示在 VGA 中央，跟踪效果良好.

【思考与探索】

本系统的主要功能如下：

（1）整体布局合理，结构简单，由板子上的电源开关控制整个系统运行.

（2）接通电源后按下 K3 键，系统开始正常工作，先是自检，将背景存储，然后检测是否有目标出现，一旦发现目标就进入跟踪状态，控制电机转动，使摄像头时刻对准目标.

（3）在系统跟踪过程中不用切断电源，随时可按下 K3 键使系统重新自检并开始工作.

本设计与制作介绍的视频目标跟踪系统是基于对可见光的计算实现的，是一个自动的跟踪系统，不需要人的控制，跟踪过程中在显示器上可观察到目标的位置、大小和运动情况，直观、方便，在近距离内对运动目标的跟踪效果良好. 由于系统基于 FPGA 实现，处理速度快、结构简单、操作方便；同时，系统采用中值滤波器和 22 阶 FIR 滤波器消除噪声，极大地提高了跟踪准确度. 但是在系统中还存在一些缺陷，由于受可见光影响，不适合在黑暗的环境中跟踪，而且本系统仅能跟踪单个目标，当出现多个目标时将选择宽度最大的跟踪，无法实现多目标跟踪. 在今后工作中，可以通过增加相应算法来实现多目标跟踪，而且将视频跟踪和红外跟踪结合，即可使跟踪系统在白天和夜晚都能工作，同时利用 DE2 板子上的音频工具可增加报警系统，并通过扩展接口来扩大其存储容量，当发现目标后报警并开始录像.

创新设计与制作4.9 电容器大小对直线电机作用下的 超导磁悬浮列车模型的驱动力的影响研究

【发展过程与前沿应用概述】

一般电动机工作时都是转动的. 但是用旋转电机驱动的系统和机器的有些部件要做直线运动. 这就需要增加把旋转运动变为直线运动的一套装置. 能不能直接运用直线运动的电机来驱动, 从而省去这套装置呢? 几十年前人们就提出了这个问题. 现在已制成了直线运动的电动机, 即直线电机. 直线电机是一种新型电机, 近年来应用日益广泛. 磁悬浮列车就是用直线电机来驱动的.

磁悬浮列车是一种全新的列车. 一般的列车, 由于车轮和铁轨之间存在摩擦, 限制了速度的提高, 它所能达到的最高运行速度不超过 300 km/h. 磁悬浮列车是将列车用磁力悬浮起来, 使列车与导轨脱离接触, 以减小摩擦, 提高车速. 这种列车的优点是运行平稳、没有颠簸、噪声小, 所需的牵引力很小, 只要几千瓦的功率就能使悬浮列车的速度达到 550 km/h.

利用超导体的抗磁性可以实现磁悬浮. 把一块磁铁放在超导盘上, 由于超导盘把磁感应线排斥出去, 超导盘跟磁铁之间有排斥力, 结果磁铁悬浮在超导盘的上方. 高温超导体发现以后, 超导态可以在液氮温区（77 K 以下）出现, 超导悬浮的装置更为简单, 成本也大为降低.

由此可见, 直线电机驱动下的超导磁悬浮列车, 有传统列车无法比拟的优势. 是新一代理想的高效、节能、便利的交通工具.

但我们对影响直线电机驱动力大小的因素尚不十分了解, 通过本实验, 我们将对直线电机作用下的超导磁悬浮列车模型进行设计和分析, 通过实验所得的数据, 进一步分析各个参量对直线电机驱动力的影响, 从而深入了解直线电机的驱动原理, 为单相电驱动直线电机时提供能产生最大驱动力的电容值.

【创新设计与制作】

1. 直线电机和超导磁悬浮

用旋转电机来驱动一些做直线运动的系统和机器时, 需要一套装置, 将旋转运动转变为直线运动, 怎么样才能省去这套装置呢, 人们很早就开始思考和研究这个问题了, 并最终发明了可直接为直线运动提挺驱动的电机, 即直线电机.

将一台三相旋转式感应电动机沿径向剖开, 并将电机的圆周展开成一直线, 这样就得到了由旋转电机演变而来的最原始的单边型直线感应电动机, 如图 4.9.1 所示.

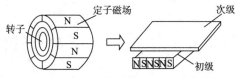

图 4.9.1　直线电机的由来

此时旋转电机气隙中的旋转磁场就变为沿某一方向直线移动的行波磁场. 它的移动速度显然应与旋转磁场在定子圆周表面上的线速度一致, 即:

$$V_s = n_s \cdot 2p\tau / 60 = 2f\tau \quad (m/s)$$

式中: n_s 为旋转磁场的同步速度, r/min; p 为电机的极对数; τ 为电机的极距, m; f 为电机的频率, Hz.

直线电动机中与旋转电机的定子侧对应的一侧称为初级, 与转子侧对应的一侧称为次级. 直线电机既可以让次级运动, 也可以固定次级, 让初级运动, 但都必须将固定的一侧做得足够长, 以保证在整个运动范围内初级、次级间保持不变的耦合关系.

次级反应板在行波磁场中产生感应电流, 进而与磁场相互作用, 产生电磁推进力. 这样, 电机的未固定一侧就将以一定的速度 v 进行直线运动

直线电机与旋转电机相比, 主要有如下几个特点: 一是结构简单, 由于直线电机不需要把旋转运动变成直线运动的附加装置, 因而系统本身的结构大为简化, 质量和体积大大下降; 二是定位精度高, 在需要直线运动的地方, 直线电机可以实现直接传动, 因而可以消除中间环节所带来的各种定位误差, 故定位精度高, 如采用微机控制, 则还可以极大地提高整个系统的定位精度; 三是反应速度快、灵敏度高、随动性好. 直线电机容易做到其动子用磁悬浮支撑, 因而使得动子和定子之间始终保持一定的空气隙而不接触, 这就消除了定、动子间的接触摩擦阻力, 因而极大地提高了系统的灵敏度、快速性和随动性; 四是工作安全可靠、寿命长. 直线电机可以实现无接触传递力, 机械摩擦损耗几乎为零, 所以故障少, 免维修, 因而工作安全可靠、寿命长.

超导现象最早是由荷兰科学家翁纳斯 (Onnes) 于 1911 年在测量低温下水银的电阻率时发现的, 当温度降到零下 269℃ 附近, 水银的电阻竟然消失了! 图 4.9.2 复制了当时的实验曲线.

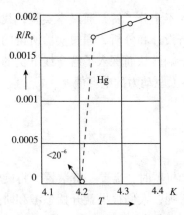

图 4.9.2　水银温度与电阻关系的实验曲线

后来发现了很多物质, 在一定的温度, 我们称之为转变温度以下, 电阻突然

消失，把在一定温度下电阻为 0 的物体，称为超导体. 超导体有 2 个主要的性质，0 电阻性和抗磁性，而超导磁悬浮技术正是利用了超导体的第二个性质. 利用超导体的抗磁性，可以使超导体悬浮于磁铁之上，超导磁悬浮列车正是利用了超导体的这一性质，使列车和轨道之间不存在接触，极大地减少了摩擦带来的能量损耗.

2. 系统设计制作

为了研究电容器大小对直线电机作用下的超导磁悬浮列车驱动力的影响，我们首先要设计一个易于观察和测量的装置，本部分就是详细地向大家介绍我们设计的这一套装置系统.

实验用的直线电机要求通入三相交流电压，而一般我们的家用电都是 220 V 的单相交流电压，所以必须设计一个电路，能方便地将 220 V 的家用单相交流电转变为三相交流电，具体的设计电路如下（图 4.9.3），我们所用的直线电机是由 3 个相对独立的绕组组成的，3 个绕组将通过星型或者三角型方法连接在一起，因为 3 个绕组完全相同，所以很容易对输入 3 个绕组的交流电进行相位分析，从理论上给出当电容变化时，3 个绕组所通交流电之间的相位差变化.

图 4.9.3　单相电变三相电电路

为了方便实验观察和测量，我们制作了如图 4.9.4 所示的一个装置，此装置可以方便地观察超导磁悬浮小车在直线电机作用下的运动过程，而且可以具体地测量实验所需要的数据（图 4.9.4）.

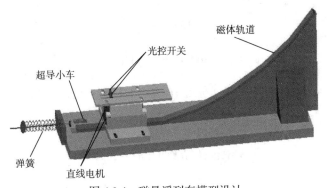

图 4.9.4　磁悬浮列车模型设计

3. 理论及实验数据分析

（1）电容变化对星型接法绕组的相位差影响.

如图 4.9.5 所示，R_1，R_2，R_3 分别为 3 个绕组的电阻，X_{L1}，X_{L2}，X_{L3} 分别

为 3 个绕组的感抗，X_C 为交流电容器的容抗，下面我们应用交流电路的有关知识来计算通过 3 个绕组的电流相位，首先设总电压 U 的相位为 0，应用基尔霍夫定律列出相量表达式方程：

$$I_1 + I_2 = I \tag{4.9.1}$$

$$I_1 \cdot (X_C + R_1 + X_{L1}) + I_3 (R_3 + X_{L3}) = U \tag{4.9.2}$$

$$I_2 (R_2 + X_{L2}) + I_3 (R_3 + X_{L3}) = U \tag{4.9.3}$$

因为 3 绕组完全相同，所以 $R_1 = R_2 = R_3 = R$；$X_{L1} = X_{L2} = X_{L3} = X_L$.

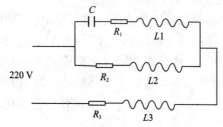

图 4.9.5　直线电机的工作电路

通过计算可分别算出通过 3 个线圈的电流：

$$i_1 = I_1 \sin(\omega t + \varphi_1)$$

$$i_2 = I_2 \sin(\omega t + \varphi_2)$$

$$i_3 = I_3 \sin(\omega t + \varphi_3)$$

其中 3 电流的相位分别为

$$\varphi_1 = \arctan(2X_c - 3X_L)/3R$$

$$\varphi_2 = \varphi_1 + \arctan(-RX_C)/(R^2 + X_L^2 - X_L X_C)$$

$$\varphi_3 = \varphi_1 + \arctan(-RX_C)/(2R^2 - 2X_L^2 + X_L X_C)$$

这样我们就可以得出 3 电流之间的相位差分别为

$$\varphi_{21} = \arctan(-RX_C)/(R^2 + X_L^2 - X_L X_C)$$

$$\varphi_{31} = \arctan(-RX_C)/(2R^2 - 2X_L^2 + X_L X_C)$$

$$\varphi_{32} = \arctan(-RX_C)/(2R^2 - 2X_L^2 + X_L X_C)$$

$$- \arctan(-RX_C)/(R^2 + X_L^2 - X_L X_C)$$

通过分析,我们可以知,当线圈的内阻 R 和感抗都确定的时候,相位差仅和电容有关,也就是说,当我们改变电容的时候,实际上是在改变驱动直线电机的 3 个不同相位电压之间的相位差,而相位差的不同,不仅会导致 3 个线圈所形成的行波磁场的不同,也会改变小车侧壁上铝片所感应的电流大小. 由此分析,我们可以知道,当电容太大或者太小时,都不能使直线电机提供最大的驱动力,而必然存在一个合适的电容中间值,这时 3 个相位电压的相位差趋于合理,并能使直线电机提供最大的驱动力.

(2)通过改变电容器大小改变输入三相电的相位,测量不同电容下的直线电机驱动力.

实验条件:(1)输入电压为标准电压 $U = 220\,\text{V}$;

(2)无直线电机提供驱动力时,爬高 $h = 9\,\text{cm}$.

在固定了驱动电压和初始速度后,变换不同的电容,测得在不同电容下用直线电机驱动小车,小车的爬高高度见表 4.9.1,由表 4.9.1 所得的曲线如图 4.9.6 所示.

表 4.9.1 不同电容下小车的爬高

电容/μF	爬高/cm			平均爬高/cm
50	9.7	9.8	9.7	9.73
40	10.0	10.1	10.1	10.07
30	10.2	10.2	10.3	10.23
20	10.9	10.7	10.7	10.77
15	10.1	10.3	10.2	10.20
10	9.2	9.3	9.4	9.30
5	9.1	9.2	9.1	9.13
1	9.1	9.0	9.1	9.7

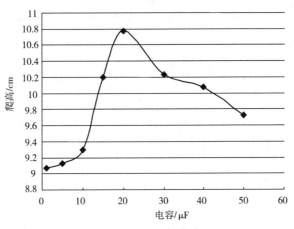

图 4.9.6 原始数据曲线图

小车的质量为 150 g（忽略液氮的质量及其变化），由爬高的增加量，我们可以给出驱动力随电容变化的曲线图，如图 4.9.7 所示.

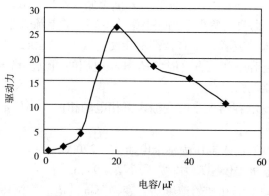

图 4.9.7　电容和驱动力的关系

【思考与探索】

实验与理论的比较及结论，以前都是用标准三相交流电压（380 V）来驱动直线电机，现在我们采用了将家用单相交流电压（220 V）转变为三相交流电压的方法，提供非标准三相交流电压，来驱动直线电机，并研究分析了在这种情况下的直线电机驱动力大小的变化情况. 实验和理论都证明了，用单相交流电压驱动直线电机时，电容的选取是很关键的，选取适当的电容大小，就可以提供较大的驱动力. 理论分析指出，不同的电容导致驱动直线电机的非标准三相电压之间的相位差不同，当电容较小的时候，相位差也较小，产生的行波磁场的波长也较小，所以提供的驱动力也小，当电容较大的时候，虽然相位差大了，但是在小车上产生的感应电流的相互抵消效应增强了，由此提供的驱动力也小了，由于这两方面的相互影响，所以必然存在一个电容值，在整个时候，提供的驱动力最大. 在实验中验证了理论上的分析，我们发现当电容取 20 uF 时，由此产生的非标准三相电压驱动下的直线电机将能提供最大的驱动力.

通过在单相电其中一支路火线上串联一个电容的方法，将单相电转变为非标准三相电来驱动直线电机，是一种全新的尝试，我们希望通过调节电容大小，使直线电机最终能产生的驱动力尽可能的大. 实验说明，当电容大小取 20 uF 时，直线电机能够产生最大的驱动力，我们分析了这种结果产生的原因，这为以后在做同类型实验时，提供了极好的帮助和借鉴.

创新设计与制作4.10　超声检测成像系统设计与制作

【发展过程与前沿应用概述】

超声检测技术是一种无损检测技术. 超声波在物体中传输, 由于两种物质的声阻抗不同或者物体内部声阻抗不均匀, 会产生超声波的反射或者散射, 物体内部声学性质上的差异, 会以声波的波形、曲线或图像形式显示, 由此可以分析物体内的裂纹、疏松、气泡、沙眼、夹渣、未焊透和脱层等缺陷. 而以往超声检测设备大部分是用计算机结合一些软硬件组合的系统. 本文探讨仅利用 ALTERA 公司的 FPGA 芯片, 在超声检测方面、医学超声检测方面的具体应用. 从超声传输机理出发, 利用 EP2C35 FPGA 芯片对自行设计的超声发射接收、传输和放大电路进行控制, 将多条断面反射声波经过 A/D 转换后存储并进行适当的数字信号处理, 输出到 VGA 显示成像, 可以直观地分析检测物体的内部特征. 本系统由控制部分、声发射接收部分、信号处理部分以及 VGA 显示部分 4 个模块组成, 可以进行物体的超声成像, 对相关材料进行无损检测和缺陷直观成像. 实际检测结果表明, 本系统对方形物体横断面成像效果最好, 可以较为清楚地检测出物体内部缺陷, 显示出被测物体的位置与形状, 同时也说明, ALTERA 公司的 FPGA 芯片可以在医学设备、超声检测设备中得到良好的应用.

物体的无损检测在当今各个领域有着广泛的应用, 超声检测方法是比较方便的一种. 超声在介质中以直线传播, 有良好的指向性, 这是可以用超声对物体进行探测的基础. 当超声传经两种声阻抗不同相邻介质的界面时其声阻抗差大于 0.1%, 而界面又明显大于波长, 即大界面时, 则发生反射, 一部分声能在界面后方的相邻介质中产生折射, 超声继续传播, 遇到另一个界面再产生反射, 直至声能耗竭. 反射回来的超声为回声. 声阻抗差越大, 则反射越强, 如果界面比波长小, 即小界面时, 则发生散射. 超声在介质中传播还发生衰减, 即振幅与强度减小. 衰减与介质的衰减系数成正比, 与距离平方成反比, 还与介质的吸收及散射有关. 超声还有多普勒效应 (Doppler effect), 活动的界面对声源做相对运动可改变反射回声的回率. 这种效应使超声能探查出物体的各种状态. 超声射入物体内, 由表面到深部, 将经过不同声阻抗和不同衰减特性, 从而产生不同的反射与衰减. 这种不同的反射与衰减是构成超声图像的基础. 将接收到的回声, 根据回声强弱, 用明暗不同的光点依次显示在影屏上, 则可显出物体的断面超声图像, 称这为声像图 (sonogram 或 echogram), 以往超声检测设备大部分是计算机结合一些软硬件组合的系统.

【创新设计与制作】

本研究应用 ALTERA 公司的 EP2C35 系列的 FPGA DE2 板作为主要控制系统,

其优点是:

FPGA 即现场可编程门阵列,它是在 PAL、GAL、EPLD 等可编程器件的基础上进一步发展的产物. 它是作为专用集成电路(ASIC)领域中的一种半定制电路而出现的,既解决了定制电路的不足,又克服了原有可编程器件门电路数有限的缺点. FPGA 采用了逻辑单元阵列 LCA 这样一个新概念,内部包括可配置逻辑模块 CLB、输出输入模块 IOB 和内部连线 3 个部分. FPGA 的基本特点主要有:

(1)采用 FPGA 设计 ASIC 电路,用户不需要投片生产,就能得到合用的芯片.

(2)FPGA 可做其他全定制或半定制 ASIC 电路的中试样片.

(3)FPGA 内部有丰富的触发器和 I / O 引脚.

(4)FPGA 是 ASIC 设计电路中设计周期最短、开发费用最低、风险最小的器件之一.

(5)FPGA 采用高速 CHMOS 工艺,功耗低,可以与 CMOS、TTL 电平兼容. 可以说,FPGA 芯片是小批量系统提高系统集成度、可靠性的最佳选择之一.

FPGA 是由存放在片内 RAM 中的程序来设置其工作状态的,因此,工作时需要对片内的 RAM 进行编程. 用户可以根据不同的配置模式,采用不同的编程方式.

加电时,FPGA 芯片将 EPROM 中的数据读入片内编程 RAM 中,配置完成后,FPGA 进入工作状态. 掉电后,FPGA 恢复成白片,内部逻辑关系消失,因此,FPGA 能够反复使用. FPGA 的编程无需专用的 FPGA 编程器,只需用通用的 EPROM、PROM 编程器即可. 当需要修改 FPGA 功能时,只需换一片 EPROM 即可. 这样,同一片 FPGA,不同的编程数据,可以产生不同的电路功能. 因此,FPGA 的使用非常灵活.

FPGA 有多种配置模式:并行主模式为一片 FPGA 加一片 EPROM 的方式;主从模式可以支持一片 PROM 编程多片 FPGA;串行模式可以采用串行 PROM 编程 FPGA;外设模式可以将 FPGA 作为微处理器的外设,由微处理器对其编程.

本设计系统拟定功能为:利用超声波发射系统,声波在被测物体上传输后,由于物体内部的声阻抗不同,产生声回波,接收后经过 A/D 转换、信号存储、和数字信号处理后,可得到一条反映物体内部特性的声束幅度波形,经过电机带动超声换能器移动,得到物体多条断面的声束形,存储各波形并在 VGA 上输出,就得到的物体断面图像,用来反映物体内部的特性,以及该断面的具体特性.

1. 设计思路及实现途径

通过对经过被检物体的超声波回波包络进行采样,经过 RAM 存储,对之进行信号处理,在 VGA 显示. 可以准确地反映出物体内部各反射面的特征,从而得到物体的全面形状特征信息.

本设计基于 NIOS II 软核处理器和 AITERA 公司的 FPGA 芯片 EP2C35 系列设计. 包括以下模块:

(1)控制模块. 整个系统的控制部分,包括对超声发射和接收的控制、A/D 控制、数据存储控制等.

（2）超声发射接收模块. 整个模拟部分，包括超声脉冲的发射、接收、回波放大、检波、A/D 转换等.

（3）信号处理模块. 采集存储的数据进行各类处理，包括数据平滑和滤波.

（4）VGA 显示模块. 存储到 SRAM 中，并以 50 MHz 的频率进行显示.

设计时序控制模块控制电机转动和数据的采集，然后将数据送入 SRAM 中暂存后送至 FPGA 内部；然后，在 FPGA 内部进行数字信号处理，再将信号送至 VGA 控制模块进行显示. 本系统运用大量的数字信号处理，利用配套的开发环境我们可以通过自定义指令，使系统处理数字信号的能力大大提高，利用 FPGA 的可编程特性可以方便地实现各种逻辑. 采用 SOPC 设计技术，集成了 SRAM、SDRAM、DMA 模块，使得整体非常简洁、系统更加易于操作.

2. 系统性能参数

1）电源

采用 220 V 交流市电，其中各模块的的电源电压分别如下：

电机电源：5 V；

采样电压：6 V；

超声发射电压：300 V；

模拟电路静态电压：± 12 V.

2）环境

温度：−40～80℃.

3）控制部分参数

控制芯片：利用 ALTERA 公司的 EP2C35 系列 FPGA 进行编程设计处理.

内部：FPGA 内部集成 NOIS CPU 控制核，CPU 工作频率为 50 MHz.

RAM：ALTERA 公司的 DE2 开发板上芯片.

4）检测参数

声发射脉冲幅度：200 V；

脉冲发射间隔：1 s；

检测系统放大倍数：10～1000 倍可调；

系统频带：3 dB 带宽 2 MHz（1～3 MHz）；

超声换能器中心频率： 2.5 MHz；

超声换能器横向移动速度：2.4 mm/s；

检测成像范围：纵向距探头：12.60～21.56 cm；

横向距探头：10 cm；

被检物体材料：钢材、铝、有机玻璃以及其他相关材料.

5）成像显示参数

显示模式：VGA；

图像大小：640×480；

刷新频率：50 Hz.

6）A/D 采样

采样率：5 MHz；

分辨率：7 bit.

上述参数完全按照本系统实际的性能参数，完全实现了设计的功能和参数要求.

3. 系统结构设计

1）控制部分

CPU 处理部分：通过 CPU 接收按键信号产生中断来控制各个模块的启动与复位，对数据进行处理，最后将数据送入显存，启动显示控制器显示图像.

FPGA 控制部分：利用 Verilog 语言编写时序产生电路，为各个器件提供所需要的各种时钟信号.

电机控制部分：通过设计硬件计数器来实现电机转动方向与转动时间的控制，定制延时器协调电机开始转动时的加速问题.

声发射接收控制：此模块用于产生声发射与接收所需要的发射脉冲、平衡脉冲、采样脉冲和这些脉冲的控制时序，脉冲的个数与间隔以及一次工作后的复位问题.

2）声发射/接收电路

声发射接收部分：利用互补推挽与反相器将发射脉冲放大，作为开关场效应管栅极电压，控制 300 V 发射电压激励作用于压电陶瓷上，发射出超声波.

数据采集部分：将反射的信号经过差分放大器、对数放大器、检波电路、平衡电路、增益控制电路处理然后送入 A/D 转换器进行采样. 其中通过采样脉冲来控制采样，平衡脉冲来控制平衡.

存储器模块：以 SRAM 作为存储器，采样数据写 SRAM 的控制模块，与采样脉冲在同一个时钟下工作，本文以 5 MHz 作为 RAM 的读写频率，保证数据的正确.

3）信号处理

预处理：为了将二维数据作为一维来处理，将数据按照数组的方式排列为 640×480 的矩阵后置于 SDRAM 中.

滤波：首先在数据读入 SDRAM 后利用 640 字节的 FIFO 作为 5 阶 FIR 滤波器的输入存储器对采集的数据进行滤波处理，然后将数据送入显存等待显示.

4）VGA 显示模块

编写 VGA 控制器控制数据的显示，以 SRAM 作为显存，以一个字节表示一个像素点，控制各种同步信号与时钟信号，以 50 MHz 的频率进行显示.

系统设计框图如图 4.10.1 所示.

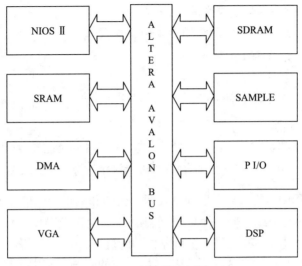

图 4.10.1　系统设计框图

超声发射和接收单元电路框图如图 4.10.2 所示.

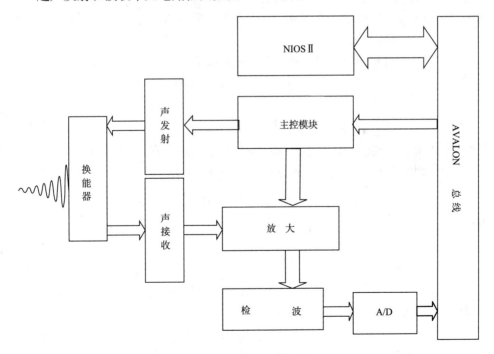

图 4.10.2　超声发射和接收单元电路框图

4. 设计方法

1）系统原理介绍

A. 超声发射原理与接收原理

超声发射原理与接收原理图如图 4.10.3 所示.

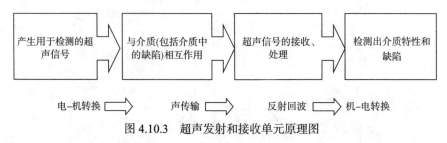

图 4.10.3　超声发射和接收单元原理图

在这个过程中，要求从电发和电收两个已知和测得的电信号求出电-机转换和机-电转换的对比中或从同一个电-机转换和机-电转换对比中检测出介质特性和缺陷特性. 这个过程实际上是一个传输检测的过程. 在这个过程中，由电发和电收去求电-机转换和机-电转换时检测换能器研究的问题，其中比较重要的是电声信号转换的瞬态特性和向介质辐射的声场特性. 而如何从电-机转换和机-电转换或不同的机-电转换对比中去探测缺陷和分析介质特性，则是超声波在介质中的传播问题，其中主要是传播的速度、衰减、界面上的反射和透射、缺陷的散射等特性.

B. 超声传播原理

超声在传播过程中的衰减，相关公式表示如下：

$$u_{(x,t)} = u_0 e^{i(kx-wt)} \tag{4.10.1}$$

$$u_{(x,i)} = u_0 e^{-ax)} e^{i(kx-wt)} \tag{4.10.2}$$

其中，a 表示衰减系数，它表达了声波随传播距离而减弱的程度，在简单情况下，a 是常数，但更普遍地，它是频率的函数，它的量是长度的倒数，

$$a（dB/us） = 8.68 \times 10^{-8}c（cm/s）a（Np/cm）$$

声波的衰减可以起因于吸收，可以起因于散射，也可以起因于吸收和散射并存. 在最后的情况，经常是两个分量的简单之和.

C. 采样频率

为了保证采样后的信号能真实地保留原始模拟信号的信息，采样信号的频率必须至少为原信号中最高频率成分的 2 倍.

本作品声信号发射频率为 1 MHz，探头用 2.5 MHz，由于脉冲发射，检波后的声波重复频率大大降低，本作品的采用频率为 5 MHz.

D. FIR 滤波器

为了减小低频信号成分对图像分辨率的影响，本作品应用 FIR 数字滤波器对

信号进行高通滤波处理.

FIR 滤波器在保证幅度特性满足技术要求的同时,很容易做到有严格的线形相位特性. 设 FIR 滤波器单位脉冲响应 $H(n)$ 的长度为 N,其系统函数 $H(z)$ 为

$$H(z) = \sum_{n=0}^{N-1} h(n)z^{-n} \qquad (4.10.3)$$

$H(z)$ 是 z^{-1} 的 $(N-1)$ 次多项式,它在 z 平面上有 $(N-1)$ 个零点,原点 $z = 0$ 是 $(N-1)$ 阶重极点. 因此 $H(z)$ 永远稳定. 稳定和线形相位特性是 FIR 滤波器突出的优点.

2）系统功能设计

本系统大部分的设计功能都采用 ALTERA 的 FPGA 开发板,利用 SOPC Builder 对自定义外设系统组合及我们自行设计的部分电路板进行了各种功能的测试与仿真. 试验内容和步骤如下:

（1）利用电路板建立外部控制电路,首先焊接电路板对外部电路系统进行测试,调试各个参数以达设计要求.

（2）采用 HDL 实现硬件外设,首先对各个控制模块的时序进行分析确定各个需要的时序,编写硬件控制模块对其进行控制,然后对模块进行硬件仿真调适,建立符合要求的设计.

（3）使用 ModelSim 验证硬件外设的功能,在各个模块完成以后利用 Modelsim 再次对所有的模块进行完整的仿真.

（4）利用 Quartus Build 生成一个片上系统,将各个需要的模块连接到 Avalon 总线上,生成一个硬件系统.

（5）运行 Nios IDE 验证 CPU 并进行软件调试,编写 SRAM 与 SDRAM 的读写程序,进行 PIO 口的读写以及中断的验证,利用 FIFO 的写程序进行 Debug 调试以验证各个部分的正确性.

（6）对整个系统进行调试. 首先,将系统连接,进行硬件调试,实际测试物体检验系统的正确性;然后调整各个参数将系统的实际效果调到最佳.

3）硬件设计及试验

A. 采样电路时序设计

采样的频率 $f = 5$ MHz;

发射脉冲开始时间 T_i;

平衡脉冲开始时间 T_b;

采样脉冲开始时间 T_s;

采样开始距探头位置 S;

被测物体的宽度 d;

由屏幕为 680×480 可以确定为采样 480 点每点采样 640 个样本值.

规定一次工作时间 $t1=48$ s，则每秒发射一个采样脉冲，发射脉冲的波形为

采样时序为

$$\text{pluse}_1(t) = \begin{cases} 0(kT_1 \leqslant t < kT_1 + 8) \\ 1(kT_1 + 8 \leqslant t < kT_1 + T_1) \end{cases} \quad (4.10.4)$$

$$\text{time}_1(t) = \begin{cases} 0(kT_2 \leqslant t < kT_2 + 230) \\ 1(kT_2 + 230 \leqslant t < kT_2 + T_2) \end{cases} \quad (4.10.5)$$

$$Ti(t) = \text{pluse}_1(t) \times \text{time}_1(t) \quad (4.10.6)$$

其中，$k = 0,1,2,3,\cdots$; $T_1 = 230\,\mu s$; $T_2 = 1 \times 10^6\,\mu s$.

而平衡脉冲的波形为

采样时序为

$$\text{pluse}_2(t) = \begin{cases} 0(kT_3 \leqslant t < kT_3 + 25) \\ 1(kT_3 + 25 \leqslant t < kT_3 + T_3) \end{cases} \quad (4.10.7)$$

$$\text{time}_2(t) = \begin{cases} 0(kT_4 \leqslant t < kT_4 + 230) \\ 1(kT_4 + 230 \leqslant t < kT_4 + T_4) \end{cases} \quad (4.10.8)$$

$$Tb(t) = \text{pluse}_2(t) \times \text{time}_2(t) \quad (4.10.9)$$

其中，$k = 0,1,2,3,\cdots$; $T_3 = 230\,\mu s$; $T_4 = 1 \times 10^6\,\mu s$.

采样脉冲的频率为 $f=5$ MHz 规定在发射脉冲 90 μs 后开始采样，由 $S=V \times T$ 可计算开始采样距离为 $S=12.6$ cm ，由采样 640 点，时钟为 5 MHz 计算出采样宽度为 $d = 8.96$ cm（超声的速度为 1.48×103 m/s）.

采样时序为

$$\text{pluse}_3(t) = \begin{cases} 0(kT_4 \leqslant t < kT_4 + 0.2) \\ 1(kT_4 + 0.2 \leqslant t < kT_4 + T_3) \end{cases} \quad (4.10.10)$$

$$\text{time}_3(t) = \begin{cases} 0(kT_5 \leqslant t < kT_5 + 90) \\ 1(kT_5 + 90 \leqslant t < kT_5 + 218) \\ 0(kT_5 + 218 \leqslant t < kT_5 + T_5) \end{cases} \quad (4.10.11)$$

$$Ts(t) = \text{pluse}_3(t) \times \text{time}_3(t) \qquad (4.10.12)$$

其中，$k = 0, 1, 2, 3, \cdots$；$T_4 = 0.20\ \mu s$；$T_5 = 1 \times 10^6\ \mu s$.

采样的距离为 S：$12.6 \sim 21.56$ cm.

焊接电路板，测试各参数基准如表 4.10.1 所示.

表 4.10.1　焊接电路板各测试参数

基准电压/V	叠加电压/V	采样电压/V	发射电压/V	静态电压/V
3.5～3.6	1	6	300	± 12

B. 硬件仿真

利用 Verilog 语言描述 VGA 控制器，并进行硬件仿真.

显示屏行、场时序要求如表 4.10.2、表 4.10.3 所示.

表 4.10.2　行扫描时时序要求

	行同步头				行图像		行周期
对应位置	Tf	Ta	Tb	Tc	Td	Te	Tg
时间	8	96	40	8	640	8	800

表 4.10.3　场扫描时时序要求

	场同步头				场图像		场周期
对应位置	Tf	Ta	Tb	Tc	Td	Te	Tg
时间	2	2	25	8	480	8	525

在选取有效像素的起始位置时我们利用了消隐信号（BLANK）和行场同步信号. 行场同步信号与消隐信号关系如图 4.10.4 所示.

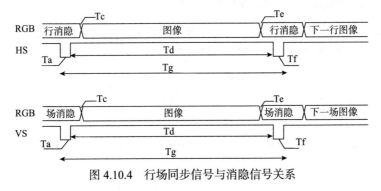

图 4.10.4　行场同步信号与消隐信号关系

时序仿真图如图 4.10.5 所示.

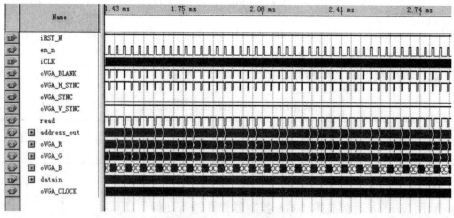

图 4.10.5　时序仿真图

建立采样模块，进行硬件仿真. 采样仿真图如图 4.10.6 所示.

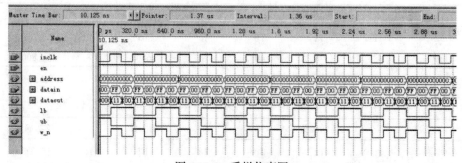

图 4.10.6　采样仿真图

将以上模块连接测试电路部分的工作情况.

C. 构建 FIR 滤波器

构建 FIR 滤波器，其参数如表 4.10.4 所示.

表 4.10.4　构建 FIR 滤波器各项参数

H (1)	H (2)	H (3)	H (4)	H (5)
−0.0014	−0.0032	0.0090	0.0151	0.0148

D. 声发射接收部分测试

使用示波器观察声发射信号与接收信号的波形，对声发收部分进行测试.

E. 生成系统

CPU 由 NIOS Ⅱ处理器 NIOS Ⅱ/s 构成，包括闪存、RAM、SDRAM、PIO 口、FIFO 定时器，以及 VGA 控制器等自定义模块，并且通过一个三态 avalon bus 连接至 NIOS Ⅱ；采用定时器、jtag_uart 等其他模块来运行和调试 NIOS Ⅱ处理器.

F. 构建系统

构建片上系统，将各部件连接为一个完整的工程.

4）软件设计及试验

（1）编写软件验证中断控制，在产生中断后将特殊的字符显示于屏幕上检验按键中断以及选择开关的中断.

（2）利用 DMA 控制器编写 SRAM 与 SDRAM 的块数据传输程序，将 1～100 按顺序写入 SRAM，然后读出这 100 个数据显示，数据正确则读写正确. 同理可以验证 SDRAM 的读写控制，在读写正确以后将数据从 SRAM 读入 SDRAM 并显示，用以验证从 SRAM 向 SDRAM 写数.

（3）编写初始化程序，使各部分就绪，首先向个模块发送复位控制信号然后测试各个模块是否按照设计的要求运行，通过定时中断测试要求时间的参数来检验各个时序的正确性.

（4）编写各部件控制程序，将采样与显示连接进行软件调试，首先在显存中写一个十行十列的白色图片然后将其显示在显示屏上，然后利用高低电平作为采样输入，利用 CPU 将其数据读出显示在电脑上以检验采样模块.

（5）编写主函数调用子函数形成完整软件，在 IDE 环境下运行并检验其结果，下载到 DE2 板上将其与外围硬件结合，对实际物体进行测试验证整个系统的正确性.

5. 设计特点

本作品采用 ALTERA 公司的 FPGA 模块与 DE2 开发板，集成了 SOPC 设计技术，分别具有 SRAM、SDRAM、DMA 模块，对超声检测电路进行控制，并得出物体内部声阻抗的变化图，通过板上的 VGA 控制并显示，反映物体内部的结构，整个系统操作简单，通过机械扫描，检测物体内部结构，数据处理及时，结果可靠.

（1）Altera 公司的 EP2C35 FPGA 芯片，性能强大，扩展性强，应用在超声检测、医学超声检测设备中，效果显著.

（2）利用 AVALON 总线技术特点，完美地实现所需功能，方便对各个模块进行有效的控制.

（3）由于 NIOSII 软核资源配置灵活，因此本系统适应面广，可移植程度高，可根据用户需求灵活配置功能.

（4）本系统经过反复测试，系统稳定性好，操作简便，稍加完善即可在物体的无损检测、超声探伤及科研医疗等领域发挥重大作用.

6. 测试结果

1）系统测试框图

超声检测实验框图如图 4.10.7 所示.

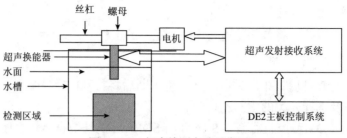

图 4.10.7   超声检测实验示意图

2）测试结果

本研究利用多根间距不同的钢丝组为被检物体，来测量系统检测的分辨率，显示器显示的 5 个点即为显示器下方 5 根钢丝被检测扫描后的结果.

经过检测，本设计的各项参数是：

A. 缺陷分辨率

钢材：横向 7 mm，纵向 3 mm；

铝：横向 8 mm，纵向 4 mm；

有机玻璃：横向 7 mm，纵向 4 mm.

B. 探测范围

超声探头 100 mm 以下 120 mm × 100 mm；

声发射脉冲幅度：200 V；

脉冲发射间隔：1 s；

检测系统放大倍数：10～1000 倍可调；

系统频带：3 dB 带宽 2 MHz（1～3MHz）；

超声换能器中心频率：2.5 MHz；

检测成像范围：纵向距探头：12.60 cm～21.56 cm；

横向距探头：10 cm.

C. 成像显示参数

显示模式：VGA；

图像大小：640×480；

刷新频率：50 Hz.

D. A/D 采样

采样率：5 MHz；

分辨率：7 bit.

【思考与探索】

分析讨论超声检测成像系统在实际生活中的应用.

创新设计与制作4.11　基于SOPC的物体特征识别系统设计

【发展过程与前沿应用概述】

提取图像的不变性特征，构造一个高效率的分类识别系统一直是计算机视觉研究领域的一项热门课题. 随着计算机图像处理技术以及功能强大的嵌入式系统的发展，对于一个能够投入应用的物体特征识别系统，在完成识别功能的过程中，识别效果和识别速度成为限制系统能否大规模应用的一个重要因素. 目前实现的大多数物体特征识别系统，都是基于计算机进行运算处理，利用 Matlab 等仿真工具进行仿真. 基于嵌入式系统的实现基本没有，而嵌入式系统是否能够得到应用，很大一个因素是成本. NIOS Ⅱ 提供一系列的处理器成员，用户可以针对系统本身的需求，创建一个在处理器、外设、存储器等方面完整的方案，这样既能提供合理的性能组合，也节省了系统开发的成本，增强了系统在成本上的竞争力. 另外，本系统的图像处理方式采用了全硬件并行及流水线技术，与本质上仍然依靠串行执行指令来完成相应图像处理算法的 DSP 系统相比，大大提高了图像数据的采集和处理速度，达到了系统的实时性要求.

【创新设计与制作】

1. 基于 SOPC 的物体特征识别系统的原理和实现

1）系统框图

本系统利用 NIOS 软核处理器和片上可编程系统（SOPC）设计方法，通过在 DE2 上进行开发，实现了基本的物体图像采集、预处理、特征提取、特征识别以及识别结果显示等模块，从而完成了对物体基本特征（包括形状、颜色、位置及大小）的识别. 整个系统框图如图 4.11.1 所示.

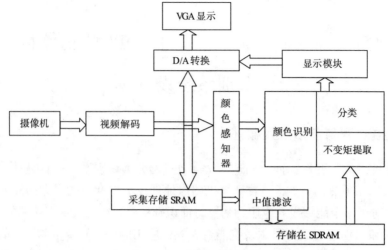

图 4.11.1　系统设计框图

2）图像采集

物体特征采集模块是整个系统非常重要和必不可少的前端，采集质量的好坏将直接影响整个系统的识别效果，同时采集的速度也是整个系统设计速度的瓶颈所在.

对于颜色特征采集系统，采集时是将 RGB 三基色通过一个用 VHDL 做的颜色感知器，然后将感知的结果输入到 NIOS II 系统来进行识别.

对于形状特征采集系统，采用模拟摄像头采集，经过 DE2 板子上的 ADV7181B 解码处理得到. 这正体现了 DE2 开发板完善强大的功能.

模拟视频信号通过已经配置好的 ADV7181A/D 转换以后（I2C AV Config 为 ADV7181 配置模块），输入到 ITU656 解码，然后经过 YCbCr To RGB 色度空间转换模块将 YCbCr 色度空间转换为 VGA 支持的 RGB 色度空间. RGB Controller 模块是对结果显示部分的字体颜色控制模块，它的主要功能是将识别的结果叠加到 VGA 显示上，并可以让用户自己控制字体颜色，其输出 OR、OG、OB 作为 D/A 转换器 7123 的数据输入端，转换成模拟的 RGB 信号显示在 VGA 上. VGA Timing Generator 模块是 VGA 时序产生模块，它严格地按照 VGA 显示标准产生相应的行场同步、消隐以及复合同步等时序. SRAM Controller 模块是根据 VGA 显示时序将 YCbCr To RGB 模块中的灰度输出 Y 作为数据，按照 VGA_BLANK、VGA_CLK、VGA_HS、VGA_VS 的时序组合产生控制信号和地址信号，将每个像素点的灰度值存储在 SRAM 中，完成图像的采集. 另外，在 SRAM Controller 模块中为了防止行像素个数在不同场发生变化的问题，采取一种定点存储方法，即不管是哪一场，每行都按 640 个点共 480 行进行存储.

图像采集、解码、控制如图 4.11.2 所示.

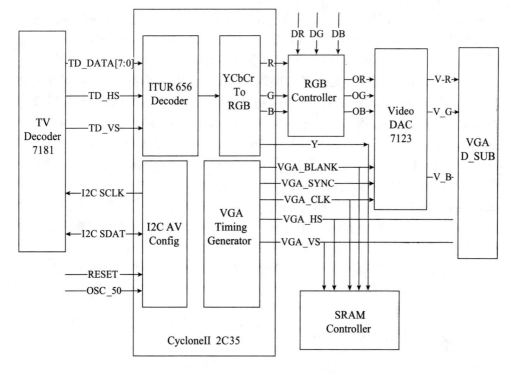

图 4.11.2　图像采集、解码、控制框图

3）预处理

由于 Hu 的运算量大，对噪声较为敏感，而采集到的物体原始图像中含有多种噪声，而且光照不同，图像的灰度值也有变化，这些都会严重的影响识别效果，因此对图像进行预处理是必须的，这也是物体特征提取与识别的基础.

为此，采用了以下 3 种预处理方法：

（1）图像二值化. 用以避免 Hu 矩对灰度变化敏感的问题.

（2）五点中值滤波算法. 降低噪声对识别效果的影响.

（3）图像缩小为 1/4. 在不影响识别结果的前提下，将 640×480 缩小为 320×240 以提高识别效率.

4）不变矩提取及特征识别

对于一个能够投入应用的物体特征识别系统，在完成识别功能的过程中，识别效果和识别速度成为限制系统能否大规模应用的一个重要因素. 系统设计的核心部分就是在保证识别效果的前提下，在各个环节中提高处理速度.

基于 SOPC 的物体基本特征识别系统，主要包括物体的形状、颜色、位置、大小的识别及其在 VGA 上的显示.

A. 物体的形状识别

在采集过程中同一物体由于物体摆设的方向不同、位置不同或摄像机与物体间的距离不同引起采集到的图像发生平移、拉伸和旋转，因此一个完整的识别系统应该能正确识别发生过平移、拉伸和旋转的图像，对此我们可以找到一些不变量，这些量只与物体形状有关，而与它们的位置、方位、尺度无关，称为旋转、平移、尺度不变量. 不变矩是最常用的整体不变量. 利用不变矩，一旦获得图像中目标的边界曲线或平面形状的合适数字属性或特征的集合，就可以对目标形状进行识别了. Hu 最早提出了矩的概念并将矩用于形状识别，同时推出了矩的一系列基本性质进一步证明了有关矩的平移不变性、比例不变性和旋转不变性. 目前，矩特征已广泛应用于目标识别、景物匹配、形状分析、图像分析以及字符识别等许多方面，特别是固定形状的物体识别，比如三维飞机目标识别. 本系统通过摄像机采集到实时图像的信息，对该信息进行一系列的预处理后，计算其不变矩，同时数据库中已存储不变矩的数据，利用模式识别理论对获取的新数据同数据库中的已有数据进行有效识别，做出判断.

为了保证识别结果的正确，采用平移、拉伸、旋转不变性的方法来提取不变矩，主要依据 Hu 论文中提及的识别算法.

a. Hu 矩原理

图像函数 $f(x,y)$ 的 $p+q$ 阶几何距定义为

$$m_{pq} = \iint\limits_{x,y \in \Omega} x^p y^q f(x,y) \mathrm{d}x \mathrm{d}y \qquad (4.11.1)$$

式中，Ω 为 x, y 的取值区间.

$p+q$ 阶中心矩定义为

$$\mu_{pq} = \iint\limits_{x,y \in \Omega} (x-\overline{x})^p (y-\overline{y})^q f(x,y) \mathrm{d}x \mathrm{d}y \qquad (4.11.2)$$

式中，$(\overline{x}, \overline{y})$ 为区域的重心坐标.

$$\overline{x} = \frac{m_{10}}{m_{00}}, \qquad \overline{y} = \frac{m_{01}}{m_{00}}$$

对于 $N \times M$ 的数字图像，可用求和代替积分，即 $p+q$ 阶几何距和中心矩分别为

$$m_{pq} = \sum_{x=1}^{N} \sum_{y=1}^{M} x^p y^q f(x,y) \qquad (4.11.3)$$

$$u_{pq} = \sum_{x=1}^{N} \sum_{y=1}^{M} (x-\overline{x})^p (y-\overline{y})^q f(x,y) \qquad (4.11.4)$$

将 $p+q$ 阶规格化中心矩记作 η_{pq}，定义为

$$\eta_{pq} = \frac{\mu_{pq}}{\mu_{00}^{\gamma}}$$

其中

$$r = (p+q)/2+1 \quad (p+q = 2, \ 3, \ \cdots)$$

利用二阶和三阶规格化中心矩可导出以下 7 个不变矩组：

$$\Phi_1 = \eta_{20} + \eta_{02} \tag{4.11.5}$$

$$\Phi_2 = (\eta_{20} + \eta_{02})^2 + 4\eta_{11}^2 \tag{4.11.6}$$

$$\Phi_3 = (\eta_{30} + 3\eta_{12})^2 + (3\eta_{21} - \eta_{03})^2 \tag{4.11.7}$$

$$\Phi_4 = (\eta_{30} + \eta_{12})^2 + (\eta_{21} - \eta_{03})^2 \tag{4.11.8}$$

$$\Phi_5 = (\eta_{30} + 3\eta_{12})(\eta_{30} - \eta_{12})[(\eta_{30} + \eta_{12})^2 - 3(\eta_{21} - \eta_{03})^2] + (3\eta_{21} - \eta_{03})$$
$$\times (\eta_{21} + \eta_{03})[3(\eta_{30} + \eta_{12})^2 - (\eta_{21} + \eta_{03})^2] \tag{4.11.9}$$

$$\Phi_6 = (\eta_{20} - \eta_{02})\left[(\eta_{30} - \eta_{12})^2 - (\eta_{21} - \eta_{03})^2\right] + 4n_{11}(\eta_{30} - \eta_{12})$$
$$\times (\eta_{21} + \eta_{03}) \tag{4.11.10}$$

$$\Phi_7 = (3\eta_{12} - \eta_{30})(\eta_{30} + \eta_{12})\left[(\eta_{30} + \eta_{12})^2 - 3(\eta_{21} + \eta_{03})^2\right]$$
$$+ (3\eta_{21} - \eta_{03})(\eta_{21} + \eta_{03})\left[3(\eta_{03} + \eta_{12})^2 - (\eta_{21} + \eta_{03})^2\right] \tag{4.11.11}$$

Hu 在 1962 年已经证明，用上述不变矩组描述物体形状时，具有旋转、平移和尺度变化不变性.

由于 Hu 运算量较大，且对噪声较为敏感，故在本系统中采用了 Φ_1、Φ_2、Φ_3 3 个二阶不变矩用于图像形状的识别，并且采用图象二值化和中值滤波算法来降低噪声对识别结果的影响. 此系统可以准确地识别出圆形、等边三角形、正方形、五角星、正五边形以及正六边形 6 种物体形状. 如果要识别更多的物体，只需要将该物体的不变矩事先存入不变矩的数据库中即可完成该物体的识别.

利用 Matlab 仿真软件提前将 6 种基本形状的 3 个不变矩提取出来作为识别时的标准样本集存入不变矩数据库中.

识别时，将采集图像计算所得的不变矩，送到分类器中进行分类识别.

图 4.11.3 所示为系统形状识别时的工作示意图.

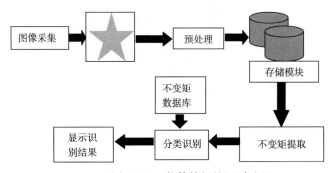

图 4.11.3　物体特征的识别过程

如果根据式（4.11.1）～式（4.11.11）不变矩，需要对图像进行至少两次遍历，这严重地影响了识别的效率，为此根据不变矩的理论原理，采用了如下的优化算法，只需要对图像进行一次遍历即可计算出对应的不变矩.

b. 优化算法

$p+q$ 阶几何距和中心矩分别为

$$m_{pq} = \sum_{x=1}^{N}\sum_{y=1}^{M} x^p y^q f(x,y) \tag{4.11.12}$$

$$m_{pq} = \sum_{x=1}^{N}\sum_{y=1}^{M} (x-\overline{x})^p (y-\overline{y})^0 f(x,y) \tag{4.11.13}$$

其二阶三阶中心矩如下：

$$
\begin{aligned}
u_{00} &= \sum_x \sum_y (x-\overline{x})^0 (y-\overline{y})^0 f(x,y) \\
&= \sum_x \sum_y f(x,y) \\
&= m_{00}
\end{aligned} \tag{4.11.14}
$$

$$
\begin{aligned}
u_{10} &= \sum_x \sum_y (x-\overline{x})^1 (y-\overline{y})^0 f(x,y) \\
&= m_{10} - \frac{m_{10}}{m_{00}}(m_{00}) \\
&= 0
\end{aligned} \tag{4.11.15}
$$

$$
\begin{aligned}
u_{01} &= \sum_x \sum_y (x-\overline{x})^0 (y-\overline{y})^1 f(x,y) \\
&= m_{01} - \frac{m_{01}}{m_{00}}(m_{00}) \\
&= 0
\end{aligned} \tag{4.11.16}
$$

$$
\begin{aligned}
u_{11} &= \sum_x \sum_y (x-\overline{x})^1 (y-\overline{y})^1 f(x,y) \\
&= m_{11} - \frac{m_{10}m_{01}}{m_{00}} \\
&= m_{11} - \overline{x}m_{01} \\
&= m_{11} - \overline{y}m_{10}
\end{aligned} \tag{4.11.17}
$$

$$u_{20} = \sum_x \sum_y (x - \overline{x})^2 (y - \overline{y})^0 f(x, y)$$

$$= m_{20} - \frac{2m_{10}^2}{m_{00}} + \frac{m_{10}^2}{m_{00}} \qquad (4.11.18)$$

$$= m_{20} - \frac{m_{10}^2}{m_{00}}$$

$$= m_{20} - \overline{x} m_{10}$$

$$u_{02} = \sum_x \sum_y (x - \overline{x})^0 (y - \overline{y})^2 f(x, y)$$

$$= m_{02} - \frac{m_{01}^2}{m_{00}} \qquad (4.11.19)$$

$$= m_{02} - \overline{y} m_{01}$$

$$u_{21} = \sum_x \sum_y (x - \overline{x})^2 (y - \overline{y})^1 f(x, y) \qquad (4.11.20)$$

$$= m_{21} - 2\overline{x} m_{11} - \overline{y} m_{20} + 2\overline{x}^2 m_{01}$$

$$u_{12} = \sum_x \sum_y (x - \overline{x})^1 (y - \overline{y})^2 f(x, y) \qquad (4.11.21)$$

$$= m_{12} - 2\overline{y} m_{11} - \overline{x} m_{02} + 2\overline{y}^2 m_{10}$$

$$u_{30} = \sum_x \sum_y (x - \overline{x})^3 (y - \overline{y})^0 f(x, y) \qquad (4.11.22)$$

$$= m_{30} - 3\overline{x} m_{20} - 2\overline{x} m_{10}$$

$$u_{03} = \sum_x \sum_y (x - \overline{x})^0 (y - \overline{y})^3 f(x, y) \qquad (4.11.23)$$

$$= m_{03} - 3\overline{y} m_{02} + 2\overline{y}^2 m_{01}$$

总结如下：

$u_{00} = m_{00}$；　$u_{10} = 0$；　$u_{01} = 0$；　$u_{11} = m_{11} - \overline{y} m_{10}$；　$u_{20} = m_{20} - \overline{x} m_{10}$；

$u_{02} = m_{02} - \overline{y} m_{01}$；　$u_{21} = m_{21} - 2\overline{x} m_{11} - \overline{y} m_{20} + 2\overline{x}^2 m_{01}$；

$u_{12} = m_{12} - 2\overline{y} m_{11} - \overline{x} m_{02} + 2\overline{y}^2 m_{10}$；

$u_{30} = m_{30} - 3\overline{x} m_{20} + 2\overline{x}^2 m_{10}$；　$u_{03} = m_{03} - 3\overline{y} m_{02} + 2\overline{y}^2 m_{01}$.

将上述式中的 $u_{00} \sim u_{03}$ 代替式（4.11.4）计算即可.

B. 物体颜色的识别

视频解码后 R、G、B 三种基色就包含了物体图像的颜色信息，因此在本系当中用 SOPC 例化了一个颜色感知模块，该模块能够感知在解码后图像中的各种颜色，并记录各种颜色对应的像素个数，这样就可以判别出红、绿、蓝、黄、青、洋红 6 种物体的颜色，形成一个功能比较完整的颜色识别系统.

C. 物体位置和大小的识别

物体位置、大小也是在 Hu 矩基本原理的前提下，依据算法中相关变量的实际意义得出的. 矩算法中 m_{00} 表示物体的大小（面积），$\bar{\chi}$、$\bar{y}$ 分别表示物体在图像中的重心位置坐标. 由此在计算不变矩的同时，也得到了物体的大小和位置信息.

5）识别结果显示

为了能够比较直观地显示识别结果，因此在识别结果显示方面做了大量的工作，直接将识别结果显示在 VGA 上. 定制一个双端口 RAM（DPRAM）作为识别结果显示的显存，在 NIOS 中定制一个 DPRAM 接口的新元件来控制 DPRAM，将显示结果的字模写到 DPRAM 中，再通过 VHDL 写的控制模块控制显示的位置和产生读地址将结果显示在 VGA 上，另外还通过实验板上的 SW0、SW1、SW2 控制输出字体颜色，可以在 7 种颜色间变换.

显示模块简易框图如图 4.11.4 所示.

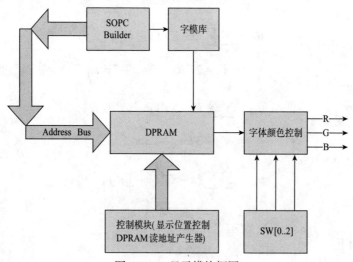

图 4.11.4　显示模块框图

2. 实验探索

我们知道，在对一个物体形状进行识别时，采集过程中往往由于物体摆设的方向不同、位置不同或摄像机与物体间的距离不同引起采集到的图像发生平移、拉伸和旋转（图 4.11.5）. 因此一个完整的识别系统应该能正确识别发生过平移、拉伸和旋转的图像，对此就可以找到一些不变量，这些量只与物体形状有关，而与它们的位置、方位、尺度无关，称为旋转、平移、尺度不变量. 不变矩是最常用的整体不变量. 利用不变矩, 一旦获得图像中目标的边界曲线或平面形状的合适数字属性或特征的集合, 就可以对目标形状进行识别了. Hu 最早提出了矩的概念并将矩用于形状识别, 同时推出了矩的一系列基本性质进一步证明了有关矩的平移不变性, 比例不变性和旋转不变性.

图 4.11.5　平移、拉伸、旋转图像

为了保证识别结果的正确, 采用平移、拉伸、旋转不变性的方法来提取不变矩, 主要依据 Hu 论文中提及的识别算法.

通过对系统进行了反复多次测验, 用 6 种基本形状和对其进行平移、拉伸和旋转的多幅图片来提取样本不变矩组, 存入数据库. 利用模式识别理论对获取的新数据同数据库中已有数据进行有效识别, 做出判断. 由于采集过程中光线、噪声的影响, 为保证识其他有效性, 在模式识别时主要采用了邻域的观点, 即样本矩组中每一种形状对应的数字特征是一个区间. 这个数字特征区间是经过反复多次测验得出的, 如表 4.11.1 所示.

表 4.11.1

形状	CIRCLE	TRIANGLE	SQUARE	FIVESTAR	PENTAGON	HEXAGON
样本矩 数字特征	0.159～ 0.1605	0.191～ 0.195	0.166～ 0.169	0.214～ 0.218	0.1618～ 0.164	0.1606～ 0.1615

这样, 当对一个物体识别时, 无论其处于什么状态（拉伸、平移、旋转）, 只要根据 HU 矩算法提取出数字特征, 然后与上述域组进行比较识别, 就可以快速识别出物体的形状来.

经实验测试发现, 本系统在没有降低设计复杂度的基础上, 将识别速度降低到可以接受的范围内, 即单次形状识别（包括复杂的预处理、不变矩提取以及分类识别、输出结果显示）时间在 6 s 以内, 颜色识别在 0.1 s 以内; 识别率方面, 通过对光照、噪声影响的处理, 使得系统可以较准确地识别物体的形状、颜色、位置、大小 4 个基本特征, 形状识别率基本上能达到 99.5%, 6 种颜色识别率基本达到了 98.5%.

【思考与探索】

本系统很好地利用了 ALTERA 公司提供的设计理念——基于 NIOS 软核和 FPGA 的 SOPC 设计，以及 Quarter Ⅱ 和 SOPCBuilder 等设计软件和各种嵌入式的调试软件．具体应用了矩的概念以及矩的平移、拉伸、旋转 3 个不变性，通过提取不变矩组完成了物体基本特征的识别．同时，在整个设计过程中，始终将系统需求与 NIOS 开发平台紧密结合，使得该系统在没有降低复杂度的基础上处理速度有了很大提高，实时性得到了增强．由于时间及资源的问题，仅选取了 6 种形状作为识别样本，但本系统具有很强的可扩充性，只要在样本库中添加要识别物体形状的不变矩，就可以识别任意形状了．

创新设计与制作4.12　悬挂运动控制系统的设计与制作

【发展过程与前沿应用概述】

现代科学技术的不断发展，极大地推动了不同学科的交叉与渗透，导致了工程领域的技术革命与改造. 在机械工程领域，由于电子技术和计算机技术的迅速发展及其向机械工业的渗透所形成的机电一体化，使机械工业的技术结构、产品功能、功能与构成、生产方式及管理体系发生了巨大变化，使工业生产由"机械电气化"迈入了"机电一体化"为特征的发展阶段.

机电一体化发展的趋势是智能化、模块化、网络化、微型化、绿色化、系统化. 而其中的智能化是 21 世纪机电一体化技术发展的一个重要发展方向. 人工智能在机电一体化建设中的研究日益得到重视，机器人与数控机床的智能化就是重要应用. 这里所说的"智能化"是对机器行为的描述，是在控制理论的基础上，吸收人工智能、运筹学、计算机科学、模糊数学、心理学、生理学和混沌动力学等新思想、新方法，模拟人类智能，使它具有判断推理、逻辑思维、自主决策等能力，以求得到更高的控制目标[1]. 悬挂运动控制系统是机电一体化的一项具体应用，通过实验学会综合运用机械技术、自动控制技术、计算机技术、传感测控技术、接口技术以及软件编程技术等，更加了解机电一体化的发展趋势.

本研究将探索采用以 16 位单片机作为核心的控制系统解决方案，通过单片机的智能系统功能对步进电机的时间及速度进行控制，实现悬挂物体的运动和准确定位.

【创新设计与制作】

1. 设计方案论证与比较

1）系统基本方案

本系统主要由主控制模块、电机驱动模块和悬挂模块 3 部分组成，其中主控制模块包括键输入值模块、显示模块和单片机模块 3 个模块构成，实现了悬挂物体的运动控制. 系统框图如图 4.12.1 所示.

2）各模块方案选择与论证

A. 主控制模块方案的选择

a. 单片机选择

方案一：采用传统的 8 位 89C51 单片

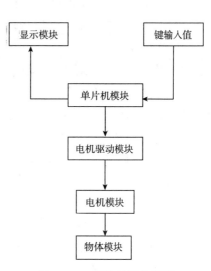

图 4.12.1　系统的结构框图

机作为运动物体的控制中心. 51 单片机具有价格低廉、使用简单等特点，但其具有运算速度低，功能单一，RAM、ROM 空间小等缺点. 本题目在确定圆周坐标值时，需要进行大量的浮点数运算，若采用 89C51，需要扩展其 RAM、ROM，其硬件工作量必然大大增多.

方案二：采用 SPCE061A16 位单片机作为运动物体的控制中心. SPCE061A 具有丰富的资源，且具有 RAM、ROM 空间大，指令周期短，运算速度快，低功耗，低电压，可编程音频处理，易于编写和调试等优点[2][3]. 尤其在复杂的数学运算中，其运算速度快、精度高、在控制步进电机时运行速度比一般 51 单片机快.

基于上述分析，选择采用 16 位单片机 SPCE061A 作为运动物体的控制中心.

b. 物体定位方案的选择

方案一：采用位移传感器实现对悬挂物的定位. 受光电鼠标原理的启发，可采用位移传感器，获取悬挂物的坐标偏移量，得到当前位置的 X、Y 坐标. 此方案可以通过直接购买鼠标成品作为悬挂物，从鼠标接口取得当前位置量，定位精度高. 但是它测量的相对坐标，并非绝对，一旦掉帧，系统就无法校正；另外市场上的鼠标多为 USB 接口，USB 数据传输协议较为复杂，限于设计限制，实现较为困难.

方案二：采用步进电机实现对悬挂物体的定位. 由于步进电机可对旋转角度实现精确控制，因此可得到悬挂线的精确角位移，从而可以计算出线位移，进而可以计算得到悬挂物的位置，实现悬挂物定位. 常用的有两相四线步进电机和两相六线步进电机等，转动一步精度可达到 $0.9°$，线位移误差可以达到毫米级. 步进电机成本低廉、容易采购、电机驱动电路简单，因此采用此方案简便易行，成本低廉. 本设计采用四相六线步进电机.

基于以上分析选择步进电机实现对悬挂物的定位方案.

c. 控制方案的选择

方案一：为整体系统进行数学建模，得到物体运动到每一点的速度值和坐标值，对于速度值和坐标值的处理经由上位机 PC 完成，运用功能强大的数学处理软件 Matlab 来运算，通过上位机和单片机的通信，给下位机发出下一目标点的运动指令[7][8]. 但是这样处理的弊端是整个控制系统是以数学理论为中心，其数学结果的形式不和步进电机直接匹配，会使整体的控制误差显著恶化.

方案二：基于步进电机步进方式的考虑，采取一种将物体运动坐标转化为步进长度的策略. 通过控制悬挂物体的两根线绳在一定时间内伸缩的长度就可以控制物体的运动方向. 而线绳伸缩的长度是和步进电机在一定时间转动的方向和步数直接相关的. 当电机正转时，线绳伸长，反之，当电机反转时，线绳缩短，即线绳变化的长度和电机转动的步数成正比. 设计要求物体可以到达设定目标点，走自行设定的曲线，画圆周，对于此三种运动线型采用统一处理的策略：即都使用微小弧线段组合成复杂曲线.

出于公式复杂度和程序可重用率的考虑,采用第二种方案. 这样做不仅能由电机的步进直接实现,还可以将所有线型集中转化为对直线运动的研究之后再拼接组合复原.

B. 电机模块

方案一:斜板上的两个电机同时工作,即单片机同时控制两个电机的速度.

方案二:斜板上两个电机不同时工作,即单片机轮流控制电机工作.

以上两种方案中,方案一是让物体在抖动中从起始点到达目的点,其误差比较小,但在软件控制中比较麻烦,因为两电机同时工作,随着位移的改变两绳之间角度发生改变,从而使物体速度改变,很难确定电机在什么时刻该停止以便刚好到达目的点;而方案二中,不管什么时刻都保证只有一个电机转动,可以通过将绳的位移转换为电机在一定速度下的转动时间. 此方案的软件部分比较容易实现,但由于每次只有一个电机工作,由力学知识可知物体只能做圆弧运动,因此物体是在圆弧轨迹下最终从起始点到达目的点的. 按照此种方法画圆时,会在圆周附近产生很多的小毛刺. 不过与第一种方案相比,它的可行性更好一些,因此我们选用了第二种方案.

C. 电机驱动模块

电机驱动可以有多种方式. 比如可以使用多个功放驱动电机,也可直接使用驱动器驱动[9][13]. 本设计中电机驱动采用 SM-202 细分驱动器. 该驱动器采用美国高性能专用微步距电脑控制芯片,细分数可根据用户需求专门设计,开放式微电脑可根据用户要求把控制功能设计在驱动器中,组成最小控制系统. 该控制器适合驱动小型的任何两相或四相混合式步进电机.

D. 转速控制模块

步进电机是数字控制电机,它将脉冲信号转变成角位移,即给一个脉冲信号,步进电机就转动一个角度[10]. 用单片机控制时,只要给其输入一定频率的脉冲信号,其速度也就确定下来了,即电机转速由脉冲信号频率确定.

2. 系统软硬件的设计原理

1)理论分析与计算

A. 自行设定运动

起始点坐标 $A(X_1, Y_1)$——由手动确定;

目标点坐标 $B(X_2, Y_2)$——由键盘给定.

由点 $A(X_1, Y_1)$ 运动到点 $B(X_2, Y_2)$,可用如下方法实现:

如图 4.12.2 所示,可先让步进电机 1 不转动,步进电机 2 作用在物体上 t_1 时间,可使物体做弧线运动到 C 点;此时,再让步进电机 2 不转动,步进电机 1 作

用在物体上 t_2 时间，可使物体做弧线运动到 B，即运动轨迹如图 4.12.2 中 ACB 对应的弧线.

在 t_1 时间内，电机速度为 V_2，则与电机 2 相连绳子的伸缩长度为 V_2t_1：

$$V_2t_1 = \left| \sqrt{(95-X_1)^2+(115+R-Y_1)^2} - \sqrt{(95-X_2)^2+(115+R-Y_2)^2} \right|$$

在 t_2 时间内，电机速度为 V_1，则与电机 1 相连绳子的伸缩长度为 V_1t_2：

$$V_1t_2 = \left| \sqrt{(X_2+15)^2+(115+R-Y_2)^2} - \sqrt{(X_1+15)^2+(115+R-Y_1)^2} \right|$$

其中，R 是定滑轮的半径，另外，绳子的伸缩取决于电机的转向，而电机的转向则由绝对值内的符号决定. 由以上分析可知，若给出两点坐标，则根据以上的原理计算出两电机相连绳的伸缩长度，得到电机一和电机二的转动方向和所需脉冲个数，从而控制电机转动，实现物体在两点之间的运动.

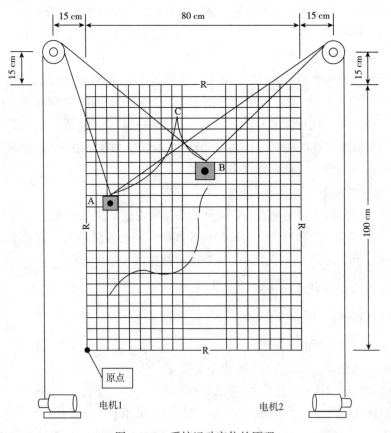

图 4.12.2　系统运动定位的原理

B. 圆心任意设定的直径为 50 cm 的圆周运动

a. 基本原理

要物体做圆周运动, 结合（1）中的原理, 可以首先通过单片机中的浮点运算取若干在圆周轨迹上的坐标点. 然后依次控制步进电机使物体从一个坐标点运动到另一个坐标点最终回到起始点, 由此完成圆心任意的圆周运动.

b. 生成圆的坐标数组

由键盘给出的实际圆心坐标, 将圆周分为 360 等份, 依次取出 360 个点的坐标, 生成圆的坐标数组. 其中第 i 个点的横纵坐标可通过以下公式计算得到

第 i 个点的横坐标$=25 \times \cos(i \times 2\pi / 360)$+输入的实际圆心的横坐标

第 i 个点的纵坐标$=25 \times \sin(i \times 2\pi / 360)$+输入的实际圆心的纵坐标

同理可得到其他点的坐标.

2）系统硬件的连接

A. 单片机模块 I/O 口的分配

IOA0～IOA7 接 LED 模组显示器段选引脚, 用来控制字型输出;

IOA8～IOA13 接 LED 模组显示器片选引脚, 用来控制 6 个数码管;

IOB4、IOB5 分别与左步进电机的 DIR、CP 相连接, 从 IOB4 口输出的脉冲控制步进电机的转动, IOB5 口输出的高低电平控制步进电机的转向;

IOB6、IOB7 分别与右步进电机的 DIR、CP 相连接, 从 IOB6 口输出的脉冲控制步进电机的转动, IOB7 口输出的高低电平控制步进电机的转向;

IOB8～IOB15 接 LED 模组 1×8 键盘, 用来设定坐标, 选择任务, 动态显示坐标等功能; 其中键 1、2 设置为横坐标, 键 3、4 设置为纵坐标, 键 6 选择任务, 键 8 为确定键.

B. 电机驱动器与主控制模块、步进电机的的连接

单片机输出的脉冲信号、方向信号分别与 SM-202 驱动器的 CP、DIR 相连接, 如图 4.12.3 所示. 驱动器 A$^+$、A$^-$ 与步进电机的 A 相端口相连, B$^+$、B$^-$ 与步进电机的 B 相端

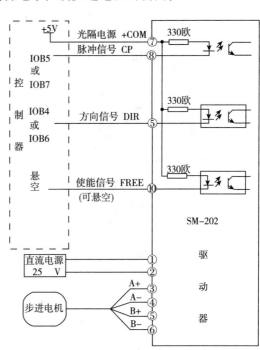

图 4.12.3　电机驱动器与主控制模块的连接

口相连[12]，如图 4.12.4 所示.

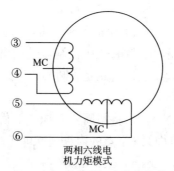

图 4.12.4　电机驱动器与步进电机的连接

3）系统软件设计

本设计软件采用 16 位单片机，要求实现的功能由几大模块组成，其中基本功能也做成模块，以便需要时调用.

A. 主程序流程

如图 4.12.5 所示.

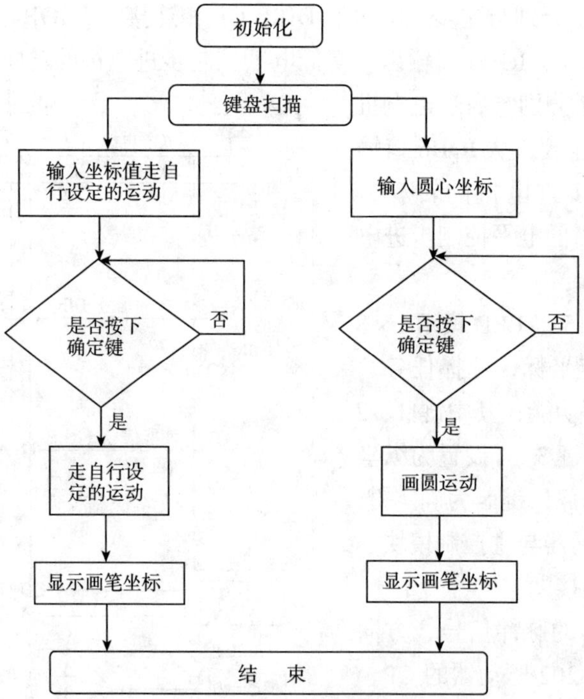

```
                    ┌──────────┐
                    │  初始化   │
                    └────┬─────┘
                         │
          ┌──────────────┴──────────────┐
          │         键盘扫描              │
          └──┬──────────────────────┬────┘
             │                      │
    ┌────────┴────────┐    ┌───────┴───────┐
    │输入坐标值走自     │    │  输入圆心坐标   │
    │行设定的运动       │    │               │
    └────────┬────────┘    └───────┬───────┘
             │                      │
        ◇────┴────◇            ◇────┴────◇
       ╱是否按下  ╲  否        ╱是否按下  ╲  否
      ╱ 确定键    ╲────      ╱ 确定键    ╲────
      ╲          ╱          ╲          ╱
        ◇────┬────◇            ◇────┬────◇
          是 │                  是 │
    ┌────────┴────────┐    ┌───────┴───────┐
    │走自行设            │    │  画圆运动      │
    │定的运动           │    │               │
    └────────┬────────┘    └───────┬───────┘
             │                      │
    ┌────────┴────────┐    ┌───────┴───────┐
    │显示画笔坐标       │    │  显示画笔坐标   │
    └────────┬────────┘    └───────┬───────┘
             │                      │
          ┌──┴──────────────────────┴──┐
          │           结　束            │
          └────────────────────────────┘
```

图 4.12.5　系统软件结构流程图

B. 基本单元功能子模块

（1）由输入键的值得到所需横纵坐标值.

（2）由起始坐标值和目标坐标值得到电机一和电机二由起始到目标的绳线伸缩长度并由此得到电机一和电机二的转动方向与所需脉冲个数.

（3）由已求得的脉冲个数交替控制电机一、二的转动，利用绳子的伸缩实现目标定位.

（4）由实际给出的圆心坐标生成圆的数据组.

（5）取键值存入数组并调用显示程序显示.

4）整机指标测量

A. 测量仪器

（1）16 位 SPCE061A 单片机系统；

（2）步进电机；

（3）计算机、直尺、秒表.

B. 测试指标及方法

将键值输入模块、电机驱动模块、单片机控制模块等分开测试，调通后再进行整体调试可提高调试效率.

a. 电机驱动模块调试

首先测试脉冲控制是否有效. 将一定幅度的方波信号加到步进电机上控制电机正转和反转，观察电机的转向是否正确. 如果正确，则说明脉冲控制有效.

然后通过改变单片机输出脉冲的频率对电机的转速进行调节. 改变输出脉冲的频率，看是否满足频率越大电机转速越大的关系. 若满足，则说明通过改变脉冲信号的频率可以改变电机的转速.

由以上的测试，可知电机驱动模块工作正常.

b. 电机模块调试

在脉冲信号源的作用下让一个电机转动，另一个电机静止，观察物体在电机控制下的运动情况，如果物体上的画笔画出的线是圆弧，则说明电机控制物体的运动正常.

c. 键值输入模块调试

将实验装置搭好，把物块放在原点，由单片机的引脚输出设定的脉冲，观察小车运动，如果小车能够到达由键盘输入的指定坐标位置，则说明键值输入模块性能正常.

d. 系统整体测试.

各模块测试正常后，进行系统调试. 调试的主要目的是验证结果的正确性和现场参数的设定.

3. 实验测试

1）测试设备

模拟行使路线：示意图见实际坐标；

卷尺：精度 0.01 m；

秒表：精度 0.01 s；

坐标纸：普通坐标纸.

2）走自行运动实际测量结果

第一次实际测量结果：到达目的坐标，运动轨迹与预期轨迹之间的最大偏差为 1.7 cm，运行时间为 124 s.

第二次实际测量结果：距离目的坐标 1.3 cm，运动轨迹与预期轨迹之间的最大偏差为 1.4 cm，运行时间为 131 s.

第三次实际测量结果：距离目的坐标 1.1 cm，运动轨迹与预期轨迹之间的最大偏差为 1.3 cm，运行时间为 147 s.

第四次实际测量结果：距离目的坐标 1.5 cm，运动轨迹与预期轨迹之间的最大偏差为 1.1 cm，运行时间为 118 s.

第五次实际测量结果：距离目的坐标 0.8 cm，运动轨迹与预期轨迹之间的最大偏差为 1.3cm，运行时间为 138 s.

第六次实际测量结果：距离目的坐标 1.4 cm，运动轨迹与预期轨迹之间的最大偏差为 1.9 cm，运行时间为 128 s.

6 次运行物体距离目的坐标的最大误差为 1.5 cm，运动轨迹与预期轨迹之间的最大偏差 1.9 cm. 平均运行时间约为 130 s. 与预期目标吻合.

3）画圆实际测量结果

画圆测试结果如表 4.12.1～表 4.12.3 所示.

第一次画圆以（40，50）为圆心，对圆周进行 8 个点采样，如表 4.12.1 所示. 最大误差为 1.8 cm，运行时间为 225 s，画笔曲线接近圆.

表 4.12.1　第一次采样结果

圆上的坐标	物体实际坐标
（15，50）	（17，50）
（22，68）	（23.8，69.7）
（40，75）	（40，74）
（58，68）	（56.5，66）
（65，50）	（64，50.4）
（58，32）	（59.3，31）
（40，25）	（40，24.2）
（22，32）	（23.4，32.7）

第二次画圆以 $(40, 50)$ 为圆心,对圆周进行 8 个点采样,如表 4.12.2 所示. 最大误差为 2.2 cm,运行时间为 224 s,画笔曲线接近圆.

表 4.12.2　第二次采样结果

圆上的坐标	物体实际坐标
(15, 50)	(15.5, 50.6)
(22, 68)	(21.9, 69.4)
(40, 75)	(40.5, 74)
(58, 68)	(58.3, 66.7)
(65, 50)	(64.8, 50.2)
(58, 32)	(59.1, 34..2)
(40, 25)	(40.6, 24.5)
(22, 32)	(23.5, 32.4)

第三次画圆以 $(40, 50)$ 为圆心,对圆周进行 8 个点采样,如表 4.12.3 所示. 最大误差为 1.7 cm,运行时间为 221 s,画笔曲线接近圆.

表 4.12.3　第三次采样结果

圆上的坐标	物体实际坐标
(15, 50)	(15, 50.6)
(22, 68)	(22.2, 69.4)
(40, 75)	(38.5, 74.1)
(58, 68)	(56.6, 66.7)
(65, 50)	(65.8, 51.7)
(58, 32)	(59.3, 31.1)
(40, 25)	(39.6, 24.5)
(22, 32)	(22.5, 32.7)

3 次画圆,运动轨迹与预期轨迹之间的最大偏差为 2.2 cm,平均运行时间约为 224 s,达到了预期的效果.

【思考与探索】

整个系统的测试过程中,环境的湿度、底板的光滑度和电机的性能等因素都直接影响系统的控制精度. 同时由于单片机自身精度的限制, 如RAM空间的大小, 会减少所需生成数据的数目的存放, 也会导致因数据缺少引起的误差.

以上原因引起的误差是系统误差, 不可避免. 当然采用本书所介绍的实现控制系统方案本身存在着考虑不周的地方, 因而也会导致误差.

本设计采用 16 位单片机作为运动物体的控制中心, 十六位具有比 51 单片机更丰富、更强的功能, 采用步进电机实现物体的运动和准确定位, 及进行自由曲线运动、圆周运动等功能, 实际测试与预期要得到的目标基本吻合.

创新设计与制作4.13 温度检测采集与处理系统设计

【发展过程与前沿应用概述】

电子计算机的发展经历了从电子管、晶体管、集成电路到超大规模集成电路共 4 个阶段，即通常所说的第一代、第二代、第三代和第四代计算机. 现在广泛使用的微型计算机是大规模集成电路技术发展的产物，因此它属于第四代计算机，而单片机则是微型计算机的一个重要分支. 单片机因将其主要部分集成在一个芯片内而得名，具体说就是把中央处理器 CPU（central processing unit）、随机存储器 RAM、只读存储器 ROM、中断系统、定时器/计数器以及 I/O 口电路都集成在一个芯片上. 单片机主要应用于工业控制领域，用以实现对信号的测试、数据的采集以及对应用对象的控制. 由于单片机扩展了各种控制功能，如 A/D、PWM、计数器的捕获/比较逻辑、高速 I/O 口、WDT 等. 通常所说的单片机系统都是为实现某一控制应用需要由用户设计的，是一个围绕单片机芯片而组建的计算机应用系统. 在单片机系统中，单片机处于核心地位，是构成单片机系统的硬件和软件基础.

单片机的应用正从根本上改变着传统的控制设计思想和设计方法. 从前必须由模拟电路或数字电路实现的大部分控制功能，现在已能使用单片机通过软件方法实现了. 这种以软件取代硬件并能提高系统性能的控制系统"软化"技术，称之为微控制技术. 微控制技术是一种全新的概念，是对传统控制技术的一次革命. 本书所介绍的基于单片机控制的温度采集系统正是单片机技术在现代控制系统中的应用.

【创新设计与制作】

1. 系统设计要求及总体设计方案

（1）整个系统采用 MCS-51 单片机作为核心控制部件.

（2）温度传感器使用 DALLAS 生产的 DS1631 数字温度传感器.

（3）对温度进行实时检测采集，温度范围为 –55℃ 到 +125℃.

（4）对采集结果采用 7 段 LED 数码管显示.

本设计采用软硬结合的设计方案. 对硬件和软件部分分别采用自顶向下的模块化设计方法. 主要模块包括温度检测采集模块、存储模块、显示模块. 核心控制部件为 P80C51BHP 单片机. 各模块的具体实现及功能将在后面作详细介绍. 系统总原理框图如图 4.13.1 所示.

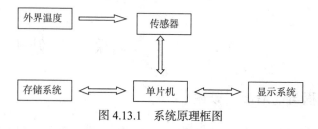

图 4.13.1 系统原理框图

2. 硬件电路的原理设计

硬件电路设计得好坏直接关系到整个系统功能的实现. 搭接一个较为合理的硬件电路平台不仅能够提高系统性能、节省成本, 还能简化程序的编写. 因此, 由始至终都应将硬件电路作为系统设计的前提和关键.

1) 采集电路

作为硬件电路的核心, 需完成的主要功能为: 实现模拟温度到数字信号的转换. 为此, 需采用一种温度传感器, 将模拟温度直接或间接转换成数字信号, 即通常所说的 A/D 转换. 现将 A/D 转换原理详述如下:

在自动化控制领域中, 常用单片机进行实时控制和数据处理, 而被测、被控的参量通常是一些连续变化的物理量, 即模拟量, 如温度、速度、电压、电流、压力等. 但是单片机只能加工和处理数字量, 因此, 在单片机应用中凡遇到有模拟量的地方, 就要进行模拟量向数字量或数字量向模拟量的转换, 也就出现了单片机的数/模和模/数转换的接口问题.

根据 A/D 转换器的原理可将 A/D 转换器分成两大类. 一类是直接型 A/D 转换器. 另一类是间接型 A/D 转换器. 在直接型 A/D 转换器中, 输入的模拟电压被直接转换成数字代码, 不经过任何中间变量; 在间接型 A/D 转换器中首先把输入的模拟电压转换成某种中间变量, 然后再把这个中间变量转换为数字代码输出. 尽管 A/D 转换器的种类较多, 但目前应用较广泛的主要有 3 类. 逐次逼近式 A/D 转换器、双积分式 A/D 转换器和 V/F 转换器.

以往温度的监测设备中采用的传感器都是模拟式传感器, 如热敏电阻、热电偶、AD590 等. 因此数据采集系统的硬件设计少不了需要高放大倍数、抗干扰能力强的数据运算放大器及 A/D 转换器, 将温度模拟信号转换成数字信息送入单片机处理. 美国 DALLAS 半导体公司生产的数字化温度传感器 DS1631 是一种支持 "两线总线" 接口的温度传感器, 具有独特的两线接口, 可直接将温度转化成数字量读出. 采用该数字温度传感器设计的温度采集电路可省去放大电路、A/D 转换电路, 这种新器件的引入, 给传统的测温接口电路带来了一场变革. 两线总线独特而且经济的特点, 使用户可轻松地组建传感器网络, 为测量系统的构建引入了全新的概念. 现对 DS1631 芯片介绍如下:

（1）在 0℃ 到 +70℃ 温度范围内的最大转换误差为 ±0.5℃；

（2）温度转换范围为 −55℃ 到 +125℃；

（3）温度的测量不需要任何外部器件；

（4）用户可自由选择 9 位、10 位、11 位或是 12 位转换输出结果；

（5）转换时间为 750 ms（最大）；

（6）数据的读写操作仅通过"两线"接口（SDL 脚和 SCL 脚）.

DS1631 功能图如图 4.13.2 所示.

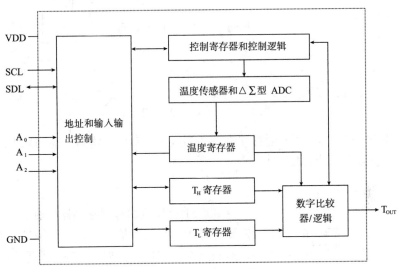

图 4.13.2　DS1631 功能图表

DS1631 引脚介绍如表 4.13.1 所示.

表 4.13.1　DS1631 引脚介绍

引脚	符号	描　述
1	SDL	两交互线的数据输入输出引脚. Open-Drain 式
2	SCL	两交互线的时钟输入引脚
3	T_{OUT}	温度调节输出脚. Push-Pull 式
4	GND	地线
5	A_2	地址输入
6	A_1	地址输入
7	A_0	地址输入
8	V_{DD}	电源引脚 2.7～5.5V

由于 DS1631 仅有 8 脚，故其与 80C51 的连接较简单，本设计中的温度采集模块工作主要还是控制软件的编写. 现给出具体连接框图（图 4.13.3）.

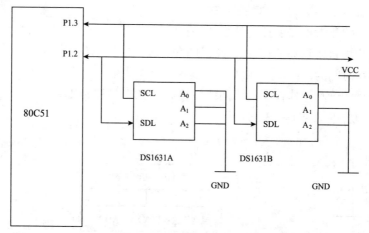

图 4.13.3　采集电路原理框图

多片 DS1631 芯片可同时挂接在两条口线上, 实现多路温度检测采集. 本设计中实际只连接了一片芯片.

2) 存储电路

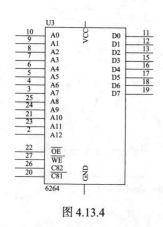

图 4.13.4

由于 80C51 单片机的数据存储器仅有 200 多单元, 对于需要存储大量采集数据的本设计系统是不够的, 因此必须对数据存储器进行扩展. 80C51 系列单片机数据存储器的最大扩展空间为 64 kb.

数据存储器扩展常使用随机存储器芯片, 使用较多的是 Intel 公司的 6116 和 6264, 它们都是静态 RAM 芯片, CMOS 工艺, 因此具有低功耗的特点. 在静态状态下只需维持几个微安电流, 很适合作需断电保护或需长期低功耗状态下工作的存储器, 其中 6116 的存储容量为 2 kb, 6264 的存储容量为 8 kb. 实际中选用了 6264 这款芯片, 其引脚如图 4.13.4 所示. 其中

$A_{12} \sim A_0$: 地址线;　　$\overline{WE}$: 写选通信号;

$D_7 \sim D_0$: 数据线;　　V_{CC}: 电源 (+5 V);

$\overline{CS_1}/CS_2$: 片选信号;　　GND: 地;

$\overline{OE}$: 数据输出允许信号;

存储器扩展的编码技术有两种: 线选法和译码法. 实际过程中选用的是译码法. 译码芯片采用了 74LS138 (3-8 译码器). 其引脚图如图 4.13.5 所示. 此外, 由于单片机的 P0 口作为数据/地址复用口使用, 这就需要对数据进行锁存. 锁存器采用了 74LS373. 其引脚图如图 4.13.6 所示.

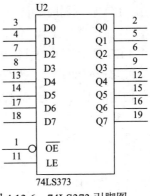

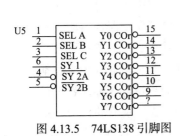

图 4.13.5　74LS138 引脚图　　　　图 4.13.6　74LS373 引脚图

使用一片 6264 实现的 8 kb 扩展, 其电路连接如图 4.13.7 所示.

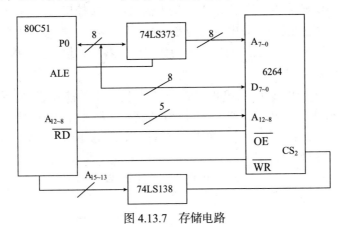

图 4.13.7　存储电路

3）显示电路

原理详述, 单片及应用系统中使用的显示器主要有发光二极管显示器,（light emitting diode, LED）; 液晶显示器（liquid crystal display, LCD）; 近年来也有配置 CRT 显示器的. 前者结构简单价格便宜应用广泛. 通常所说的 LED 显示器由 7 个发光二极管组成, 因此也称为 7 段 LED 显示器, 此外显示器中还有一个圆点型发光二极管, 用于显示小数点. 通过 7 段发光二极管亮暗的不同组合, 可以显示多种数字、字母以及其他符号. LED 显示器中的发光二极管共有两种不同连接方法:

A. 共阳极接发

把发光二极管的阳极连接在一起构成公共阳极. 使用时公共阳极接+5 V. 这样阴极端输入低电平的段发光二极管就导通点亮, 而输入高电平的则不亮.

B. 共阴极接法

把发光二极管的阴极连接在一起构成公共阴极. 使用时公共阴极接地. 这样阳极端输入高电平的段发光二极管就导通点亮, 而输入低电平的则不亮.

使用 LED 显示器时要注意区分这两种不同的接法. 为了显示数字或符号，要为 7 段 LED 显示器提供代码，因为这些代码是为显示字形的，因此称为字形代码. 本系统中 LED 显示器采用共阳极接法. 字形代码在以 TAB 开始的表中程序通过查表程序完成字形码的转换. 所谓动态循环显示技术如下所述：

实际使用的 LED 显示器都是多位的，除了要给显示器提供段（字形代码）的输入之外，还要对显示器加位的控制，这就是通常所说的段控和位控. 因此多位 LED 显示器接口电路需要有两个输出口，其中一个用于输出 8 段控制线（有小数点显示）；另一个用于输出位控制线，位控制线的数目等于显示器的位数.

本设计采用 8155H（图 4.13.8）作为 7 位 LED 显示器的接口电路. 其中 B 口作为输出口（位控口），PB0～PB6 输出位控线. 由于位控线的驱动电流较大，8 段全亮时为 40～60 mA，因此 PB 口输出加 74LS244 进行反相驱动和提高驱动能力，然后再接各 LED 显示器的位控端. A 口也为输出口（段控口），以输出 8 位字形代码（段控线）. 段控线的负载电流约为 8 mA，为提高显示亮度，通常加 74LS244 进行段控输出驱动. 接入电路的目的是为数码管的各段提供电流. 接 74LS244 时需注意选通端接低点平.

方案设计：原理图如图 4.13.8 所示. 此模块电路中所涉及芯片简要介绍如下：

8155H：带 RAM 和定时器/计数器的可编程并行接口，40 引脚 DIP（双列直插）封装，单一+5 V 电源，引脚如图 4.13.9 所示. 8155H 具有 3 个可编程 I/O 口，其中 2 个口（A 口和 B 口）为 8 位口，1 个口（C 口）为 6 位口，此外还有 256 个单元的 RAM 和 1 个 14 位计数结构的定时器/计数器.

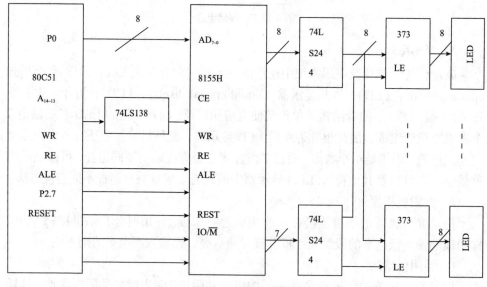

图 4.13.8 显示电路

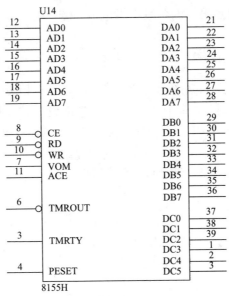

图 4.13.9　8155H 引脚图

主要接口信号：

• AD7-AD0：地址数据复用线.

• ALE：地址锁存信号，除进行 AD7-AD0 的地址锁存控制外，还用于片选信号 CE 和 IO/M 等信号的锁存.

• RD：读选通信号.

• WR：写选通信号.

• CE：片选信号.

• IO/$\overline{M}$：I/O 与 RAM 选择信号. 8155 H 内部的 I/O 口与 RAM 是分开编址的，因此要使用控制信号进行区分. IO/M=0，对 RAM 进行读写；IO/M=1，对 I/O 口进行读写.

• REST：复位信号. 8155H 以 600ns 的正脉冲进行复位，复位后 A、B、C 口均置为输入方式.

74LS244：三态反相缓冲器，引脚如图 4.13.10 所示. 数码管点亮时，段控线负载电流约为 8 mA，为提高显示亮度，通常加 74LS244 进行段控输出.

注意事项：

（1）8155H 需接复位端. 8155H 的第四管脚为复位脚. 需接一个脉冲信号以进行复位. 实际测试中采用的是 1.0 u 和一个 47 k 阻构成一个简单的复位电路以产生一个脉冲. 具体电路图见具体实现部分.

（2）74LS244 的逻辑功能是一个三态缓冲器.

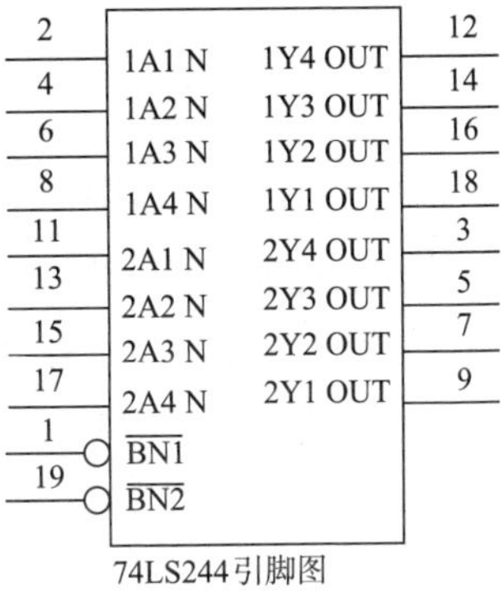

74LS244 引脚图

图 4.13.10　74LS244 引脚图

接入电路的目的是为数码管的各段提供电流. 接 74LS244 时需注意选通端接低点平.

3. 软件的原理设计

硬件电路搭接完毕后, 系统还不能工作, 必须要有相关软件与之配合. 接下来的工作便是软件的设计. 控制软件的编写与先前设计的硬件电路平台密切相关. 通过核心控制芯片 80C51 实现对数字温度传感器 DS1631 的读写、对扩展数据存储器 8155H 的数据写入、对显示电路的输出控制. 因此, 可将这部分分为采集模块程序、存储模块程序、显示模块程序等几部分.

1）主控制程序

如图 4.13.11 所示.

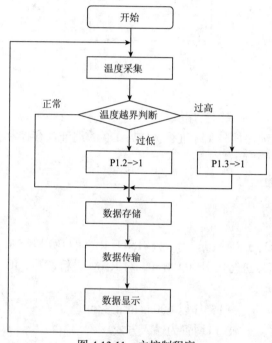

图 4.13.11 主控制程序

2）采集模块程序

作为控制程序的核心, 此模块程序的编写较为复杂. 在程序编写之前, 需要对数字温度传感器 DS1631 的内部寄存器及时序控制逻辑有个较为全面的认识.

寄存器介绍, DS1631 共有 4 个寄存器:

（1）T 寄存器.

只读, 2 字节（16 位）, SRAM 型随机数据存储器. 用以存放温度转换结果, 通电状态为-60℃, 即（1100 0100 0000 0000）. 其格式如表 4.13.2、表 4.13.3 所示.

表 **4.13.2** 高字节

Bit15	Bit14	Bit13	Bit12	Bit11	Bit10	Bit9	Bit8
S	2^6	2^5	2^4	2^3	2^2	2^1	2^0

表 **4.13.3** 低字节

Bit7	Bit6	Bit5	Bit4	Bit3	Bit2	Bit1	Bit0
2^{-1}	2^{-2}	2^{-3}	2^{-4}	0	0	0	0

（2）T_H 寄存器.

读/写均可，2 字节（16 位），EEPROM 型数据存储器. 用以设置上限报警温度，通电状态可由用户定义. 其格式与 T 寄存器相同.

（3）T_L 寄存器.

读/写均可，2 字节（16 位），EEPROM 型数据存储器. 用以设置下限报警温度，通电状态可由用户定义. 其格式与 T 寄存器相同.

（4）C（构造）寄存器.

其每一位的读写状态不同，1 字节，存放结构和状态信息，高 6 位采用 SRAM 型数据存储器，低 2 位采用的是 EEPROM 型数据存储器，通电状态为 100011XX（XX 由用户定义）. 其格式如下：

MSb	Bit6	Bit5	Bit4	Bit3	Bit2	Bit1	LSb
DONE	THF	TLF	NVB	R1	R0	POL*	1SHOT*

*NV（EEPROM）

对每一位具体介绍如下：DONE——温度转换结束标志位. 只读，电源接通时 DONE=1.

DONE=0 温度转换没完成；DONE=1 温度转换结束.

THF——温度过高标识. 可读可写，电源接通时 THF=0.

THF=0 温度转换结果未高于 T_H 寄存器中所设置的值.

THF=1 温度转换结果高于 T_H 寄存器中所设置的值. THF 位一直维持高电平状态直到用户以低电平覆盖，或是发送软件 POR 命令.

TLF——温度过低标识. 可读可写，电源接通时 TLF=0.

TLF=0 温度转换结果未低于 T_L 寄存器中所设置的值.

TLF=1 温度转换结果高于 T_L 寄存器中所设置的值. TLF 位一直维持高电平状态知道用户以低电平覆盖，或是发送软件 POR 命令.

NVB——非易失性存储器忙. 只读，电源接通时 NVB=0.

NVB=1 正在写 EEPROM 存储器.

NVB=0 非易失性存储器空闲.

R1 和 R0——转换精度设置位. 可读可写, 电源接通时 R1R0=00.

R1R0 不同组合所对应的 T_H 和 T_L 结果如表 4.13.4 所示.

表 4.13.4　转换结果设置

R1	R0	结果（位）	转换时间（最大）
0	0	9	93.75 ms
0	1	10	187.5 ms
1	0	11	375 ms
1	1	12	750 ms

POL*——T_{OUT} 极性. 可读可写, 电源接通时的状态为用户最后一次写入值.

POL=1　T_{OUT} 输出高电平响应.

POL=0　T_{OUT} 输出低电平响应.

1SHOT*——转换模式. 可读可写, 电源接通时的状态为用户最后一次写入值.

1SHOT=1 单步转换模式. "开始转换"命令初始化一次温度转换设备进入等待状态.

1SHOT=0 连续转换模式. "开始转换"命令初始化连续温度转换.

对两线总线的说明:

DS1631 数字化温度传感器通过一双向两线总线与外界进行数据交换, 即时钟序列信号线（SCL）和数据序列信号线（SDL）. 此温度传感器仅通过以上两根线即可挂接在主机（单片机）总线上. 总线空闲或非忙: SDL 线和 SCL 线都必须维持在高电平状态.

START 条件: 主机通过总线发送此信号表明转换的开始. 在 SCL 为高电平状态时主机通过 SDL 电平下降沿来触发 START 信号. 另一个开始信号是"repeated" START 信号, 经常在每次转换结束时用以代替 START 信号, 表明主机将执行另外的操作.

STOP 条件: 主机通过总线发送此信号表明本次转换的结束. 在 SCL 为高电平状态时主机通过 SDL 电平上升沿来触发 STOP 信号. STOP 信号发送完毕后主机将释放总线.

ACK 信号: 当设备作为接收机时, 必须在每字节数据接收完毕后通过 SDA 线发送此信号. 接收机通过在一个完整的 SCL 周期内将 SDL 线电平拉低来产生此信号（图 4.13.12）. 在 ACK 周期内, 转换设备必须释放 SDL 线. 与之对应的另外一个信号是 NACK 信号. 当主机设备作为接收方时, 在接收完最后一字节数据时发送此信号来代替 ACK 信号, 用以表明数据接收完毕. 主机通过在 ACK 周期内维持 SDA 线高电平来产生此信号.

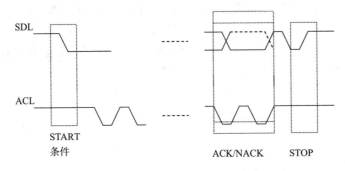

图 4.13.12

从属设备地址：主机与从属设备间的数据存取是通过从属设备地址进行的. 挂接在总线上的每一个从属设备都有统一的 7 位地址. 7 位地址的格式是：$1001A_2A_1A_0$，其中 A_2、A_1 和 A_0 是用户通过通信输入引脚设定的. 3 个地址线可以允许用户在同一总线上同时挂接 8 片 DS1631 芯片.

控制字节：控制字节包括 7 位从属设备地址和 1 位读/写（R/W）位（图 4.13.13）. R/W=1：主机接收数据；R/W=0：主机发送数据.

Bit7	Bit6	Bit5	Bit4	Bit3	Bit2	Bit1	Bit0
1	0	0	1	A_2	A_1	A_0	R/W

图 4.13.13

命令字节：该字节实际上是每个寄存器的地址. 其各个命令设置如下：

Start Convert T：地址为 51H. 初始化温度转换. 若是单步模式（1SHOT=1），只进行一次转换操作. 若是连续模式（1SHOT=0），转换操作将一直持续到收到一个 Stop Convert T 命令.

Stop Convert T：地址为 22H. 当芯片工作在连续模式下时用以停止温度转换.

Read Temperature：地址为 AAH. 从 2 字节温度寄存器中读取最后一次转换结果.

Access TH：地址为 A1H. 对 2 字节 T_H 寄存器进行读写操作.

Access TL：地址为 A2H. 对 2 字节 T_L 寄存器进行读写操作.

Access Config：地址为 ACH. 对 1 字节构造寄存器进行读写操作.

Softwart POR：地址为 54H. 初始化软件带电复位操作，即停止对温度的转换和复位所有内部寄存器.

对 DS1631 的操作需注意如下几点：

（1）所有两线总线的数据收发都是先高位然后低位.

（2）SCL 一周期内只发送一位数据.

（3）所有的交互操作必须以 START 信号开始，以 STOP 信号结束. 在 START

和 STOP 信号间 SDA 电平状态的改变只能发生在 SCL 是高电平的时候. 在其他任何时间，SDA 状态的改变仅能发生在 SCL 为低电平：SCL 为高电平时 SDL 必须维持不变.

（4）每一字节收发完毕后，接收方必须给发送方一个 ACK 或 NACK 信号. 现给出具体采集模块流程图，如图 4.13.14 所示.

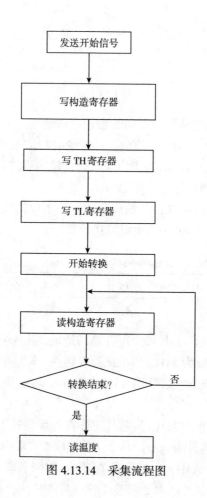

图 4.13.14　采集流程图

3）存储模块程序

依据硬件电路的连接，外部（扩展）数据存储器的起始地址为 0000H，最高地址为 1FFFH. 为简化程序的编写，只对温度数据进行存储. 其程序流程图如图 4.13.15 所示.

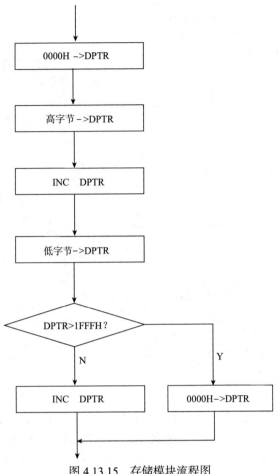

图 4.13.15 存储模块流程图

4）显示模块程序

显示缓冲区. 为了存放显示的数字或字符，通常在内部 RAM 中设置显示缓冲区，其单元各数与 LED 显示器位数相同. 本系统为 42H～48H，与 LED 显示器的对应关系见表 4.13.5. 动态显示是从右向左进行的，故缓冲区的首地址应为 48H.

表 4.13.5 对应关系

LED7	LED6	LED5	LED4	LED3	LED2	LED1
42H	43H	44H	45H	46H	47H	48H

8155 的命令寄存器

令字共 8 位，由于定义端口及定时器/计数器的工作方式，因此对命令寄存器只能写不能读. 命令字的格式 如图 4.13.16 所示.

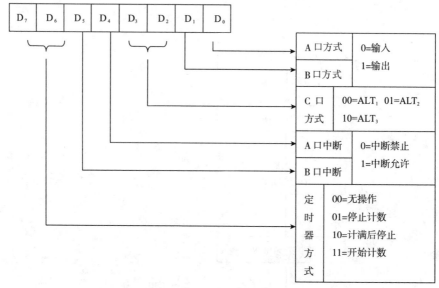

图 4.13.16　命令字格式

实际中的定时器无操作,禁止中断, A、B 作输出口,故命令字为 00000011B,即 03H.

【思考与探索】

各电路模块设计完毕后,将其适当组合即构成一个完整温度检测采集系统. 现对此系统工作过程简要介绍如下:系统启动后, 80C51 单片机首先向数字温度传感器 DS1631 发送启动命令,接着便是具体的温度检测采集过程. 这部分控制具体是通过 P1.2 和 P1.3 口实现的,温度采集完毕后,需要对温度进行越界判断:高于所设上限温度值则点亮 D3(绿灯),低于所设下限温度值则点亮 D4(红灯),接着便是存储所采集到的温度数据,即 80C51 对 6264 随机存储器的写操作;然后进行 LED 显示控制,一次温度检测采集便结束了. 考虑到实际应用中对温度的检测采集操作都是连续的,因此控制程序应该是个无终止循环程序.